ディジタル通信の基礎

岡 育生 著

森北出版株式会社

●本書のサポート情報を当社Webサイトに掲載する場合があります．下記のURLにアクセスし，サポートの案内をご覧ください．

https://www.morikita.co.jp/support/

●本書の内容に関するご質問は，森北出版 出版部「(書名を明記)」係宛に書面にて，もしくは下記のe-mailアドレスまでお願いします．なお，電話でのご質問には応じかねますので，あらかじめご了承ください．

editor@morikita.co.jp

●本書により得られた情報の使用から生じるいかなる損害についても，当社および本書の著者は責任を負わないものとします．

■本書に記載している製品名，商標および登録商標は，各権利者に帰属します．

■本書を無断で複写複製（電子化を含む）することは，著作権法上での例外を除き，禁じられています．複写される場合は，そのつど事前に(一社)出版者著作権管理機構（電話03-5244-5088，FAX03-5244-5089，e-mail:info@jcopy.or.jp）の許諾を得てください．また本書を代行業者等の第三者に依頼してスキャンやデジタル化することは，たとえ個人や家庭内での利用であっても一切認められておりません．

はしがき

　現在は，アナログ時代からディジタル時代に移行する過程にあり，急速にディジタル化が進んでいる．これは，18世紀にイギリスで始まった産業革命と同等の，あるいは，それ以上の産業上の変革が世界中で同時に進んでいることを意味しており，コンピュータや家電製品などのディジタル機器が数年で時代遅れになるなど，高性能化が速く，同時に，低価格化が進んでいることからも実感できる．この変革は産業革命になぞらえて「ディジタル革命」とよばれている．

　さて，アナログとは，温度や色の濃さのように滑らかに変化する量である．一方，ディジタルとは，これらの量を $0, 1, 2, \cdots, 50$ などのように，いくつかの代表点で近似して数字で表したものである．

　ディジタルはアナログに比べ，「信頼性が高い」，「柔軟性に富む」，「容量が大きい」という特徴がある．これらの特徴は，アナログ技術に対するディジタル技術の優位性を表すものとして，アナログ技術が全盛の時代より広く解説されてきた．ここで，ディジタルの高信頼性は，誤りにくいディジタル情報の性質や，誤り訂正符号の恩恵によるもので容易に理解できる．しかしながら，ディジタルの柔軟性が実感できるようになったのは，インターネットにより電話や画像が文字と同等に伝送されるようになってからであり，また，大容量化が実現したのは，20世紀末から21世紀にかけてであり，音声や静止画ならびに動画の情報量を大幅に小さくできる圧縮技術が確立されてからである．この間，公衆回線，コードレスフォン，携帯電話，PHSなど，通信におけるディジタル化が急速に進められ，さらなる信頼性の向上と大容量化が推進されている．これから将来にかけてのディジタル通信システムは，オープンシステムインターフェイスにおけるネットワーク層からアプリケーション層にかけての上位層に密接に関連し極めて高度なものとなる．このため，ディジタル通信システムを理解し，また，新たなシステムを構築するには，ディジタル通信の断片的な理論や技術の集合を知っているだけでは不十分である．

　本書は，ディジタル通信の基礎技術を体系的に修得することにより，基礎力とともに，高度なシステム開発に必要な応用力を養成することを目的とし，筆者がこれまで担当してきた講義，明石工業高等専門学校「通信工学I」，愛媛大学「通信工学」，大阪市立大学「情報理論II」，「通信理論」における講義ノートの内容を教科書としてまとめたものである．読者として工業高等専門学校高学年学生ならびに大学の学部学生

を対象としている．

　本書の執筆においては，読者がディジタル通信の基礎を容易に理解できるように以下の工夫を行った．

- 第 1 章では，本書の導入部分としてディジタル通信の概要とともに，第 2 章以降の理解を助けるための予備知識を加えた．第 1 章の前半の 1.1 節から 1.4 節までがディジタル通信の予備知識を記述しており，ある程度の知識がある読者は読み飛ばしていただきたい．
- 通信技術の急速な進歩に伴い，解説すべき内容が膨大となっているため，思い切ってアナログ通信の説明を省いた．アナログ通信についてはよい教科書が多数出版されており，これらを参照していただきたい．
- ディジタル通信の数学的基礎は，周波数解析と確率論であり，周波数解析を先に述べる教科書が多い．本書では確率論を先に解説することにより，確率的な相関関数の表現とともに波形の特徴による相関関数の分類を明確にし，相関関数の本質的な理解を容易にしている．
- ディジタル変調方式における誤り率の導出では，信号点間距離を用いた方法の解説に力点をおいた．これにより各変調方式の誤り率を統一的に表現することが可能となっている．また，第 4 章の最適受信を第 5 章のディジタル変調の前におくことにより，個々の変調方式に対する最適受信ではなく，種々の変調方式に適用できる最適受信を解説している．
- 例題では，例題以外のページを参照しないでも解が得られるようにするため，例題を解くために必要な関係式をすべて例題内にアミがけで記載した．
- 図を多用するとともに，図中に解説を挿入した．したがって，プロジェクタなどを用いて図のみを追ってもある程度の内容がわかるようにした．

　なお，本書の校正，ならびに，演習問題の解答作成には大阪市立大学情報ネットワーク工学研究室のメンバー，新保大介，武田荘平，橋本賢，片山智哉，喜田雅人，小山俊介，王暁敏，谷真治，山本貴大の各氏にご協力いただいた．ここに，あらためて感謝する．また，有益なご助言をいただいた森北出版社長，森北博巳氏をはじめ，刊行にあたりたいへんお世話になった石田昇司氏，上村紗帆氏に心から感謝の意を表する．

　最後に，読者の方々が広くディジタル通信の発展に寄与され，ディジタル通信がますます便利に発展していくことを祈る次第である．

2009 年 2 月

岡　育生

目　　次

第1章　ディジタル通信の予備知識と概要　　1
- 1.1　アナログとディジタルの違いとは? …………………………………… 2
- 1.2　周波数とフィルタの役割とは? ………………………………………… 4
- 1.3　送信情報の判定とは? …………………………………………………… 7
- 1.4　ディジタル通信における確率とは? …………………………………… 12
- 1.5　通信システムモデル …………………………………………………… 15
- 1.6　受信信号レベルの変動 ………………………………………………… 20
- 1.7　符号化と誤り制御 ……………………………………………………… 21
- 1.8　多重化と多元接続 ……………………………………………………… 25
- 1.9　通信路容量と誤り率の限界 …………………………………………… 26

※「?」つきの 1.1～1.4 節は読み飛ばしてもよい.

第2章　ランダム変数と確率　　28
- 2.1　離散的なランダム変数と連続的なランダム変数 …………………… 28
- 2.2　確率密度関数と確率分布関数 ………………………………………… 30
- 2.3　平均, モーメントと特性関数 ………………………………………… 36
- 2.4　ランダム変数と変数変換 ……………………………………………… 40
- 2.5　2変数の確率と確率密度関数 ………………………………………… 46
- 2.6　2変数のランダム変数と変数変換 …………………………………… 49
- 演習問題 ……………………………………………………………………… 55

第3章　信号波形と周波数　　57
- 3.1　フーリエ級数 …………………………………………………………… 57
- 3.2　フーリエ変換 …………………………………………………………… 65
- 3.3　畳込み積分 ……………………………………………………………… 72
- 3.4　自己相関関数 …………………………………………………………… 76
- 3.5　電力スペクトル密度とエネルギースペクトル密度 ………………… 79
- 3.6　等価低域表現 …………………………………………………………… 87
- 演習問題 ……………………………………………………………………… 92

第4章　最適受信　　　　　　　　　　　　　　　　　　　　　　　　94

- 4.1　波形伝送と符号間干渉 ……………………………………… 94
- 4.2　整合フィルタ …………………………………………………… 101
- 4.3　相関受信機 ……………………………………………………… 110
- 4.4　判定規則 ………………………………………………………… 113
- 演習問題 ……………………………………………………………… 122

第5章　ディジタル変調　　　　　　　　　　　　　　　　　　　　　123

- 5.1　変調信号と同期検波 …………………………………………… 124
- 5.2　信号点間距離と誤り率 ………………………………………… 128
- 5.3　振幅シフトキーイング ………………………………………… 132
- 5.4　位相シフトキーイング ………………………………………… 134
- 5.5　周波数シフトキーイング ……………………………………… 139
- 5.6　直交振幅変調 …………………………………………………… 141
- 5.7　搬送波再生 ……………………………………………………… 145
- 5.8　非同期周波数シフトキーイング ……………………………… 148
- 5.9　差動同期位相シフトキーイング ……………………………… 150
- 5.10　電力スペクトル密度 ………………………………………… 155
- 5.11　帯域制限とアイパターン …………………………………… 158
- 演習問題 ……………………………………………………………… 160

第6章　ブロック変調　　　　　　　　　　　　　　　　　　　　　　161

- 6.1　標本化定理と次元数 …………………………………………… 161
- 6.2　離散フーリエ変換 ……………………………………………… 167
- 6.3　直交周波数分割多重 …………………………………………… 170
- 6.4　符号分割多元接続 ……………………………………………… 174
- 6.5　ブロック直交変調 ……………………………………………… 177
- 演習問題 ……………………………………………………………… 182

付録　　　　　　　　　　　　　　　　　　　　　　　　　　　　　　183

- A　シンボル誤り率とビット誤り率 ……………………………… 183
- B　帯域幅を拡大する変調方式 …………………………………… 184
- C　SN比，CN比とエネルギーコントラスト比 ………………… 185

演習問題略解 …………………………………………………………… 189
参考文献 ………………………………………………………………… 196
索　引 …………………………………………………………………… 197

例題リスト

第 2 章

例題 2.1	単位ステップ関数による関数の表現	33
例題 2.2	ガウス分布のモーメント	39
例題 2.3	線形変換後の確率密度関数の例	42
例題 2.4	ダイオード出力の確率密度関数の例	43
例題 2.5	一様分布を用いた正弦波分布の導出	44
例題 2.6	一様分布乱数を用いた 3 角分布乱数の導出	45
例題 2.7	結合確率の導出と周辺化	47
例題 2.8	レイリー分布	50
例題 2.9	仲上 - ライス分布	51
例題 2.10	畳込み積分の図式解法	54

第 3 章

例題 3.1	フーリエ係数の導出	62
例題 3.2	周期方形波のフーリエ級数	62
例題 3.3	周期方形波の周波数スペクトル密度	63
例題 3.4	方形波の周波数スペクトル密度	68
例題 3.5	3 角波の周波数スペクトル密度	69
例題 3.6	フィルタ出力信号の導出	74
例題 3.7	方形波の自己相関関数とエネルギースペクトル密度	84
例題 3.8	ランダムインパルス列の自己相関関数と電力スペクトル密度	85

第 4 章

例題 4.1	後続シンボルからの符号間干渉と因果律	96
例題 4.2	方形パルスに対する整合フィルタ出力の信号成分	107
例題 4.3	方形の周波数特性をもつ送信フィルタに対する整合フィルタの SN 比	109
例題 4.4	相関受信機の雑音	112
例題 4.5	最大事後確率受信機	117
例題 4.6	ハミング距離最小の判定基準と最尤受信機の判定基準	120

第 5 章

例題 5.1	4 相 PSK のシンボル誤り率	137
例題 5.2	8 相 PSK のシンボル誤り率	138
例題 5.3	QAM の多値化と必要な電力	144
例題 5.4	同期 FSK と非同期 FSK の誤り率の比較	149
例題 5.5	ガウス雑音の相関と独立性	153
例題 5.6	直交信号としての 2 相 DPSK と 2 値 FSK の比較	154

第 6 章

例題 6.1　方形パルスを用いた標本化 ……………………………………… 166
例題 6.2　方形パルスの離散フーリエ変換 ………………………………… 169
例題 6.3　OFDM における符号間干渉の影響 ……………………………… 173

ギリシャ文字一覧

大文字	小文字	読み方	大文字	小文字	読み方
A	α	アルファ	N	ν	ニュー
B	β	ベータ	Ξ	ξ	グザイ
Γ	γ	ガンマ	O	o	オミクロン
Δ	δ	デルタ	Π	π	パイ
E	ε, ϵ	イプシロン	P	ρ	ロー
Z	ζ	ツェータ	Σ	σ	シグマ
H	η	イータ	T	τ	タウ
Θ	θ	シータ	Υ	υ	ウプシロン
I	ι	イオタ	Φ	φ, ϕ	ファイ
K	κ	カッパ	X	χ	カイ
Λ	λ	ラムダ	Ψ	ψ	プサイ
M	μ	ミュー	Ω	ω	オメガ

第1章

ディジタル通信の予備知識と概要

　ディジタル通信は大きく分けて，有線通信と無線通信，固定通信と移動通信，地上通信と衛星通信，あるいは，電波領域の通信と光領域の通信などに分類される．これらのディジタル通信では異なった特徴をもつ通信路が用いられており，それぞれの通信路に適した通信システム設計がなされている．本書では，通信システム設計の基礎となる理論ならびに技術を解説する．はじめに本章では，第2章以降に読み進める上で知っていると理解が容易になるディジタル通信の予備知識とともに，ディジタル通信の概要を述べる．

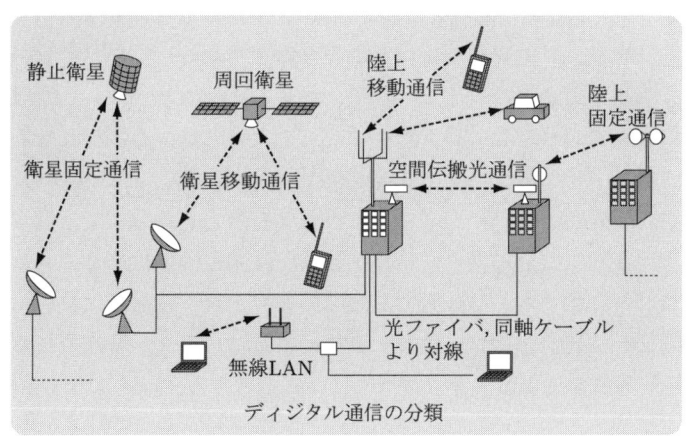

　1.1節から1.4節では，ディジタル通信の予備知識について述べている．ある程度の知識のある読者は読み飛ばしていただきたい．まず，はじめに，1.1節においてアナログとディジタルの違いを，時計，温度計，レコード，コンパクトディスク (CD) を例として解説する．続いて，1.2節で，ディジタル通信における周波数とフィルタの役割について述べる．次に，受信機において受信した信号の電圧から情報を判定するための判定方法について，一般的な判定方法と対比させて1.3節で説明する．受信した信号の電圧が単一ではなく複数からなる系列となった場合の判定方法についても，参考として興味深い例題を紹介する．1.4節において，ディジタル通信の評価で重要

な役割を果たす確率について例題を用いて解説する.

1.5節から1.9節では，ディジタル通信の概要を述べており，ディジタル通信全般，ならびに，本書の範囲外でもディジタル通信に深く関連する項目を取り上げている．まず，1.5節でディジタル通信システム全体を概観する．1.6節では無線通信特有の受信信号レベルの変動を紹介する．1.7節から1.9節では，本書の第2章以降には含めないが本書の内容に密接に関係する符号化，誤り制御，多重化，多元接続，通信路容量などについて概説する．

1.1 アナログとディジタルの違いとは？

アナログ情報は連続的な情報であり，ディジタル情報は離散的な情報である．図1.1にアナログ情報とディジタル情報の例を示す．時刻を分単位で表示するディジタル時計は，時刻の表示に10進数の数字を4桁用いている．1時間を1分ごとの60個の離散値で表現することから，12時間の表示では合計 $60 \times 12 = 720$ [個] の離散値の中の1つを用いて時刻を表す．図のディジタル温度計は10進数の数字3桁を用いて温度を表している．一方，アナログ情報は無限の有効数字をもっており桁数が有限のディジタル情報で表現することはできないため，例えば，33.2345656…°Cのような無限に続く数字による表記となる．33.5°Cのように，たまたま，有限桁となるアナログ情報は 33.5000000…°C，あるいは，33.4999999…°C と理解すべきである．このように，アナログ情報を観測してディジタル化を行えば有限の有効数字で近似することになり誤差を伴う．なお，時計の場合，秒針が連続的に動くのではなく，ステップモータを用いて1秒ごとに動くものは，厳密な意味ではアナログ時計ではない．秒針が動いている微小時間を無視すれば秒単位まで表現できるディジタル時計である．

次に，時間的に変化するアナログ情報について考える．現在はあまり使われないが，

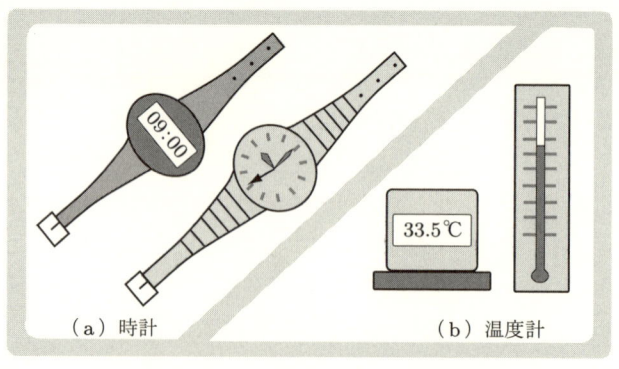

図 1.1 アナログ情報とディジタル情報

1.1 アナログとディジタルの違いとは？

音声や音楽などのアナログ情報を記録するメディアとしてLPレコードがある．直径 30 cm の円盤に右チャネルと左チャネルのそれぞれ約 30 分の音を収録することができる．図 1.2 (a) にレコードの仕組みを示す．円盤には V 字型の 1 本の溝があり，この溝にアナログ情報を記録している．このアナログ情報は，マイクロフォンから集音された時間軸で変化する電圧の情報である．アナログ情報が図 1.2 (a) 下に示す A - B 間の波形で表される場合には，V 字型の溝の左右いずれかの側面に，この波形に比例した凹凸をつける．このように記録されたアナログ情報は，レコードプレーヤーにより円盤を回転させ，ピックアップとよばれる針を用いて凹凸を波形として検出することで再生される．V 字型の溝の右側面と左側面を用いて右チャネルと左チャネルを同時に録音することができる．

時間的に変化するディジタル情報の例としては，データや音楽を保存するコンパクトディスク (CD) がある．CD は直径 12 cm の円盤であり，レコードと同様に 1 本の溝から構成されている．図 1.2 (b) に CD のラベル面を取り除いて表面を見た溝の模式図を示す．溝はピット，溝でない部分はランドとよばれる．CD は光を透過させる樹脂でできており，CD の裏面から光をあててその部分がピットかランドかを読み取って情報を取り出す．

アナログと比較した場合のディジタルの特徴として次の 3 つが挙げられる．

- 信頼性が高い：アナログ情報では，雑音やひずみが加わると元のアナログ情報に戻すことが困難である．ディジタル情報では離散値を用いるため，ディジタル化による誤差が発生するが，一方，わずかな雑音やひずみの影響は受信信号の判定におけるディジタル化の際に除去される．さらに，誤りの検出や訂正が可能な符号化や復号化を使うことができる．

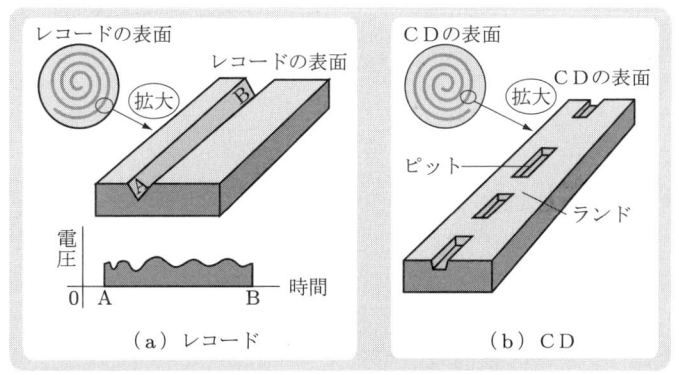

図 1.2 レコードと CD

- 柔軟性に富む：ラジオ放送やアナログテレビ放送など，アナログ情報の伝送にはそれぞれの用途に対して専用の送信機や受信機などの伝送機器が必要であるが，ディジタル化すれば，音声，動画，データなどの情報をすべて0と1の系列に変換しているため，ディジタル用であれば同じ伝送機器を使うことができる．
- 容量が大きい：音声や動画などのアナログ情報をディジタル化すると，情報量を大幅に小さくできる音声符号化や動画符号化などの圧縮技術を使うことができる．このため，同じ通信回線でも，アナログ情報より，これらの符号化を行ったディジタル情報を用いる方が，はるかに多くの音声や動画を伝送することができる．

1.2 周波数とフィルタの役割とは？

電波を用いて情報を伝送するには，情報を高い**周波数**をもつ信号に変換する必要がある．ケーブル伝送においても高い周波数をもつ信号は長距離伝送や大容量伝送に適している．例えば，ラジオやテレビなどの放送では 500 kHz から 700 MHz までの周波数が，携帯電話では 800 MHz，1.5 GHz，および，2 GHz の周波数帯が用いられている[†1]．

さて，周波数について考える上で基本となる波形として**正弦波**と**余弦波**がある．図1.3 において，ひもの先に黒玉を付け反時計方向に一定の角速度で回転させて左から光をあてると，スクリーンに写る影が上下に動く．この変化を時間軸で図示すれば正弦波と余弦波となる．これらの波形において，周波数 f は 1 秒あたりの山の数，あるいは，1 秒あたりの谷の数として定義される．図 1.3 の黒玉の初期位置で異なる波形が発生し，初期位置が 0 ラジアン[†2] で正弦波 $\sin 2\pi ft$，初期位置が $\pi/2$ ラジアンで余弦波 $\cos 2\pi ft$，ならびに，任意の初期位置 θ ラジアンに対して正弦波と余弦波は，それぞれ

$$\sin(2\pi ft + \theta) = \sin\theta \cos 2\pi ft + \cos\theta \sin 2\pi ft$$

$$\cos(2\pi ft + \theta) = \cos\theta \cos 2\pi ft - \sin\theta \sin 2\pi ft$$

となる．ここで，θ は**位相**とよばれる．任意位相の正弦波と余弦波は，位相 0 ラジアンの正弦波と余弦波に $\sin\theta$ や $\cos\theta$ の重みを乗じた上で和をとった形となっている．なお，正弦波と余弦波の表記に用いている $2\pi ft$ は角度を表しており，黒玉が 1 周すれば角度が 2π ラジアンであることから，1 秒では $2\pi f$ ラジアン，t 秒では $2\pi ft$ ラジアンとなる．

[†1] 周波数を表す場合には，補助単位として k (キロ)：10^3, M (メガ)：10^6, G (ギガ)：10^9, T (テラ)：10^{12} が用いられる．

[†2] 角度の単位において π ラジアンは 180 度に対応する．本書では，次節以降，角度の単位ラジアンが自明である場合には単位を省略する．

1.2 周波数とフィルタの役割とは? 5

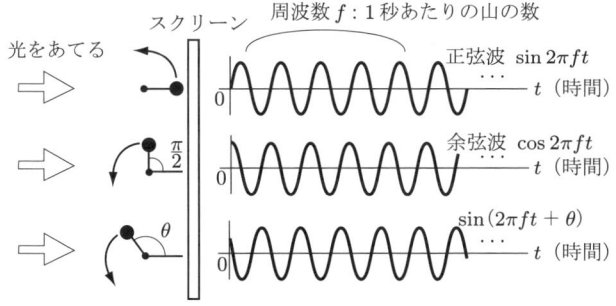

図 1.3　正弦波と余弦波

　信号解析では，しばしば，負の周波数が用いられる．負の周波数は実在しないが，黒玉の回転方向を反時計方向ではなく，時計方向とした場合が負の周波数に対応すると理解することができる．図 1.3 において，実在するものは回転する黒玉ではなくスクリーンに写る影である．

　同じ形の繰り返しで構成される波形を**周期波形**とよび，時間軸での周期波形では繰り返される基本的な波形の継続時間が**周期**である．図 1.4 (a) において周期 T は $1/f$ で与えられる．電波や光などの電磁波は 3×10^8 メートル/秒 (m/s) の**光速**で伝搬する．1 秒の間に伝搬した電磁波を，距離を軸として図 1.4(a) に表示する．距離を軸にした場合の周期波形の周期は**波長**とよばれる．波長 λ は，光速を c [m/s] として c/f で与えられる．光を扱う場合には周波数ではなく波長が用いられる．例えば，波長 1

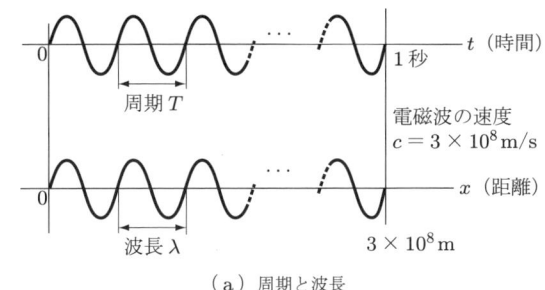

(a) 周期と波長

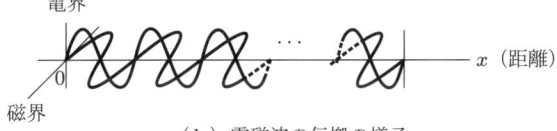

(b) 電磁波の伝搬の様子

図 1.4　周期，波長と電磁波の伝搬

μm は 300 THz に対応する[†3]．図 1.4 (b) に直交した電界と磁界が変化する電磁波の伝搬の様子を示す．アンテナの大きさは，おおよそ波長の数分の 1 から数倍であるため，周波数が高いほど，また，波長が小さいほどアンテナは小さくなる．一般に，電磁波の大気伝搬においては，周波数が高くなると雑音は小さくなるが，雨，霧などによる大気中の伝搬損失が大きくなる．

　さて，信号や雑音などの波形の中には，いろいろな周波数の成分が含まれている．**フィルタ**は，これらの周波数の成分の調整を行うものである．フィルタでは，フィルタに入力された信号や雑音などの波形に含まれる低い周波数の成分や高い周波数の成分について，それぞれの周波数ごとにその成分のフィルタ出力の電圧レベルを変化させることができる．例えば，受信機に混入する雑音を制限する，信号の波形を整える，あるいは，特定の周波数の妨害を除去するために用いられる．一般に，滑らかな波形には低い周波数の成分が多く，急激に変化する波形には高い周波数の成分が多い．

　図 1.5 (a) にオーディオ機器としてよく用いられるグラフィックイコライザの操作面の例を示す．グラフィックイコライザではスライド型のボリュームがよく用いられる．このボリュームがいくつかの周波数ごとに配置されており，その周波数成分を強調したり，減衰させたりすることができる．図 1.5 (a) では，62 Hz 近辺の信号成分はその電圧が 0.25 倍に小さくなる．また，125 Hz から 500 Hz，ならびに，8 kHz，16

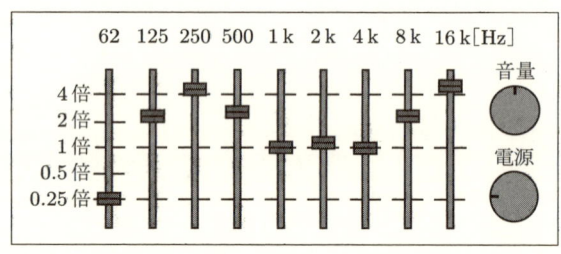

(a) グラフィックイコライザ

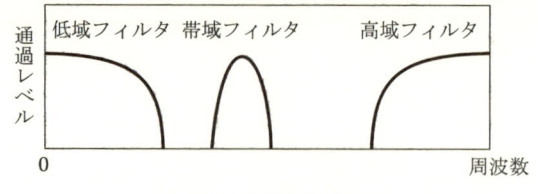

(b) 周波数特性

図 1.5　フィルタ

[†3] 波長を表す場合には，補助単位として m（ミリ）: 10^{-3}, μ（マイクロ）: 10^{-6}, n（ナノ）: 10^{-9} が用いられる．

kHz 近辺の信号成分は強調されている．

フィルタには，低域の周波数成分を通過させる低域フィルタ，高域の周波数成分を通過させる高域フィルタ，あるいは，特定の周波数の近傍のみを通過させる帯域フィルタがある．これらはそれぞれ，低域通過フィルタ，高域通過フィルタ，帯域通過フィルタともよばれる．また，通過させる周波数を指定するのではなく，遮断する周波数を指定するフィルタもあり，低域を遮断するフィルタは低域遮断フィルタ，高域を遮断するフィルタは高域遮断フィルタ，および，特定の周波数帯域を遮断するフィルタは帯域遮断フィルタとよばれる．フィルタにおいて，周波数と通過レベルの関係はフィルタの周波数特性とよばれる．図 1.5 (b) にフィルタの周波数特性の例を示す．

1.3　送信情報の判定とは?

ディジタル通信の受信機では，受信した電圧から送信情報を判定する．この判定では距離の考え方が有用となる．

まず，ディジタル通信における判定方法ではなく，一般的な判定方法について考える．図 1.6 に所有権の判定の例を示す．集落 A と集落 B が隣接しており，これらの集落には，郵便物や荷物などの配送物が航空機より落下させて届けられるものとする．いま，航空機が集落 B の上空で集落 B 宛の荷物を落下させたところ，強風のため集落 A の方へ流され図中の γ の地点に着地した．この荷物は集落 A の所有となるか，集落

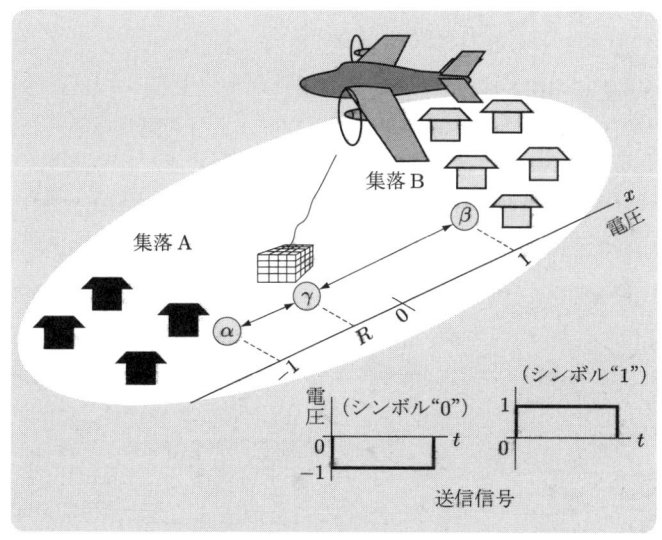

図 1.6　所有権の判定の例

Bの所有になるかについて考える．この例では，荷物の着地点 γ はディジタル通信の受信信号に相当し，γ から，送信信号に相当する荷物の宛先（集落 A まはた B）を判定する．集落 A の代表点を α とし，集落 B の代表点を β とすれば，γ が α に近いか β に近いかを測り，近い方の集落が荷物を所有するのが公平であり妥当と思われる．ここで，荷物の着地点 γ と集落の代表点 α ならびに β との距離はメートルを単位として測定する．この判定方法は，α と β を結ぶ線分の垂直 2 等分線を判定境界とし，荷物がこの判定境界より左に着地すれば集落 A の所有に，右に着地すれば集落 B の所有にすることを意味する．この例では，荷物の着地点 γ が集落 A の代表点 α に近く，荷物は集落 A の所有となり，誤りが発生している．

一方，ディジタル通信において，2 値情報をシンボル "0" か "1" かで表し，"0" のときに電圧 -1 V の信号を送信し，シンボル "1" のときに電圧 1 V の信号を送信するものとする．図 1.6 の右下に送信信号の波形を示す．シンボルを "1" として，1 V の信号を送信したところ，雑音の影響を受け図 1.6 の x 軸に R で表した電圧の信号を受信したとする．この場合に，先の例と同様に，距離の考え方を用いて判定すると仮定すれば，電圧 R が 1 V に近いと送信シンボルは "1" であると判定され誤りはないが，電圧 R が -1 V に近いと送信シンボルは "0" であると判定され誤りが発生する．ここで用いた距離の単位はメートルではなくボルトである．

続いて，今のような "0" か "1" を 1 回送信する場合の判定ではなく，"0000" か "1101" かの判定のように，シンボルを複数回送信する場合の判定について考える．4 回送信する場合では，4 つのシンボルからなるシンボル系列が，"0000" と "1101" の 2 種類あり，受信機でそのどちらのシンボル系列が送信されたかを判定する．シンボル "0" のときに -1 V，"1" のときに 1 V の信号を送信するとすれば，送信信号は，4 回送信するため 4 つの信号から構成される．このような送信信号は ± 1 を成分とするベクトルを用いて表される．このベクトルは信号ベクトル，あるいは，信号点ベクトルとよばれる．図 1.7 (a) において，情報が "0" のときにシンボル系列 "0000" が発生し，電圧系列 $(-1,-1,-1,-1)$ のベクトル $\boldsymbol{S}$ を送信し，情報が "1" のときにはシンボル系列 "1101" が発生し，電圧系列 $(1,1,-1,1)$ のベクトル $\boldsymbol{T}$ を送信するものとする．これらの信号ベクトルは，その第 1 成分，第 2 成分，第 3 成分，第 4 成分を，それぞれ，直交する x 軸，y 軸，z 軸，u 軸の各座標に写像して 4 次元空間で表すことができる．いま，信号ベクトル $\boldsymbol{S}$ を送信したところ，雑音の影響を受け，図 1.7 (a) に示す電圧系列 $(0.5, 0.2, -0.5, 1.5)$ のベクトル $\boldsymbol{R}$ を受信したものとする．受信機は，受信信号ベクトル $\boldsymbol{R}$ を用いて，送信信号ベクトルが $\boldsymbol{S}$ であるか，$\boldsymbol{T}$ であるかを距離の考え方を用いて判定する．そこで，N 次元空間における信号ベクトル $\boldsymbol{P} = (v_1, v_2, \cdots, v_N)$ と別の信号ベクトル $\boldsymbol{Q} = (w_1, w_2, \cdots, w_N)$ の距離 d_{PQ} を

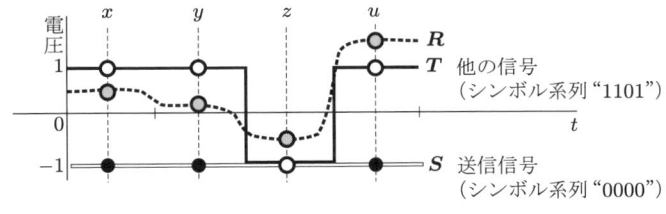

（a）信号波形

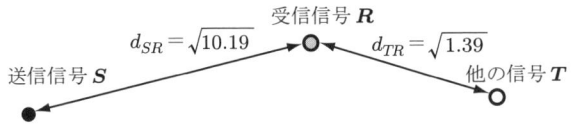

（b）4次元空間における信号点間距離

図 1.7 信号波形と信号点間距離

$$d_{PQ} = \sqrt{(v_1 - w_1)^2 + (v_2 - w_2)^2 + \cdots + (v_N - w_N)^2}$$

で定義する．直交座標で定義されるこの距離は**ユークリッド距離**とよばれる．信号ベクトル S と R の距離を d_{SR}，信号ベクトル T と R の距離を d_{TR} とすれば，それぞれ次式で与えられる．

$$d_{SR} = \sqrt{(-1 - 0.5)^2 + (-1 - 0.2)^2 + \{-1 - (-0.5)\}^2 + (-1 - 1.5)^2} = \sqrt{10.19}$$
$$d_{TR} = \sqrt{(1 - 0.5)^2 + (1 - 0.2)^2 + \{-1 - (-0.5)\}^2 + (1 - 1.5)^2} = \sqrt{1.39}$$

受信信号ベクトル R との距離が小さい方の信号ベクトルを判定結果とすれば，図 1.7 (b) に示すように 4 次元空間において $d_{SR} > d_{TR}$ となることから，送信信号ベクトルは T で送信シンボル系列は "1101" であると判定される．このように，雑音の影響が大きい場合には誤りが発生する．ディジタル通信の判定では，距離を用いる判定基準のほか，距離を 2 乗した自乗距離や確率などを基準とした判定方法も用いられる．

さて，ここまでは，2 つの信号の候補から 1 つを判定する方法について述べた．今度は，ディジタル通信における「最も良い判定」の意味を直感的に理解するための例題として，多くの信号の候補から 1 つを決定する判定問題について考える．

図 1.8 (a) に A から B への経路を示す．ノード A からノード B までの経路がシンボル系列を定義する．ノード A から，右，または，上のみに進むものとする．右に進めばシンボル "0"，上に進めばシンボル "1" を表すとすれば，図 1.8 (a) の太線で表される経路は図 1.8 (b) に示すように，A から B へ順に，右，右，上，上，上，右，上，右，右，右，右へと進む経路であり，シンボル系列 "00111010000" となる．まず，はじめに，信号の候補となる経路の総数を求める．ノード A からノード B へのすべての経路は右へ進

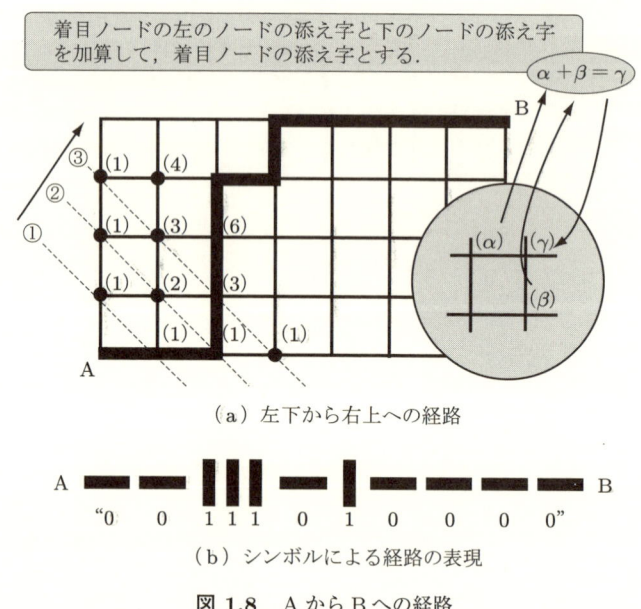

(a) 左下から右上への経路

(b) シンボルによる経路の表現

図 1.8　A から B への経路

む 7 個のシンボル "0" と上へ進む 4 個のシンボル "1" の組み合わせで表現できる．したがって，ノード A からノード B への経路の総数は $_{11}C_7 (= 11!/7!(11-7)! = 330)$ となる．一方，組み合わせを用いずに経路の総数を数え上げるアルゴリズムもある．そのアルゴリズムでは，各ノードの添え字がノード A からそのノードへの経路の数を表す．着目ノードの左のノードの添え字と下のノードの添え字の和をとり，そのノードの添え字とすることを基本としている．図 1.8 (a) に添え字の付け方を示す．ただし，左，あるいは，下にノードがなければ加算する必要はない．図 1.8 (a) の ① ② ③ … の順に，ノード A からノード B まですべてのノードに添え字をつければ，ノード B の添え字として経路の総数が得られる．

次に，これらの経路の各枝にそれぞれポイントが配置され，経路に沿ってポイントを収集するものと仮定する．図 1.9 (a) に各枝のポイントを示す．そこで，最も良い経路，すなわち，最もポイントの大きい経路を見い出す方法について考える．すべての経路についてポイントを求め比較すれば良いが，経路数が多くなるとその計算量が大きくなり困難となる．しかしながら，以下のアルゴリズムを用いれば最も良い経路を容易に求めることができる．このアルゴリズムでは，各ノードの添え字がノード A からそのノードまでの経路のうち，ポイントが最大となる経路の累計ポイントを表している．図 1.9 (b) に示すように，着目ノードにおいて，そのノードの左のノードの累計ポイントと左の枝のポイントを加算し，そのノードの下のノードの累計ポイントと下

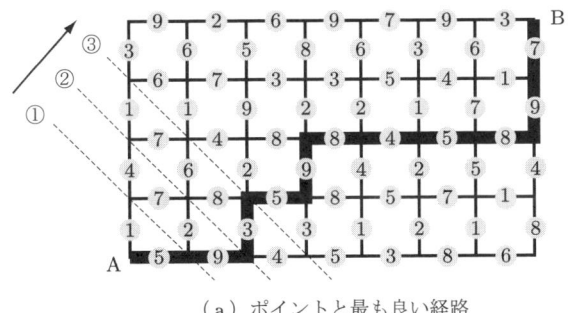

（a）ポイントと最も良い経路

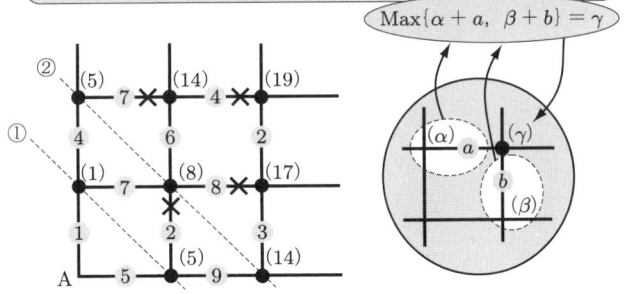

（b）ノードにおける二者択一

図 1.9　最適経路

の枝のポイントを加算して両者を比較する．そして，累計ポイントの大きい方の経路を残し，その累計ポイントを着目ノードの添え字とする．累計ポイントの小さい方の経路はその時点で切り捨て×印を記入する．ただし，左，あるいは，下にノードがなければ比較する必要はなく存在している経路を残す．図 1.9 (a) の ① ② ③ ⋯ の順に，ノード A からノード B まですべてのノードに累計ポイントを記入すれば，ノード B に入る 2 つの経路のうち累計ポイントの大きい方の経路が最も良い経路となる．

このようにして求めた経路を図 1.9 (a) に太線で示す．右に進めばシンボル "0"，上に進めばシンボル "1" を表すことから，この経路はシンボル系列 "00101000011" となり，ポイントの総数は 72 である．先に述べた経路の総数を求める例では，各ノードでそのノードに入る経路の和を求め，そのノードの添え字とした．一方，ポイントを

最大化するアルゴリズムでは各ノードに入る経路の二者択一を行い，最後に最も累計ポイントの大きい経路を残すものである．誤り訂正符号の復号法として広く用いられているビタビ復号法は，ここで示したアルゴリズムと同様に，各ノードで二者択一を行うことにより最も良い復号を実現している．この例で用いたアルゴリズムをディジタル通信に適用する場合には，ポイントとして信号ベクトル間の距離や自乗距離，あるいは，その受信信号の発生確率などを用いる．

1.4 ディジタル通信における確率とは?

　ディジタル通信では，情報源で発生したディジタル情報を宛先まで伝送する．伝送過程において，雑音やひずみなどの影響が大きければディジタル情報に誤りが発生する．ここで，ディジタル情報や雑音の発生は確率を用いて特徴づけられる．例えば，2値情報の場合，情報源から "0" が発生し，宛先に "0" が届けば誤りは発生していないが，"1" が届けば誤りの発生となる．ディジタル通信では情報の誤る確率を誤り率とよび，通信システムの特性評価基準として用いる．

　まず，サイコロの目について考える．サイコロの目の集合を

$$\Omega = \{1, 2, 3, 4, 5, 6\}$$

で表す．N 回の試行の結果，サイコロの目 X が $i\,(=1, 2, \cdots, 6)$ となる回数を $N(i)$ とすれば，

$$\frac{N(i)}{N}$$

が**相対頻度**とよばれる．ここで，事象 ε の発生確率を $P[\varepsilon]$ とすれば，相対頻度は N の増大とともに，

$$P[X = i] = \frac{1}{6}$$

に収束する．次に，Ω の部分集合を

$$A_1 = \{1, 2, 3\}, \quad A_2 = \{4, 5\}, \quad A_3 = \{6\}$$

とする．部分集合 A_1 から1つを取り出す「場合の数」は3であり，集合 Ω から1つを取り出す「場合の数」は6である．これらの比をとり確率 $P[A_1]$ とする．同様に，$P[A_2]$，$P[A_3]$ を求めると次式となる．

$$P[A_1] = \frac{1}{2}, \quad P[A_2] = \frac{1}{3}, \quad P[A_3] = \frac{1}{6}$$

このように，A_1，A_2，A_3 以外の Ω の部分集合を A_j，$(j = 4, 5, 6, \cdots)$ で表せば，$P[A_1]$，$P[A_2]$，$P[A_3]$，$\cdots$ は次の (1)〜(3) の確率の定義を満足する．

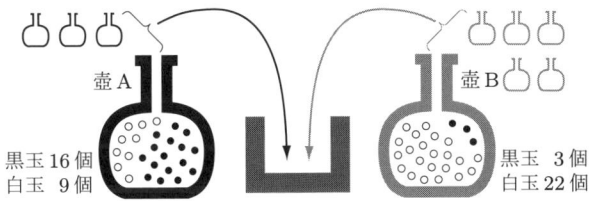

(a) 4個の壺Aと6個の壺Bの中から玉を1個取り出す

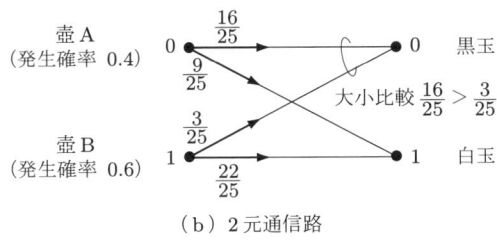

(b) 2元通信路

図 1.10 誤りと確率

(1) $0 \leq P[A_j] \leq 1$,
(2) $P[\Omega] = 1$,
(3) $A_i \cap A_j\ (i \neq j)$ が空集合であれば，$P[A_i \cup A_j] = P[A_i] + P[A_j]$ が成立する．

それでは，2値情報の伝送と誤りの発生について，壺から玉を取り出すモデルを用いて考える．図 1.10 (a) に白玉と黒玉が混在する壺 A と壺 B を示す．壺 A には，黒玉 16 個と白玉 9 個が入っている．壺 B には黒玉 3 個と白玉 22 個が入っている．まず，壺 A から玉を 1 個取り出し，取り出した玉が黒玉である確率は，壺 A に入っている玉の総数 25 と壺 A に入っている黒玉の個数 16 の比で表される．

$$P[壺 A から黒玉が出る] = \frac{16}{25}$$

同様に，

$$P[壺 A から白玉が出る] = \frac{9}{25}$$

$$P[壺 B から黒玉が出る] = \frac{3}{25}$$

$$P[壺 B から白玉が出る] = \frac{22}{25}$$

の関係が得られる．

さて，今度は，壺 A を 4 つ，壺 B を 6 つ用意し，これらのすべての壺からランダムに 1 つの壺を選んで，その壺から 1 個の玉を取り出す．取り出した玉が黒玉である確率は，次のようにして求めることができる．

取り出した玉が黒玉であるのは，4つの壺Aと6つの壺Bの中から壺Aを選んでその中から黒玉が出る場合と，壺Bを選んでその中から黒玉が出る場合の2通りの場合である．まず，4つの壺Aと6つの壺Bの中から壺Aを選ぶ場合について考える．壺Aを選ぶ確率は壺の総数10と壺Aの数4の比から，

$$P[\text{壺Aを選ぶ}] = \frac{4}{10}$$

となる．さらに，壺Aから黒玉が出る確率は

$$P[\text{壺Aから黒玉が出る}] = \frac{16}{25}$$

であるため，これらの積をとることで，

$$P[\text{壺Aを選ぶ，かつ，その壺から黒玉が出る}] = \frac{4}{10} \cdot \frac{16}{25}$$

が得られる．同様に，4つの壺Aと6つの壺Bの中から壺Bを選び，さらに，その壺から黒玉が出る確率は

$$P[\text{壺Bを選ぶ，かつ，その壺から黒玉が出る}] = \frac{6}{10} \cdot \frac{3}{25}$$

となる．したがって，いずれかの壺を選んで，その壺から黒玉が出る確率は次式のように表すことができる．

$$P[\text{いずれかの壺を選ぶ，かつ，その壺から黒玉が出る}]$$
$$= P[\text{壺Aを選ぶ，かつ，その壺から黒玉が出る}]$$
$$+ P[\text{壺Bを選ぶ，かつ，その壺から黒玉が出る}]$$
$$= \frac{4}{10} \cdot \frac{16}{25} + \frac{6}{10} \cdot \frac{3}{25}$$

次に，この例を2値情報の通信路に関連付けて考える．壺Aを選ぶか壺Bを選ぶかを，それぞれ送信情報の"0"か"1"に対応させる．この場合，壺の総数が10で，そのうち壺Aの数が4，壺Bの数が6であることから，送信情報"0"の発生確率が0.4 (= 4/10)，送信情報"1"の発生確率が0.6 (= 6/10)となる．壺を選んで情報を送信したとして，選んだ壺から取り出した玉が黒玉であったか白玉であったかを用いて，送信情報が"0"であるか"1"であるか，すなわち，選んだ壺がAであったか，Bであったかを判定する．取り出した玉が黒玉である場合に情報"0"が得られ，白玉である場合に情報"1"が得られるとすれば，図1.10 (b)の通信路が得られる．図1.10 (b)の矢印は，それぞれ，矢印の起点の壺から矢印の終点の玉が出る確率を表している．いま，黒玉を取り出したと仮定する．この場合，図1.10 (b)の黒玉に向かう矢印のうち，確率の大きい方の矢印の起点を判定結果とすれば，16/25 > 3/25より，玉を取り出した壺はAであると判定できる．同様に，白玉を取り出した場合には，壺Bが判定結果となる．

この通信路では，壺 A を選んで白玉が出る事象，ならびに，壺 B を選んで黒玉が出る事象が誤り事象である．壺の中に白玉と黒玉が混在していることが誤りの原因であり，ディジタル通信における雑音の効果を表している．したがって，壺 A が黒玉のみで，壺 B が白玉のみであれば，図 1.10 (b) の，"0" から "1" への枝，ならびに，"1" から "0" への枝は存在せず，誤りは発生しない．図 1.10 (b) は 2 元通信路とよばれる．

1.5 通信システムモデル

図 1.11 にディジタル通信の通信システムモデルを示す．通信システムモデルは，情報の発生から宛先に届くまでをブロック図で表している．以下に各ブロックの概要を示す．

(1) 情報源

情報源は情報の発生源を表し，画像や音声などのアナログ情報，ならびに，2 進数，10 進数や文字などのディジタル情報を発生する．図 1.11 では例として 10 進数の文字情報 "5" が発生したとしている．

(2) 情報源符号化

情報源符号化は，アナログ情報のディジタル情報への変換，ディジタル情報の 2 進数への変換，ならびに，情報の圧縮などを行う符号化である．図 1.11 の例では，10 進

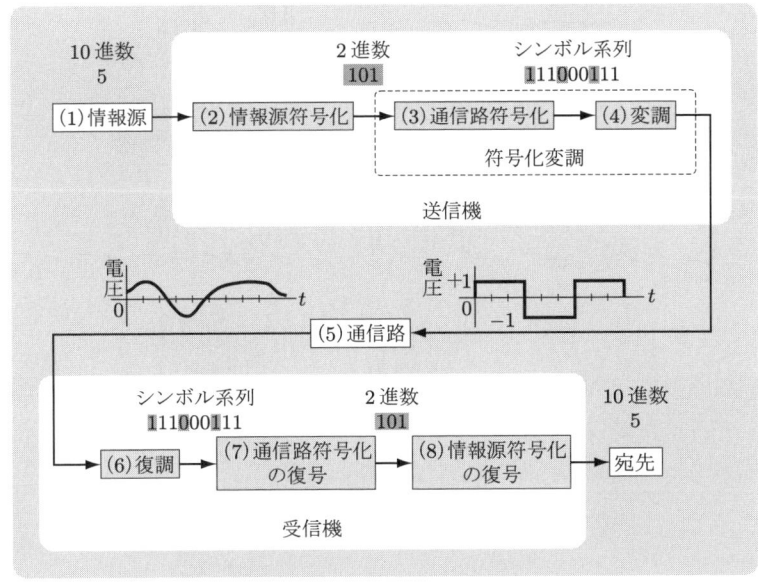

図 1.11　通信システムモデル

数の文字情報 "5" を2進数に変換した2値符号 "101" が情報源符号化の出力となる.

(3) 通信路符号化

通信路符号化は，受信機で誤りの検出または訂正ができるようにするための符号化である．通信路符号化では，使用する符号化の規則に従って，情報ビットから冗長ビットを生成する．符号語は情報ビットと冗長ビットから構成されるため，符号化前と比較して符号化後は伝送するビット数が増加する．情報ビット数に対して冗長ビット数の割合が大きいほど符号の誤り検出能力や誤り訂正能力も大きくなる．図1.11の例では，誤り訂正能力は大きくないが説明が容易な **3回繰り返し伝送** とよばれる符号を用いている．3回繰り返し伝送は同じシンボルを3回伝送するものであり，1ビットの情報に情報と同じ冗長ビットを2ビット付加したものである．図1.11の例では，通信路符号化入力の2値符号 "101" に対して出力のシンボル系列は "111000111" となる．

(4) 変調

変調では，入力されたシンボル系列から情報を担う**情報信号**を生成し，その上で情報信号を伝送路に整合した形態に変換，あるいは，写像する．アナログ情報の情報信号は音声信号や画像信号などであるが，ディジタル情報における情報信号とは，振幅が情報に応じて変化する信号のように情報を担う基本的な信号である．シンボル系列

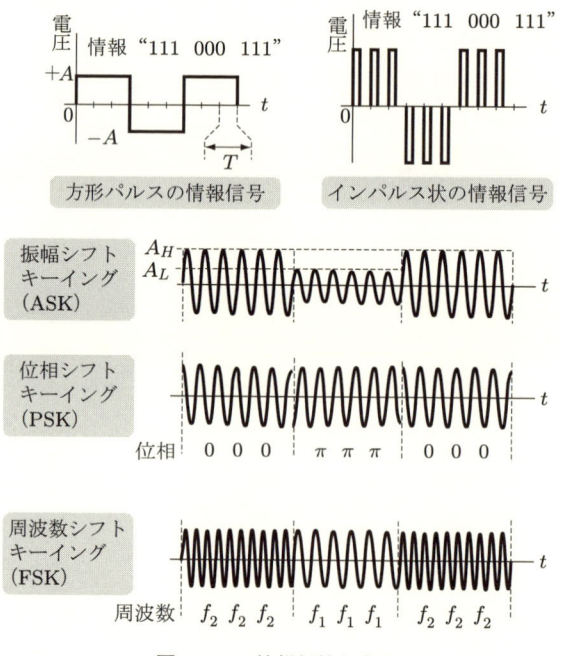

図 1.12　情報信号と変調

"111000111" に対する情報信号の例を図 1.12 に示す．図左上の方形パルスの情報信号では，時間幅 T のパルスを 1 シンボルとし，振幅 $\pm A$ [V] で 1 ビットの通信路シンボル "0" または "1" を伝送する．以下，電圧の単位を省略する．図右上のインパルス状の情報信号では，方形パルスに代わり幅の狭いインパルス状の波形の正負で 1 ビットの通信路シンボルを伝送する．変調では，情報を載せることができる変調パラメータをもつ基本波を**搬送波**とよび，情報信号を用いてその変調パラメータを制御して変調信号を生成する．搬送波を正弦波とし，方形パルスの情報信号の振幅を用いて正弦波の振幅，位相，または，周波数を制御した場合には，それぞれ，図 1.12 に示す**振幅シフトキーイング** (amplitude shift keying：**ASK**)，**位相シフトキーイング** (phase shift keying：**PSK**) と**周波数シフトキーイング** (frequency shift keying：**FSK**) となる．ASK はディジタル振幅変調，PSK はディジタル位相変調，また，FSK はディジタル周波数変調ともよばれる．図 1.12 の情報信号自体も情報に応じて振幅を制御しており，正弦波を用いない ASK 信号とみなせる．なお，通信路符号化と変調を独立に扱わないで一体化して設計する**符号化変調**では，通信路符号化で出力される符号を変調信号の波形に写像する際に最も誤り率が低くなる写像を採用する．

図 1.11 の通信システムモデルにおける変調では，通信路シンボル "1" に対して +1，通信路シンボル "0" に対して −1 が写像されるとしている．このため，"+1, +1, +1, −1, −1, −1, +1, +1, +1" に従って電圧変化する信号が情報信号となる．なお，説明を簡単にするため，変調信号は正弦波を用いない ASK 信号であると仮定しており，この場合には情報信号と変調信号が等しい．

(5) 通信路

情報源符号化から変調までが送信機の役割で，復調から情報源符号化の復号までが受信機の役割である．通信路は，これらの送信機と受信機を電気的に結ぶものであり，より対線，同軸ケーブル，光ファイバや，無線回線，あるいは，CD などの記録媒体からなる．通信路において，伝搬損失が生じ，変調信号に雑音が加算されるとともに，通過する周波数帯域が限定される**帯域制限**に起因して通信路ひずみが発生する．なお，受信機内で発生する熱雑音も通信路の雑音としてモデル化される．また，無線通信では，受信信号の振幅と位相が変動するフェージングの影響や，他のシステムからの干渉などの妨害を受ける．

(6) 復調

復調とは変調信号から情報信号を復元することである．通信路符号化を用いない場合にはここで送信情報を判定する．図 1.13 (a) において，信号 $x(t)$ が図 1.12 の情報信号と等しくシンボル系列 "111000111" を担っているものとする．信号 $x(t)$ に雑音

$n(t)$ が加わり受信波 $r(t)$ となる.

$$r(t) = x(t) + n(t)$$

いま,図 1.13 (a) の破線の時刻 t_0 に位置する第 7 シンボルにおいて $x(t) = +A$ を送信し,受信機では受信波 $r(t_0)$ の振幅の正負で情報 "0" または "1" を判定すると仮定すれば,$r(t_0) > 0$ であれば誤りは発生しない.一方,信号が図 1.13 (b) の $y(t)$ のようにひずみをもつ場合には,受信波

$$r(t) = y(t) + n(t)$$

は,一般に誤りやすく,$r(t_0) < 0$ となれば誤りが発生する.図 1.11 の例において誤りなく復調された場合には,シンボル系列 "111000111" が得られる.

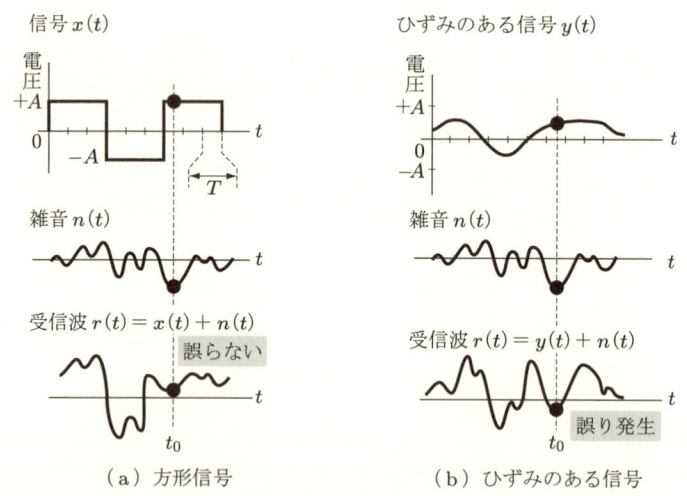

図 1.13 誤りの発生

(7) 通信路符号化に対する復号

誤り検出や誤り訂正のための復号を行う.雑音により発生した誤りの程度が,送信機で用いた符号の誤り訂正能力を超えていなければ,復調器出力に誤りがある場合でも訂正される.図 1.11 の例では,3 回繰り返し伝送を用いた.3 回繰り返し伝送では,1 ビットの誤りが発生しても "1" と "0" の多数決判定をすれば誤りを訂正できる.図 1.14 に示す 3 回繰り返し伝送において,"000" を送信して中央のビットが誤って "010" を受信したとすれば,"0" が 2 個で "1" が 1 個となる.そこで,多数決をとれば誤りを訂正して "000" が送信されたと判定することができる.

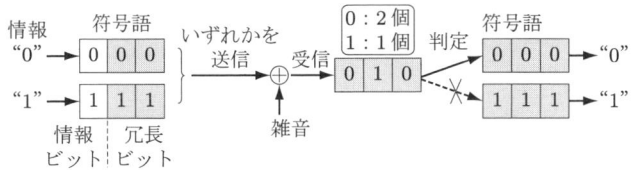

図 1.14　3 回繰り返し伝送

（8）　情報源符号化に対する復号

最後に，情報源符号化に対する復号を行い，宛先に情報を出力する．図 1.11 では 2 進数 "101" を 10 進数に変換して "5" が宛先に届けられる．

一般に，ディジタル通信では誤り率を通信システムの評価基準として用いる．誤りには，送信した通信路シンボルが別の通信路シンボルに誤って判定されるシンボル誤りと，情報ビットが誤って判定されるビット誤りがあり，これらの発生確率が，それぞれ，**シンボル誤り率**と**ビット誤り率**[†4]である．通信路シンボルが 2 値ではなく多値の場合には，シンボル誤り率とビット誤り率は異なったものとなる (付録 A 参照)．なお，通信路符号化を行う場合には，復号して誤り訂正などを施した後でビット誤り率を定義する．

ほとんどの通信系では，誤り率は信号電力や雑音電力の絶対値に依存するのではなく，信号電力と雑音電力の比である**信号対雑音電力比** (signal to noise power ratio：**SN 比**) のみで決定されることから，誤り率の評価ではパラメータとして SN 比が用いられる．また，誤り率は SN 比に対して指数的に減少することが多い．このため，誤り率を図示する場合には，誤り率を対数表示し，SN 比は**デシベル** (dB) で表示する．図 1.15 (a) に誤り率の例を示す．デシベル値は，電圧の比率を γ_V，電力の比率を γ_P とすれば

$$\text{デシベル値}: 20 \log_{10} \gamma_V = 10 \log_{10} \gamma_V^2 = 10 \log_{10} \gamma_P \quad [\text{dB}]$$

で与えられる．ここで，1 Ω の抵抗を仮定すれば電圧の 2 乗が電力となる $\gamma_V^2 = \gamma_P$ の関係を用いている．図 1.15 (b) にデシベル換算の例を示す．

[†4] ビット誤り率を英訳すれば bit error rate (BER)，または bit error probability になり，これらは混同して用いられることも多い．厳密には，bit error rate が時間的な誤りビット数の比率を表し，bit error probability は集合的に誤る確率を表す．言い換えれば，実験には bit error rate を，解析には bit error probability を用いるのが適している．

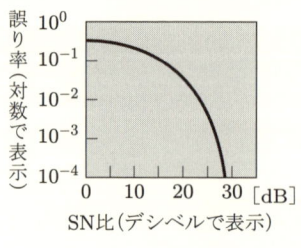

(a) 誤り率

比率 γ_P, γ_V	2	3	4	10	100
電力比[dB] $10\log_{10}\gamma_P$	3	4.7	6	10	20
電圧比[dB] $20\log_{10}\gamma_V$	6	9.4	12	20	40

(b) 電力と電圧のデシベル換算

図 1.15　対数表示とデシベル表示

1.6　受信信号レベルの変動

　伝送特性の劣化要因は，雑音や干渉のように信号の有無にかかわらず存在するものと，信号に依存して発生する妨害に分類することができる．信号に依存する妨害には，信号ひずみ，信号の減衰のほか，無線通信に特有の受信信号レベルの変動がある．図1.16に受信信号電力の測定例を示す．図1.16は，無線LANのアクセスポイントの送信信号を歩行程度の速度で移動中に受信し，その電力を測定したものである．図中，右側の縦軸は電力であり，また，左側の縦軸の単位 dBm は 1 mW を 0 dB とした電力を表している．図から，受信信号電力が，時刻とともに大きく変動することがわかる．このような受信信号レベルの変動は，さまざまな方向からの電波が合成され多重波として受信されることに起因する．それぞれの電波は電離層や大気中において個々に減衰，位相変化，偏波面の回転などの影響を受けるため，合成された多重波の振幅は強くなったり弱くなったりする．また，位相はランダムな変動を伴う．これらの現象は**フェージング**とよばれる．フェージングには，その影響が周波数に依存しない**一様フェージング**と，周波数に依存する**周波数選択性フェージング**がある．
　一様フェージングは，すべての周波数に対してフェージングの影響が一定（フラッ

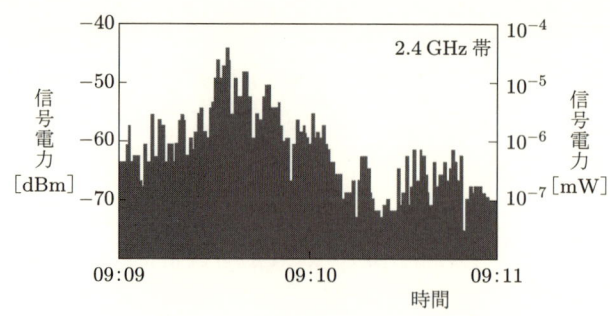

図 1.16　受信信号レベルの変動

ト) であるため，**フラットフェージング**または**周波数非選択性フェージング**ともよばれる．図 1.17 (a) に一様フェージングの発生モデルを示す．図 1.17 (a) では，移動体が受信機を搭載しており，速度 v の移動体に全方位より一様に電波が到来している．受信機が移動するため**ドップラー効果**が生じ，受信信号の周波数が変化する．送信信号を周波数 f_0 の余弦波とし，移動体の進行方向と電波の到来角が α の場合，受信信号の周波数 f は次式となる[†5]．

$$f = f_0 \frac{c + v \cos \alpha}{c} = f_0 + \frac{v}{\lambda} \cos \alpha = f_0 + f_D \cos \alpha$$

ここで，$c(= 3.0 \times 10^8 \text{ [m/s]})$ は光速，$\lambda(= c/f)$ は電波の波長であり，また，$f_D = v/\lambda$ はドップラー周波数とよばれる．一様フェージングでは，ドップラー効果により周波数が $(f_0 - f_D, f_0 + f_D)$ に広がり，その合成波は雑音状となる．

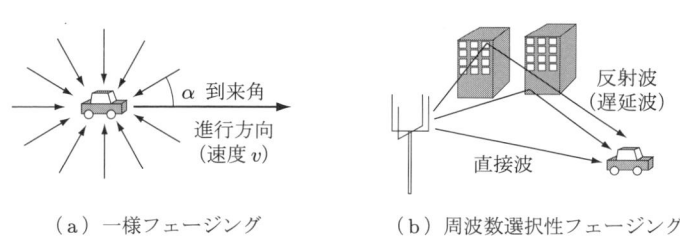

（a）一様フェージング　　　　（b）周波数選択性フェージング

図 1.17　フェージング

周波数選択性フェージングでは周波数によりその影響が異なる．一般に，周波数選択性フェージングは**直接波**と**遅延波**の干渉に起因して発生することから**マルチパスフェージング**，あるいは**多重波フェージング**ともよばれる．周波数選択性フェージングは図 1.17 (b) に示すように重みの異なる直接波と遅延波の和としてモデル化される．各遅延波の伝搬損失と伝搬遅延のほか，すべての遅延波の遅延時間の平均である平均遅延時間や，遅延時間の拡がりを表す遅延スプレッドなどが周波数選択性フェージングのパラメータとなる．

1.7　符号化と誤り制御

一般に，誤りの検出や訂正，あるいは，データの再送などを行って通信機能や記録機能の信頼性を向上させることを誤り制御という．**誤り制御方式**には，大きく分けて**前方向誤り訂正** (forward error correction：**FEC**) と**自動再送要求** (automatic repeat

---

[†5] ドップラー効果：音速を c，音源の周波数を f_0 とし，観測者と音源がそれぞれ v_o と v_s の速度で移動する場合，観測される音の周波数は，$f = f_0 \dfrac{c - v_o}{c - v_s}$ で与えられる．ただし，v_o と v_s は音源が観測者に向かう方向を正としている．ここで，c を光速，$v_s = 0$，$v_o = -v \cos \alpha$ とおけば，受信信号の周波数となる．

request：**ARQ**) がある．FEC では，送信機において誤り訂正のための符号化を施し，受信機でその復号を行えば，誤りを訂正できるもので，一方向の符号化方法であり**帰還通信路**を用いない．一方，ARQ では送信機で誤り検出のための符号化を行い，受信機で誤りが検出されると帰還通信路を用いて送信機に再送の要求を行う．図 1.18 (a) に FEC と ARQ の概要を示す．FEC にはブロック符号を用いる場合と畳込み符号を用いる場合がある．

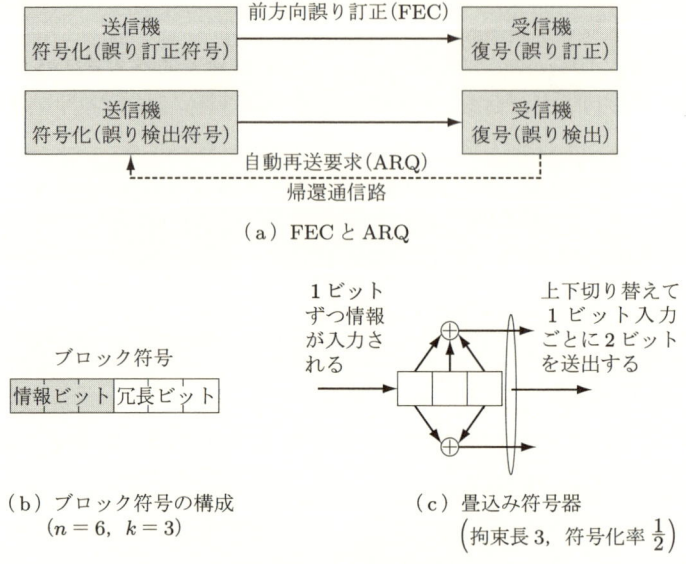

図 1.18　誤り制御方式

- **ブロック符号**：情報を分割してブロック化し，ブロックごとに符号化を行う．図 1.18 (b) にブロック符号の構成を示す．ブロック符号では情報ビットに誤り検出や誤り訂正のための冗長ビットを加えて符号語とする．符号語に情報ビットがそのまま含まれている符号を**組織符号**，情報ビットがなんらかの変換を受けている場合には**非組織符号**という．符号長 n，情報ビット数 k のブロック符号は (n,k) 符号と表記され，符号長に対する情報ビットの割合 r は k/n となる．
- **畳込み符号**：畳込み符号は情報に対して連続的に出力される符号であり，符号の切れ目がない．図 1.18 (c) にシフトレジスタを用いた畳込み符号の符号器の例を示す．シフトレジスタは，左から入力された情報を記憶し，逐次，右へシフトするものである．図中の加算はガロア体の演算となる[†6]．情報が 1 ビットずつシフトレジスタに入力されれば，符号器の結線に従って，この例では上の枝と下の枝

[†6] ガロア体の演算では，$0+0=0$，$0+1=1$，$1+0=1$，$1+1=0$ を満足する．

より 1 ビットずつ，合わせて 2 ビットが出力される．符号器の結線が符号の特徴を決定する．符号長は送信開始から送信終了までの符号系列となり，シフトレジスタの段数が**拘束長**，符号器に入力した情報ビット数と出力される符号のビット数の比 r が**符号化率**とよばれる．

一方，ARQ には基本 ARQ とハイブリッド FEC/ARQ がある．

- **基本 ARQ**：基本 ARQ では送信機で誤り検出符号化を行う．受信機で誤りが検出されなければ 帰還通信路を用いて正しく受信したことを表す **ACK** (acknowledgment) を送信側に返し，誤りを検出すれば **NACK** (negative ACK) を返して再送を要求する．

- **ハイブリッド FEC/ARQ**：ハイブリッド FEC/ARQ では FEC の誤り訂正と ARQ の再送要求の両方を用いる．FEC で誤り訂正をするが，その訂正能力を越える誤りが発生すれば再送を要求する．

なお，ARQ を用いても，帰還通信路で誤りが発生すれば再送要求に関する情報が送信機に伝わらないため，誤りを完全に取り除くことはできないことに注意を要する．

一般に，FEC の符号には誤り訂正能力が高い符号もあれば，高くない符号もある．このため，誤り訂正能力が高く，符号化しない場合と比較して誤り率の改善が大きい符号を選択して採用する必要がある．図 1.19 (a) に符号語の選択と変調信号への写像を示す．(n, k) ブロック符号においては，符号化で n ビットの 2 進符号全体の 2^n 個の符号から $M(= 2^k)$ 個を抜き出して符号語とし，各符号語と k ビット情報を 1 対 1 に対応させる．これらの符号語と変調信号を写像して送信信号とする．先の 3 回繰り返し伝送の例では "000", "001", $\cdots$, "111" の 8 個の 2 進符号から "000" と "111" を抜き出して利用している．

図 1.19 (b) に $k/n = 1/2$ として，n ビットの 2 進符号全体のうち，符号として抜き出した符号語の数の比 $2^k/2^n$ を示す．図 1.19 (b) では n が大きくなると抜き出す符号語の比 $2^k/2^n$ が指数的に減少している．これは，符号長 n の増大とともにほとんどの 2 進符号は用いられなくなり，抜き出した符号に似ている符号が少なくなることを意味し，適当な符号化により誤り率を改善できるであろうことが推測できる．符号としては，誤り率の改善が大きいことに加えて，符号化，復号化が容易であることが求められる．

符号シンボル "0" と "1" に幅 T，電圧 $\pm A$ のパルスを割り当てれば，それぞれの符号語に変調信号 $\phi_1(t), \phi_2(t), \cdots, \phi_M(t)$ が写像される．図 1.19 (c) に，振幅シフトキーイング (ASK) を用いた変調信号の例を示す．

さて，符号化を行うと情報ビットに冗長ビットが加わるため送信するビット数が増加する．このため，図 1.20 (a) のように通信路シンボルの伝送速度を一定として

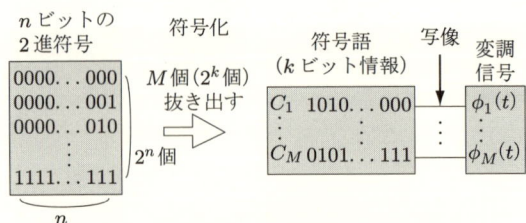

(a) 符号語の選択と変調信号への写像

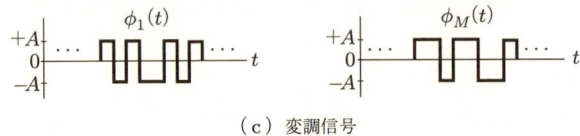

(b) 使用する符号語の割合

(c) 変調信号

図 1.19 符号化と変調

$k/n = 1/2$ の符号化を行えば伝送時間と信号エネルギーが 2 倍に増大する．この場合の誤り率の改善は，純粋な符号化の効果ではなく，信号エネルギーが 2 倍になった効果が含まれていることに注意する必要がある．また，図 1.20 (b) の例のように伝送時間を一定とすれば，速く伝送する必要があり送信シンボル間隔を 1/2 に減少させなければならない．信号が占有する周波数幅は信号の帯域幅とよばれ，シンボル間隔の逆数に比例する[†7]．このため，送信シンボル間隔が 1/2 になれば信号の帯域幅は 2 倍に拡大する．受信機では，変調信号波形の整形を行い，雑音電力を制限するため受信フィルタを用いる．符号化を行えば，受信フィルタの帯域幅が符号化を行わない場合と比較して 2 倍となるため，混入する雑音の電力も 2 倍となる．符号化では，雑音電力が 2 倍となることによる誤り率劣化を補った上で，さらに，誤り率を改善することが必要である．このように，符号化を行えば帯域幅の拡大を犠牲にして誤り率特性を改善することになる．一方，信号自体の帯域幅を拡大して符号化と同様の効果を得る変調方式も存在する (付録 B 参照)．

[†7] 帯域幅とシンボル間隔の関係は，3.2 節 フーリエ変換で解説する．

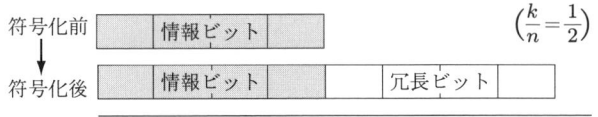

符号化後の伝送時間が2倍となる．
信号振幅一定とすれば信号エネルギーが2倍に増大する．

（a）伝送速度一定の場合

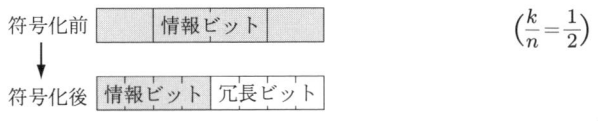

符号化後のシンボル間隔が1/2倍となる．
符号化後の帯域幅が2倍となる．

（b）送信時間一定の場合

図 1.20 符号化後の送信時間と帯域幅

1.8 多重化と多元接続

複数の信号を同時に伝送する場合に**多重化** (multiplexing) が用いられる．図 1.21 (a) に多重化の概念を示す．多重化では，複数の信号を1つの合成信号にまとめて伝送する．多重化された合成信号は**多重分離** (demultiplexing) により元の複数の信号に戻される．一方，通信路を複数ユーザが共同利用して通信することを**多元接続** (multiple access) という．多元接続では各ユーザの信号が通信路において加算される．図 1.21 (b) に多元接続の概念を示す．図 1.21 (a), (b) において，通信路は電波や光を用いる無線通信路，または，同軸ケーブル，光ファイバなどの有線通信路である．

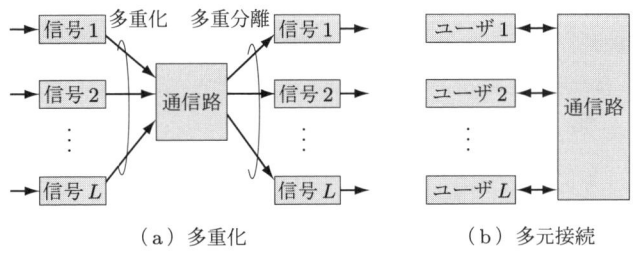

（a）多重化　　　　　（b）多元接続

図 1.21 多重化と多元接続の概念

時間を分ける多重化は時分割多重 (time division multiplexing：TDM)，周波数を分ける多重化は周波数分割多重 (frequency division multiplexing：FDM)，また，符号を用いる多重化は符号分割多重 (code devision multiplexing：CDM) とよばれる．こ

れらに対応するものとして多元接続にも，各ユーザの使用時間を指定する時分割多元接続 (time division multiple access：TDMA)，各ユーザの使用周波数帯を指定する周波数分割多元接続 (frequency division multiple access：FDMA)，ならびに，各ユーザに異なった符号を割り当てる符号分割多元接続 (code division multiple access：CDMA) がある．図 1.22 に多重化と多元接続のそれぞれの考え方を示す．多重化では各信号がそれぞれの領域に配置されて 1 つの信号にまとめられる．一方，多元接続では，多元接続する各ユーザが分割された領域を占有する．

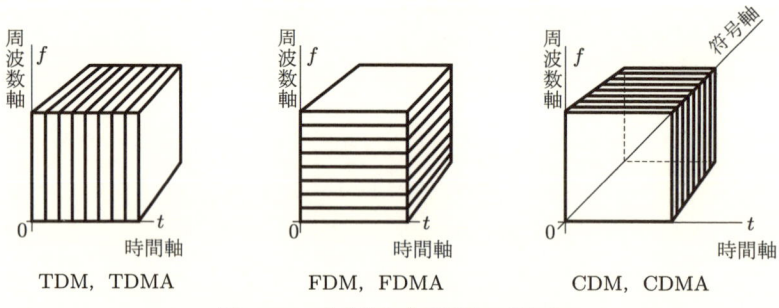

図 1.22 多重化と多元接続の考え方

多元接続は変調と関係が深い．例えば，CDMA は変調方式の一種であると同時に多元接続方式でもある．また，多重化，あるいは，多元接続におけるすべての信号の和を，複数ユーザの複数情報ビットを担う 1 つの変調信号と考えれば，多元接続も全体として変調とみなすことができる．

1.9 通信路容量と誤り率の限界

符号化を行うと帯域幅を犠牲にして誤り率特性を改善することができるが，その改善にも限界が存在する．シャノンは**通信路符号化定理**を発表し，帯域幅 B [Hz] と SN 比が与えられた場合の情報伝送速度の限界である通信路容量 C ビット/秒 (bit per second：bps) を導出した．

$$C = B \log_2 \left(1 + \frac{S}{N}\right)$$

通信路符号化定理において，情報伝送速度が C より小さい場合には誤り率を任意に小さくする符号化法が存在し，C より大きい場合にはそのような符号化法が存在しないことが証明されている．例えば，$B = 4$ [kHz]，SN 比 $= 255$ (約 24 dB) とすれば，通信路容量 C は 32 kbps となり，電話回線モデムの情報伝送速度程度となる．

通信路容量 C の導出ではランダムな振幅をもつ信号を仮定している．これを M 値

振幅シフトキーイング (ASK)[†8] に変更して，$M=2,4,8,16$ に対してそれぞれの通信路容量を求めた結果を図 1.23 (a) に示す．図より，SN 比の増大とともに通信路容量 C が $2B \times \log_2 M$ に漸近することがわかる．

さて，ビット誤りが発生すればその分の通信路容量が減少すると考えることができる．2 値振幅シフトキーイング (2ASK) において，この容量の減少を考慮した場合の符号化率 r とビット誤り率 P_b の限界の関係を図 1.23 (b) に示す．なお，符号化率 r は符号に占める情報の割合であり，(n,k) ブロック符号では k/n に相当する．図 1.23 (b) に示す誤り率特性の理論限界を達成することは困難と考えられていたが，現在では，ターボ符号や低密度パリティ検査符号と反復復号を組み合わせれば理論限界に近い誤り率を得ることが可能となっている．

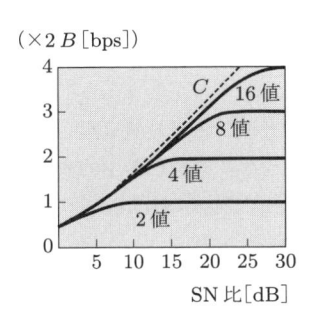

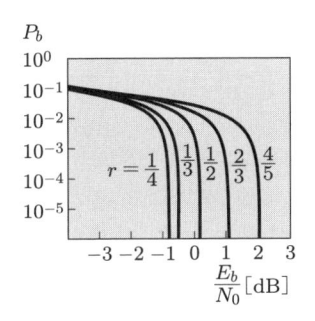

（a）多値振幅シフトキーイング変調の通信路容量　　（b）ビット誤り率の限界

図 1.23　通信路容量と誤り率の限界

[†8] M 値 ASK は M 個の振幅レベルを用いる変調方式である．M が 4，8，16 の場合，1 シンボルでそれぞれ 2，3，4 ビットの情報を伝送できる．8 値 ASK の例を付録 A に示す．なお，M 値振幅シフトキーイングの詳細は 5.3 節で述べる．

第2章

ランダム変数と確率

　アナログ通信では信号対雑音電力比を用いて通信システムの伝送特性を評価する．一方，ディジタル通信ではディジタル情報の誤る確率である誤り率が伝送特性の評価基準となる．誤り率は，低ければ低いほど良いが，通信路における雑音や信号ひずみの影響を受けるほか，他のシステムからの干渉やフェージングなどにより著しく劣化することがある．これらの妨害要因のほとんどはランダム現象であり，発生後には確定波形となるものの，発生前にそれらの波形を知ることはできない．しかしながら，確率統計的な性質を用いて誤り率の最小化を行うことは可能である．本章では，雑音などのランダム変数の数学的表現と確率的な取り扱い方法について述べる．なお，ランダム変数を扱った文献の中で特にディジタル通信を対象としたものとして [1]〜[4] を，さらに専門的な文献として [5],[6] を挙げておく．

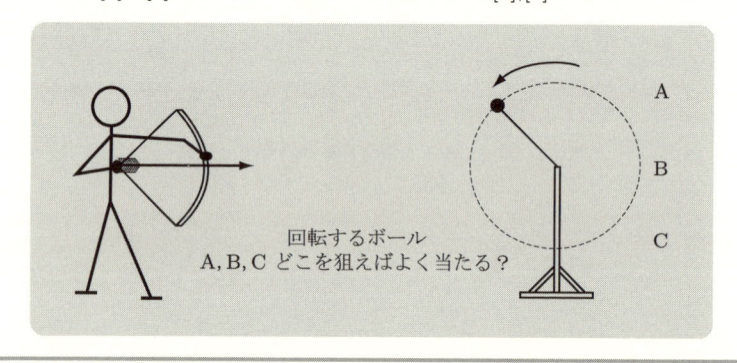

回転するボール
A,B,C どこを狙えばよく当たる？

2.1　離散的なランダム変数と連続的なランダム変数

　ランダム変数には離散的なランダム変数と連続的なランダム変数がある．さいころの目のように有限個の事象からなるランダム変数が離散的なランダム変数であり，正確な温度計による温度の測定値のように無限個の事象からなるアナログ値のランダム変数が連続的なランダム変数である．

　離散的なランダム変数の例として図2.1 (a) のランダムパルス列を考える．以下，表記の簡単化のため電圧の単位を省略する．いま，一定の間隔で ± 1 の電圧をランダム

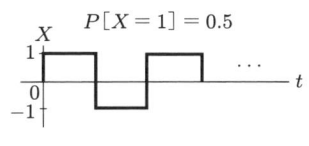

(a) ランダムパルス列

(b) 交流波形

(c) Xが99〜101に入る事象

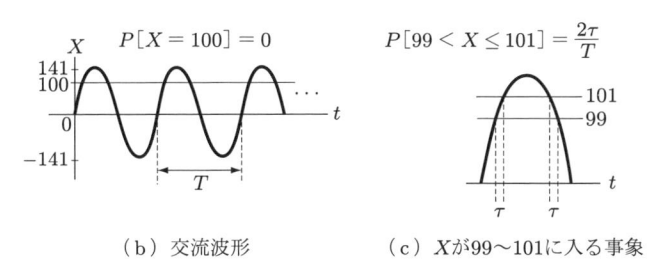

図 2.1 離散的なランダム変数と連続的なランダム変数

に発生させ，この波形の電圧 X を測定したときに X が 1 となる確率が 0.5 となることは自明である．ここで，事象 ε の発生確率を $P[\varepsilon]$ で表すものとすれば，

$$P[X = 1] = 0.5$$

と表記することができる．

一方，**連続的なランダム変数**として図 2.1 (b) の交流波形を考える．電圧 X を測定した場合に，X が 100 となる確率は

$$P[X = 100] = 0$$

で表される．これは，繰り返して測定しても，ちょうど 100，すなわち無限に続く有効数字で 100.000… とはなりえないからであり，X が $99 < X \leq 101$ の範囲内となる確率 $P[99 < X \leq 101]$ を考えれば容易に理解できる．図 2.1 (c) に X が 99〜101 に入る事象を示す．1 周期の時間を T とすれば，$99 < X \leq 101$ を満足する時間領域は 1 周期 T の中で電圧が正の半周期内に 2 カ所あり，その時間幅をそれぞれ τ とする．1 周期内でこれらの時間幅の和は 2τ となり 1 周期 T との時間率を求め，

$$P[99 < X \leq 101] = \frac{2\tau}{T}$$

が得られる．いま，$99 < X \leq 101$ における電圧の範囲を小さくしてその極限をとり $X = 100$ とすれば，それに対応する時間幅 2τ が 0 となり，したがって，$P[X = 100] = 0$ となる．ここでは，ランダム事象の発生する時間率が，集合におけるその事象が発生する割合に等しいという性質を用いている．これを**時間平均**と**集合平均**が等しいと表現し，この条件が満足されるランダム変数の発生過程を**エルゴード過程**という．

さて，連続的なランダム変数で電圧 X の発生確率が 0 となる場合においても，確率

$P[a < X \leq b]$ に適当な数値 a, b を代入すれば，その時間率よりどの電圧が発生しやすいか，あるいは，発生しにくいかを推測できる．先の交流波形の例では，$X = \pm 141$ 付近の電圧が発生しやすく，0 付近の電圧は発生しにくい．

ランダムパルス列の例のように，電圧が $X = 1$ または $X = -1$ などの 1 点で確率を定義できるランダム変数は離散的な成分を含んでおり，1 点で確率を定義できない場合には連続的なランダム変数といえる．

2.2　確率密度関数と確率分布関数

連続的なランダム変数 X に対しては，X の 1 点では確率が 0 となることから，X とその確率の関係を図示することや，関数として表現することができない．このため，X とその点の確率の関係ではなく，X とその点の発生しやすさの関係を関数として表したものが**確率密度関数**である．確率密度関数は連続的なランダム変数のみならず，離散的なランダム変数に対しても適用できる．

図 2.2 (a) に示す連続的なランダム波形について考える．電圧 X を $\pm\Delta/2, \pm 3\Delta/2, \pm 5\Delta/2, \cdots$ のしきい値を用いて Δ の幅で等間隔の領域に分割する．いま，この波形を N 回測定した場合に，図中の灰色で示した帯状の領域に測定値が入った個数を N_x とすれば，これを N で割ったものが**相対頻度** N_x/N であり，N が十分に大きい場合にはその領域に入る確率となる．各領域に対して相対頻度 y を求めれば図 2.2 (b) が得られる．図 2.2 (b) を横軸が X 軸となるように書き直して図 2.2 (c) とする．測定値の総数 N を一定として，電圧を分割する幅 Δ を半分にすれば図 2.2 (d) が，さらに Δ を小さくして $1/4$ とすれば図 2.2 (e) が得られる．Δ を小さくすれば各領域に入る測定値の個数が減少するため相対頻度が小さくなり図の形状が縮小する．

次に，図 2.2 (c) の棒グラフの値を Δ で割り図 2.2 (f) を得る．X が灰色の帯状の領域に入る確率は

$$\frac{N_x}{N} = \Delta \cdot \frac{N_x}{N\Delta}$$

で表され，図 2.2 (f) における灰色で示される長方形の領域の面積となる．ここで，この長方形の幅は Δ で，高さ z が $N_x/N\Delta$ である．このようにすれば，Δ を小さくしてもその領域の高さが $1/\Delta$ 倍に大きくなり，図 2.2 (g)，図 2.2 (h) に示すように図の形状は縮小しない．さらに，Δ を無限小とするとともに N を無限大とすれば図 2.2 (h) は滑らかな曲線となり，これが**確率密度関数**を表す．なお，図 2.2 (f)〜(h) の縦軸 z は確率密度とよばれる．

ランダム変数 X が $(a, b]$ の範囲内[†1] に存在する確率は，X の確率密度関数を $f(x)$

[†1] 記号 (は開区間，記号] は閉区間を表し，x が $(a, b]$ の範囲内であれば $a < x \leq b$ となる．

(a) ランダム波形

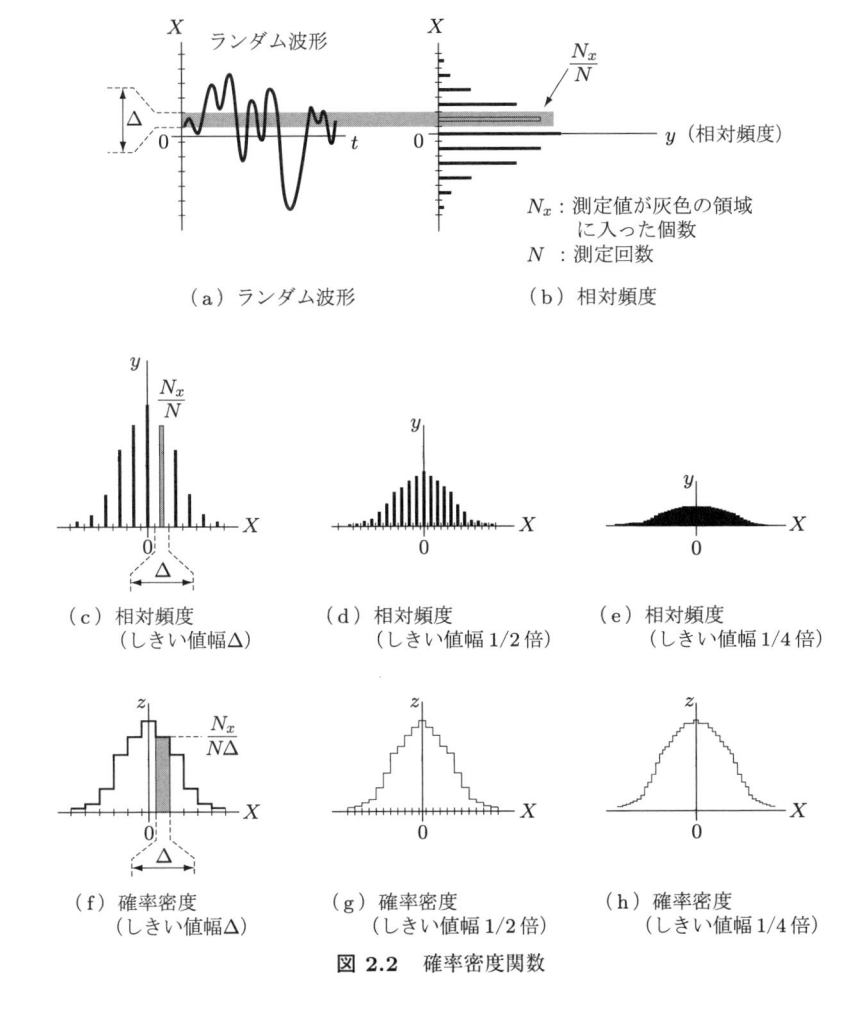

(b) 相対頻度

N_x：測定値が灰色の領域に入った個数
N：測定回数

(c) 相対頻度（しきい値幅Δ）

(d) 相対頻度（しきい値幅1/2倍）

(e) 相対頻度（しきい値幅1/4倍）

(f) 確率密度（しきい値幅Δ）

(g) 確率密度（しきい値幅1/2倍）

(h) 確率密度（しきい値幅1/4倍）

図 2.2 確率密度関数

で表せば，$f(x)$ の $(a,b]$ における面積であり，

$$P[a < X \leq b] = \int_a^b f(x)\,dx \tag{2.1}$$

で表現できる．確率密度関数は $f(x) \geq 0$ を満足し，$f(x)\,dx$ は微小確率であり**確率素分**とよばれる．また，X が全領域のどこかに入る確率は

$$P[-\infty < X \leq \infty] = \int_{-\infty}^{\infty} f(x)\,dx = 1$$

となる．

確率分布関数 $F(x)$ は，ランダム変数 X が x 以下である確率として次式で定義され

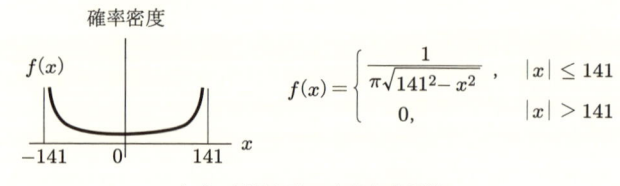

(a) 交流波形の確率密度関数

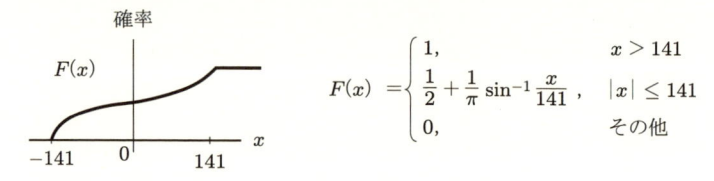

$$f(x) = \begin{cases} \dfrac{1}{\pi\sqrt{141^2 - x^2}}, & |x| \leq 141 \\ 0, & |x| > 141 \end{cases}$$

(b) 交流波形の確率分布関数

$$F(x) = \begin{cases} 1, & x > 141 \\ \dfrac{1}{2} + \dfrac{1}{\pi}\sin^{-1}\dfrac{x}{141}, & |x| \leq 141 \\ 0, & その他 \end{cases}$$

図 2.3 連続的なランダム変数の確率密度関数と確率分布関数の例

る[†2].

$$F(x) = P[X \leq x] \tag{2.2}$$

X が $(a, b]$ の範囲内に存在する確率は

$$P[a < X \leq b] = P[X \leq b] - P[X \leq a] = F(b) - F(a) \tag{2.3}$$

で与えられる．確率分布関数は確率を表しており，$F(x) \geq 0$ を満足する単調増加関数

$$F(x_2) \geq F(x_1), \quad x_2 \geq x_1$$

であり，また，$F(-\infty) = 0$, $F(\infty) = 1$ である．図 2.3 (a), (b) に，連続的なランダム変数の確率密度関数と確率分布関数の例として，図 2.1 (b) の交流波形の確率密度関数と確率分布関数を示す．

確率分布関数と確率密度関数は，微分と積分の関係にある．

$$f(x) = \dfrac{d}{dx}F(x) \tag{2.4}$$

$$F(x) = \int_{-\infty}^{x} f(y)\, dy \tag{2.5}$$

次に，離散的なランダム変数を扱うため，**単位ステップ関数** $u(t)$ と**インパルス関数** $\delta(t)$ を定義する．単位ステップ関数は次式で表される階段状の関数である．

$$u(x) = \begin{cases} 1, & x \geq 0 \\ 0, & x < 0 \end{cases} \tag{2.6}$$

[†2] 本書では特に指定しない場合，大文字の関数名が確率分布関数を表し，小文字の関数名が確率密度関数を表すものとする．

インパルス関数 $\delta(x)$ は単位ステップ関数 $u(x)$ を微分して得られる．

$$\frac{d}{dx}u(x) = \delta(x) \tag{2.7}$$

$$u(x) = \int_{-\infty}^{x} \delta(t)\,dt \tag{2.8}$$

図 2.4 (a), (b) に単位ステップ関数 $u(x)$ とインパルス関数 $\delta(x)$ を示す．インパルス関数 $\delta(x)$ は，$x=0$ の 1 点で定義される面積が 1 で高さが無限大のパルスであり，図 2.4 (c) の幅 D，高さ $1/D$ の方形関数 $\delta_D(x)$ において D を 0 に近づけた極限に一致する．インパルス関数 $\delta(x)$ は次式を満足する．

$$\int_a^b g(x)\delta(x-x_0)\,dx = \begin{cases} g(x_0), & a < x_0 < b \\ 0, & その他 \end{cases} \tag{2.9}$$

式 (2.9) は図 2.4 (d), (e) を用いて理解できる．図 2.4 (d) において，$g(x)$ と x_0 におけるインパルス関数 $\delta(x-x_0)$ の乗算を行えば図 2.4 (e) に示す $g(x_0)$ の重みを有するインパルス関数が得られ，これを積分すればインパルス関数の積分値が 1 であることから $g(x_0)$ が得られる．

(a) 単位ステップ関数　　(b) インパルス関数　　(c) 方形関数

(d) $g(x)$ と $\delta(x-x_0)$　　(e) $g(x)$ と $\delta(x-x_0)$ の積

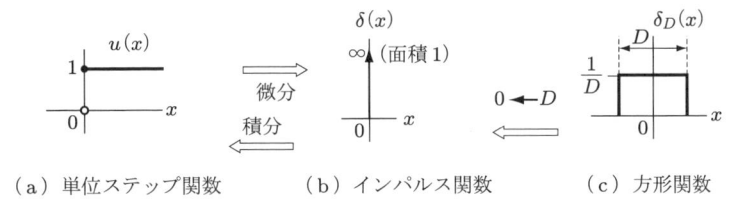

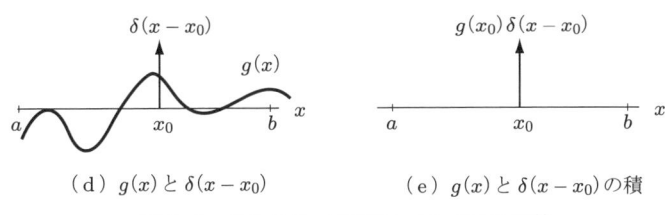

図 2.4 単位ステップ関数とインパルス関数

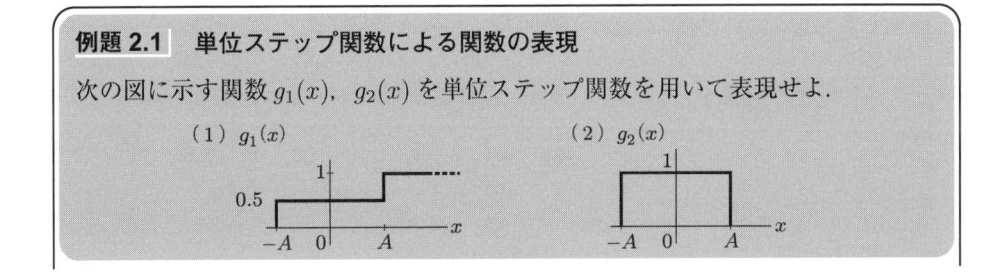

例題 2.1　単位ステップ関数による関数の表現

次の図に示す関数 $g_1(x)$, $g_2(x)$ を単位ステップ関数を用いて表現せよ．

(1) $g_1(x)$　　　　　　　　　　(2) $g_2(x)$

解 (1) $g_1(x)$

$g_1(x)$ を次の2つの関数の和で表して次式を得る．

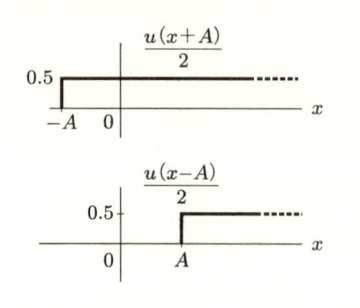

$$g_1(x) = \frac{u(x+A)+u(x-A)}{2}$$

(2) $g_2(x)$

$g_2(x)$ を次の2つの関数の差で表して次式を得る．

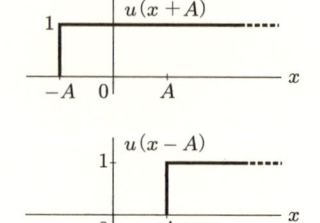

$$g_2(x) = u(x+A) - u(x-A)$$

さて，図2.1 (a) に示す±1のランダムパルス列において，ランダム変数Xの確率密度関数$f(x)$について考える．確率密度関数では，確率をある領域での積分値，すなわち面積で表現する．図2.1 (a) の離散的なランダム変数を確率密度関数で表現する場合には，$P[X=1] = P[X=-1] = 0.5$であることから$x=1$または$x=-1$のそれぞれ1点で確率密度関数を積分して0.5とする必要がある．このため，離散的なランダム変数を確率密度関数で表現するには，1点で積分して値をもつインパルス関数$\delta(x)$を用いる．離散的なランダム変数の確率密度関数と確率分布関数の例を図2.5 (a), (b) に示す．図2.1 (a) のランダムパルス列の確率密度関数$f(x)$は図2.5 (a) に示すようにインパルス関数$\delta(x)$を用いて表され，確率分布関数$F(x)$は図2.5 (b) の階段状の関数となる．一方，図2.1 (b) に示した連続的なランダム変数Xの確率密度関数では図2.3 (a) に示すようにインパルス関数を含まず，また，確率分布関数も図2.3 (b) のように急激な変化のない連続的な関数となる．

ランダム波形$x(t)$の確率密度関数$f(x(t))$が時刻tに依存しない場合，$x(t)$は**定常**であるといわれる[†3]．

有用な確率密度関数の例として，**一様分布**，**ガウス分布**，**レイリー分布**，および，**指数分布**を図2.6に示す．図において平均と分散は確率密度関数の特徴を表すパラメータであり，次節で解説する．なお，本書では表記を見やすくするためe^xを$\exp[x]$と表現する．

[†3] 厳密には，ランダム波形ではなく「確率過程」に対して定常が定義される．なお，確率過程とは，共通の確率空間で定義され，実数tでパラメータづけられた確率変動の族である[14]．

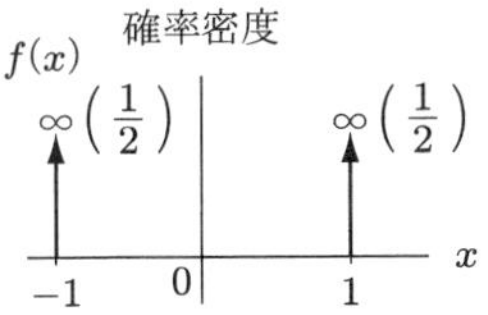

2.2 確率密度関数と確率分布関数

$$f(x) = \frac{\delta(x+1) + \delta(x-1)}{2}$$

（a）ランダムパルス列の確率密度関数

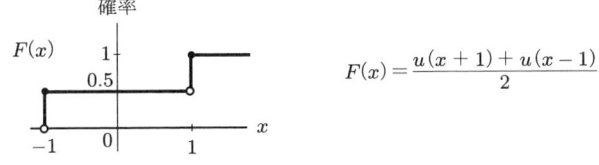

$$F(x) = \frac{u(x+1) + u(x-1)}{2}$$

（b）ランダムパルス列の確率分布関数

図 2.5　離散的なランダム変数の確率密度関数と確率分布関数の例

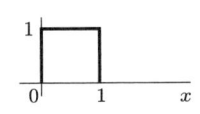

$$f(x) = \begin{cases} 1, & 0 \le x \le 1 \\ 0, & \text{その他} \end{cases}$$

平均：$\frac{1}{2}$，分散：$\frac{1}{12}$

（a）一様分布

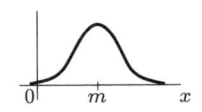

$$f(x) = \frac{1}{\sqrt{2\pi}\sigma} \exp\left[-\frac{(x-m)^2}{2\sigma^2}\right]$$

平均：m，分散：σ^2

（b）ガウス分布

$$f(x) = \begin{cases} \dfrac{x}{\sigma^2} \exp\left[-\dfrac{x^2}{2\sigma^2}\right], & x \ge 0 \\ 0, & \text{その他} \end{cases}$$

平均：$\sqrt{\frac{\pi}{2}}\,\sigma$，分散：$\left(2 - \frac{\pi}{2}\right)\sigma^2$

（c）レイリー分布

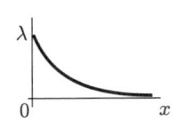

$$f(x) = \begin{cases} \lambda \exp[-\lambda x], & x \ge 0 \\ 0, & \text{その他} \end{cases}$$

平均：$\frac{1}{\lambda}$，分散：$\frac{1}{\lambda^2}$

（d）指数分布

図 2.6　有用な確率密度関数

2.3 平均,モーメントと特性関数

ランダム変数の統計的特徴を簡潔に表すパラメータとしてモーメントがある.

一般に,試験結果などの平均点は合計点数を科目数で割って求める.図 2.7 に 4 科目の点数の例を示す.図 2.7 (a) では 4 科目の合計点数を 4 で割って平均点としている.一方,図 2.7 (b) では合計点数を科目数で割るのではなく,各科目の点数に 1/4 の重みを乗じて和をとっている.これが離散的なランダム変数の平均の定義であり,重みは各科目の発生確率とみなされる.離散的なランダム変数の値を X_n,その発生確率を P_n とした場合に,N 個のランダム変数の**集合平均**は $\overline{X}$ あるいは $E[X]$ で表され[†4],次式で定義される.

$$\overline{X} = E[X] = \sum_{n=1}^{N} P_n X_n \tag{2.10}$$

科目	算数	理科	国語	社会	平均点
点数	90	80	60	70	75

平均点 $= \dfrac{90 + 80 + 60 + 70}{4}$

合計点数を科目数で割る.

$\dfrac{1}{4} 90 + \dfrac{1}{4} 80 + \dfrac{1}{4} 60 + \dfrac{1}{4} 70$

ランダム変数の観測結果(点数)に発生確率(重み)をかけて和をとる.

観測結果を発生確率で重み付けした和

(a) 平均点　　(b) 平均の定義

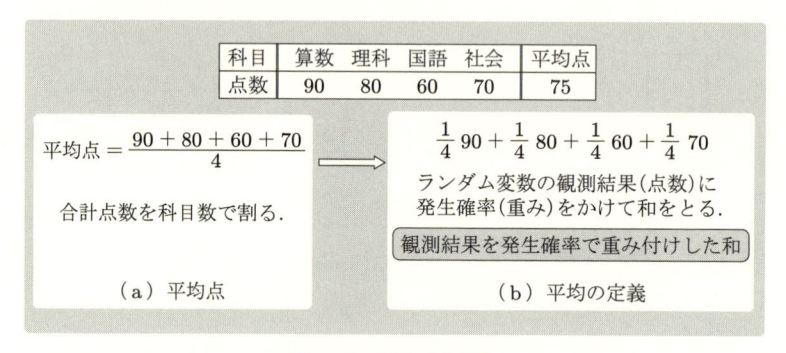

図 2.7 平均の求め方

一方,連続的なランダム変数 X の平均を求めるには,次式に示すようにランダム変数 X にその確率密度関数 $f(x)$ を乗じて全領域で積分すればよい.

$$\overline{X} = \int_{-\infty}^{\infty} x f(x)\, dx \tag{2.11}$$

以後,平均の表記において,一般の変数 x がランダム変数 X を意味する変数であることが自明である場合には,

$$\overline{X} = \overline{x} \tag{2.12}$$

として,X と x を区別しない.

さて,式 (2.11) は連続的なランダム変数と同様に,離散的なランダム変数に対しても成立する.図 2.8 に離散的なランダム変数の確率密度関数の例を示す.ランダム変

[†4] $\overline{X}$ における上線は時間平均をとる場合にも用いる.また,集合平均を行うランダム変数が自明でない場合には $E_Z[\cdot]$ のように記載して,$E[\cdot]$ の添え字 Z によりランダム変数が Z であることを表すものとする.

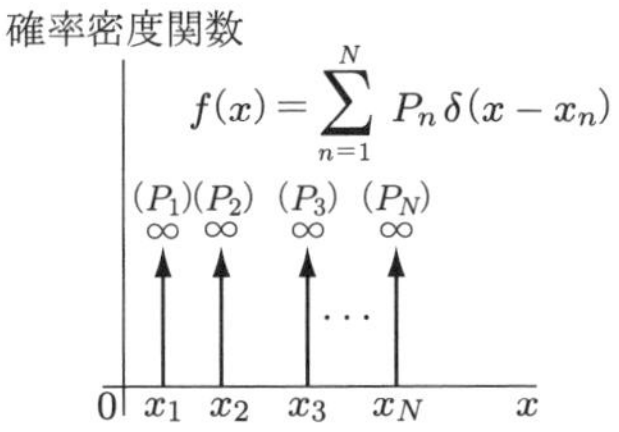

ランダム変数	x_1	x_2	$x_3 \ldots$	x_N
発生確率	P_1	P_2	$P_3 \ldots$	P_N

$$\overline{x} = \int_{-\infty}^{\infty} x\, f(x)\, dx = \sum_{n=1}^{N} P_n x_n \quad : x \text{の平均}$$

図 **2.8** 離散的なランダム変数の確率密度関数と平均

数 x が，確率 $P_1, P_2, \cdots, P_N$ で，それぞれ $x_1, x_2, \cdots, x_N$ の値をとる場合，その確率密度関数 $f(x)$ は次式で表される．

$$f(x) = \sum_{n=1}^{N} P_n \delta(x - x_n) \tag{2.13}$$

式 (2.13) を式 (2.11) に代入すれば，連続的なランダム変数の平均が，発生確率で重み付けして和をとる離散的なランダム変数の平均に一致することがわかる．

$$\begin{aligned}\overline{x} &= \int_{-\infty}^{\infty} x \sum_{n=1}^{N} P_n \delta(x - x_n)\, dx = \sum_{n=1}^{N} P_n \int_{-\infty}^{\infty} x\delta(x - x_n)\, dx \\ &= \sum_{n=1}^{N} P_n x_n \end{aligned} \tag{2.14}$$

ここで，式 (2.9)

$$\int_a^b g(x)\delta(x - x_0)\, dx = \begin{cases} g(x_0), & a < x_0 < b \\ 0, & \text{その他} \end{cases}$$

において，$a = -\infty$，$b = \infty$，$g(x) = x$，$x_0 = x_n$ を代入して次式として用いている．

$$\int_{-\infty}^{\infty} x\delta(x - x_n)\, dx = x_n$$

一般に，関数 $g(x)$ のランダム変数 x による集合平均は，x の確率密度関数 $f(x)$ を用いて次式で表される．

$$\overline{g(x)} = \int_{-\infty}^{\infty} g(x) f(x)\, dx \tag{2.15}$$

同様に，ランダム変数 x の $\boldsymbol{n}$ **次平均**は，$\boldsymbol{n}$ **次モーメント**ともよばれ次式で表される．

$$\overline{x^n} = \int_{-\infty}^{\infty} x^n f(x)\, dx \tag{2.16}$$

さて，ここで，$y = x - \overline{x}$ とすれば，y の平均 $\overline{y}$ は 0 となる．平均が 0 のランダム変数 y の n 次モーメント

$$\overline{y^n} = \overline{(x - \overline{x})^n}$$

は，ランダム変数 x の **n 次中心モーメント**とよばれる．特に，2 次中心モーメント σ^2 は**分散**であり，雑音の大きさを表すパラメータとしてよく用いられる．

$$\sigma^2 = \overline{y^2} = \overline{(x-\overline{x})^2} = \overline{x^2 - 2x\overline{x} + \overline{x}^2}$$
$$= \overline{x^2} - \overline{2x\overline{x}} + \overline{x}^2 = \overline{x^2} - \overline{x}^2 \tag{2.17}$$

なお，σ は**標準偏差**である．式 (2.17) において，$\overline{x}$ が x の平均であり定数となることから，再度，平均しても

$$\overline{\overline{x}} = \overline{x}$$

のように不変となる性質を用いている．また，平均操作は積分を意味し，線形演算であるため項別平均を利用している．

ランダム変数 x の**特性関数** $\phi(\xi)$ は，$\exp[-j\xi x]$ の平均として次式で定義される[†5]．

$$\phi(\xi) = \overline{\exp[-j\xi x]} = \int_{-\infty}^{\infty} \exp[-j\xi x] f(x)\, dx \tag{2.18}$$

いま，式 (2.18) の指数関数を次の級数展開

$$\exp[-j\xi x] = \sum_{n=0}^{\infty} \frac{(-j\xi)^n}{n!} x^n \tag{2.19}$$

で置き換えれば

$$\phi(\xi) = \sum_{n=0}^{\infty} \frac{(-j)^n \xi^n}{n!} \overline{x^n} \tag{2.20}$$

を得る．したがって，特性関数 $\phi(\xi)$ を n 階微分して $\xi = 0$ を代入すれば，ランダム変数 x の n 次モーメントが得られることがわかる．

$$\overline{x^n} = (j)^n \left[\frac{d^n}{d\xi^n}\phi(\xi)\right]_{\xi=0} \tag{2.21}$$

一般に，確率密度関数を導出するよりモーメントを求める方が容易である場合が多い．このような場合には有限次数のモーメントを求め，モーメント法[7]を適用することにより確率密度関数の近似解や誤り率を得ることができる．

ここで，例としてガウス分布の特性関数を求める．平均 0，分散 σ^2 のガウス分布の確率密度関数を次式に示す．

$$f(x) = \frac{1}{\sqrt{2\pi}\sigma} \exp\left[-\frac{x^2}{2\sigma^2}\right] \tag{2.22}$$

$f(x)$ を式 (2.18) に代入すれば特性関数 $\phi(\xi)$ が得られる．

$$\phi(\xi) = \int_{-\infty}^{\infty} \frac{1}{\sqrt{2\pi}\sigma} \exp\left[-j\xi x - \frac{x^2}{2\sigma^2}\right] dx$$

[†5] 特性関数 $\phi(\xi)$ は第 3 章で述べるフーリエ変換を用いれば $f(x)$ のフーリエ変換となっている．ただし，周波数 f ではなく角速度 $\xi = 2\pi f$ を用いたフーリエ変換である．

$$= \exp\left[-\frac{\sigma^2\xi^2}{2}\right] \int_{-\infty}^{\infty} \frac{1}{\sqrt{2\pi}\sigma} \exp\left[-\frac{(x+j\xi\sigma^2)^2}{2\sigma^2}\right] d\xi \tag{2.23}$$

上式右辺の積分項は複素平面における積分であり 1 となることから[4]，特性関数 $\phi(\xi)$ として次式を得る．

$$\phi(\xi) = \exp\left[-\frac{\sigma^2\xi^2}{2}\right] \tag{2.24}$$

複素平面での積分を用いないで特性関数を導出するには，例題 2.2 に示すガウス分布のモーメントを式 (2.20) に代入して級数展開を指数関数に変換すればよい．

例題 2.2　ガウス分布のモーメント

平均 0，分散 σ^2 のガウス分布の n 次モーメントを求めよ．

解 ガウス分布の n 次モーメント $\overline{x^n}$ は次式で表される．

$$\overline{x^n} = \int_{-\infty}^{\infty} x^n f(x)\, dx, \quad n = 0, 1, 2, \cdots \qquad 式 (2.16) \qquad\text{①}$$

ここで，$f(x)$ は平均 0，分散 σ^2 のガウス分布の確率密度関数である．

$$f(x) = \frac{1}{\sqrt{2\pi}\sigma} \exp\left[-\frac{x^2}{2\sigma^2}\right] \qquad\text{②}$$

式②を式①に代入して $\overline{x^n}$ を求める．n が奇数の場合と偶数の場合に分けて考える．

(1) n が奇数の場合

n が奇数であれば x^n は奇関数，$f(x)$ は偶関数である．n 次モーメントの被積分関数 $x^n f(x)$ は，奇関数と偶関数の積であることから奇関数となり，全領域で積分すれば 0 となる． ③

(2) n が偶数の場合

次の部分積分の関係を用いる．

$$\int_c^d g'(x)h(x)\, dx = \bigl[g(x)h(x)\bigr]_c^d - \int_c^d g(x)h'(x)\, dx$$

この式において，$c = -\infty$，$d = \infty$，ならびに
$$g(x) = \frac{x^{n+1}}{n+1},\ h(x) = \frac{1}{\sqrt{2\pi}\sigma}\exp\left[-\frac{x^2}{2\sigma^2}\right]$$
を代入すれば次式が得られる．

$$\int_{-\infty}^{\infty} x^n \frac{1}{\sqrt{2\pi}\sigma} \exp\left[-\frac{x^2}{2\sigma^2}\right] dx$$
$$= \left[\frac{x^{n+1}}{n+1}\frac{1}{\sqrt{2\pi}\sigma}\exp\left[-\frac{x^2}{2\sigma^2}\right]\right]_{-\infty}^{\infty} - \int_{-\infty}^{\infty} \left(-\frac{1}{\sigma^2}\right)\frac{x^{n+2}}{n+1}\frac{1}{\sqrt{2\pi}\sigma}\exp\left[-\frac{x^2}{2\sigma^2}\right] dx$$

ここで，右辺第 1 項が 0 となることを考慮して，n 次モーメント $\overline{x^n}$ と，$(n+2)$ 次モー

メント $\overline{x^{n+2}}$ を用いて式変形を行い次式を得る.

$$\overline{x^n} = \frac{1}{(n+1)\sigma^2}\overline{x^{n+2}} \quad \text{または,} \quad \overline{x^{n+2}} = (n+1)\sigma^2\overline{x^n}$$

ただし，$\overline{x^0}$ はガウス分布の全領域積分で 1 となる.

$$\overline{x^0} = \int_{-\infty}^{\infty} f(x)\,dx = 1$$

したがって，$\overline{x^2} = \sigma^2, \overline{x^4} = 3\sigma^6, \overline{x^6} = 5\cdot 3\sigma^6, \cdots$ を得る． ——④

式③，④より，ガウス分布のモーメントは n が偶数の場合と奇数の場合に分けて次式で表現できる．

$$\text{ガウス分布の} \atop \text{モーメント} \quad \overline{x^n} = \begin{cases} 1\cdot 3\cdots (n-1)\sigma^n, & n: \text{偶数} \\ 0, & n: \text{奇数} \end{cases}$$

2.4　ランダム変数と変数変換

ランダム変数に線形変換や非線形変換を施せば，変換後の確率密度関数は変換前の確率密度関数とは異なったものとなる．これらの変換をランダム変数の**変数変換**という．いま，変換前のランダム変数を X，変換後のランダム変数を Y として $y = g(x)$ の変数変換を考える．

関数 $y = g(x)$ が図 2.9 (a) に示す $y = g_1(x)$ のような単調増加関数で表現できる場合には，変換後にランダム変数 Y が $Y \leq y$ を満足する確率は，変換前にランダム変数 X が $X \leq x$ を満足する確率に等しい．

$$P[Y \leq y] = P[X \leq x] \tag{2.25}$$

この式を Y の確率分布関数 $F_Y(y)$ と X の確率分布関数 $F_X(x)$ を用いて表せば，

$$F_Y(y) = F_X(x) \tag{2.26}$$

となる[6]．式 (2.26) を y に関して微分して次式を得る．

$$\frac{d}{dy}F_Y(y) = \frac{d}{dy}F_X(x) = \frac{d}{dx}F_X(x)\frac{dx}{dy} \tag{2.27}$$

一方，関数 $y = g(x)$ が図 2.9 (a) に示す $y = g_2(x)$ のような単調減少関数で表現できる場合には，変換後にランダム変数 Y が $Y \leq y$ を満足する確率が変換前にランダム変数 X が $X \geq x$ を満足する確率に等しい．

$$P[Y \leq y] = P[X \geq x] \tag{2.28}$$

---

[6] 確率密度関数ならびに確率分布関数の変数が自明でない場合には $f_X(x)$，$F_X(x)$ などのようにランダム変数 X を関数の添え字とする．

この式を Y の確率分布関数 $F_Y(y)$ と X の確率分布関数 $F_X(x)$ を用いて表せば

$$F_Y(y) = 1 - F_X(x) \tag{2.29}$$

となる．式 (2.29) を y に関して微分して次式を得る．

$$\frac{d}{dy}F_Y(y) = \frac{d}{dy}\{1 - F_X(x)\} = \frac{d}{dx}F_X(x)\left(-\frac{dx}{dy}\right) \tag{2.30}$$

$y = g(x)$ が単調増加関数の場合の式 (2.27)，ならびに，単調減少関数の場合の式 (2.30) を絶対値の記号を用いてまとめ，次式で表す．

$$\frac{d}{dy}F_Y(y) = \frac{d}{dx}F_X(x)\left|\frac{dx}{dy}\right| \tag{2.31}$$

上式において，確率分布関数の微分を確率密度関数で表して次式を得る．

$$f_Y(y) = f_X(x)\left|\frac{dx}{dy}\right| = f_X(g^{-1}(y))\left|\frac{dy}{dx}\right|^{-1} \tag{2.32}$$

ここで，$f_X(x)$，$f_Y(y)$ はそれぞれランダム変数 X，Y の確率密度関数である．また，$g^{-1}(y)$ は $y = g(x)$ の逆関数であり，$x = g^{-1}(y)$ を満足する．式 (2.32) を変形すれば次式となる．

$$f_X(x)|dx| = f_Y(y)|dy| \tag{2.33}$$

図 2.9 (a) に示すように，この式は X が x における微小区間 dx に入る確率が，変換後に Y が y における微小区間 dy に入る確率に等しいことを表している．ただし，図 2.9 (b) のように $y = g(x)$ が単調関数ではなく，dy に対して 2 つの dx_1 と dx_2 が対応する場合には，これらに関する項を加算する必要がある．

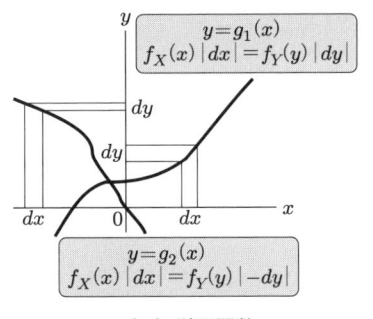

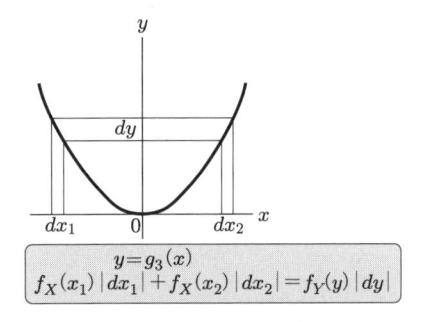

（a）単調関数　　　　　　　　　　（b）単調でない関数

図 **2.9** 変数変換

例題 2.3　線形変換後の確率密度関数の例

ランダム波形 $n(t)$ の振幅 x が，次の図に示す確率密度関数 $f_X(x)$ をもつ場合に，(1) $y = x + c$, (2) $y = kx$ で表される変数変換を行った場合の y の確率密度関数 $f_Y(y)$ を求め，図示せよ．

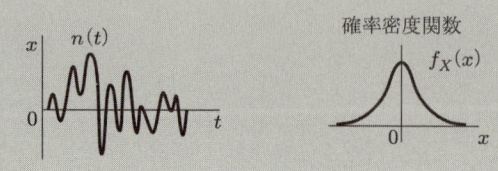

解　ランダム波形 $n(t)$ の振幅 x に $y = g(x)$ の変数変換を行った場合の確率密度関数は次式で与えられる．

$$f_Y(y) = f_X(g^{-1}(y)) \left|\frac{dy}{dx}\right|^{-1} \qquad 式(2.32) \qquad \text{①}$$

(1) $y = g(x) = x + c$

この変換は図 (a) に示すように，x に直流電圧 c を加えて y とするものである．

y を x で微分して $\left|\dfrac{dy}{dx}\right| = 1$ を得る．

$y = g(x)$ を x について解き，$g(x)$ の逆関数

$$g^{-1}(y) = x = y - c$$

を求める．これらを式①に代入して図 (b) の解を得る．

(2) $y = g(x) = kx$

この変換では，図 (c) のように振幅 x が k 倍に増幅されて y となる．

y を x で微分して $|dy/dx| = k$ を得る．

$y = g(x)$ を x について解き，$g(x)$ の逆関数

$$g^{-1}(y) = x = \frac{y}{k}$$

を求める．これらを式①に代入して図 (d) の解を得る．

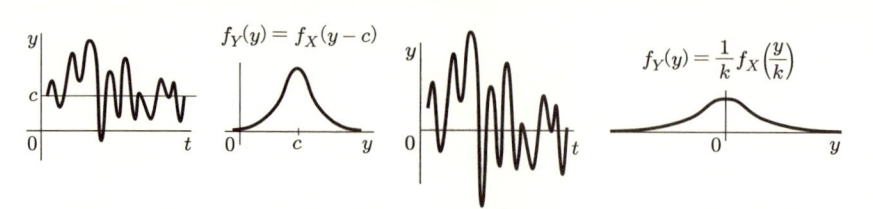

（a）時間波形　（b）確率密度関数　（c）時間波形　（d）確率密度関数

例題 2.4　ダイオード出力の確率密度関数の例

ランダム波形 $n(t)$ の例と，その振幅 x の確率密度関数 $f_X(x)$，ならびに，ダイオード回路を次の図に示す．$n(t)$ がダイオード回路を通過した場合の出力 $y(t)$ の確率密度関数 $f_Y(y)$ を求め図示せよ．

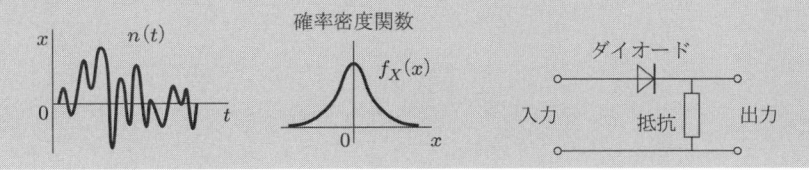

解 ダイオードでは図 (a) に示すように一方向のみに電流が流れる．
$x > 0$ の場合と $x \leq 0$ の場合に分けて考える．

(1) $x > 0$ の場合

$x > 0$ の場合には $n(t)$ はそのままダイオードを通過するため，出力の確率密度関数は入力の確率密度関数と等しい．　　$f_Y(y) = f_X(y)$ ────①

(2) $x \leq 0$ の場合

$x \leq 0$ では，$n(t)$ がダイオードを通過しないため，図 (b) に示すようにダイオード回路の出力は 0 となる．$n(t)$ が $x \leq 0$ となる確率は，$f_X(x)$ の $x \leq 0$ における面積であり 0.5 となるため，y の確率密度関数は $x = 0$ において面積 0.5 のインパルス関数をもつ． ────②

①，②より，ダイオード出力 $y(t)$ の確率密度関数 $f_Y(y)$ は次式となる．

$$f_Y(y) = f_X(y)u(y) + \frac{1}{2}\delta(y)$$

ここで，$u(y)$ は式 (2.6) に示す単位ステップ関数，$\delta(y)$ は式 (2.7) のインパルス関数である．確率密度関数 $f_Y(y)$ を図 (c) に示す．

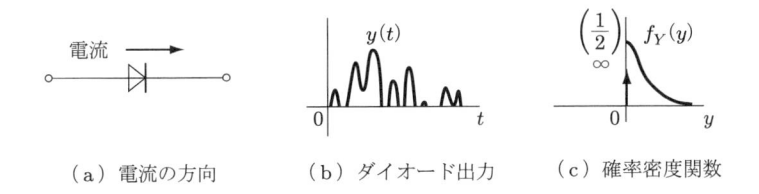

（a）電流の方向　　（b）ダイオード出力　　（c）確率密度関数

次に，$y = x^2$ の変数変換を考える．$y = x^2$ では，図 2.9 (b) のように 1 つの y に対して 2 つの x が対応するので注意を要する．式 (2.32) を用いて $f_Y(y)$ を求め，その結果を 2 倍することにより解を得ることができるが，ここでは，確率分布関数を用いた $f_Y(y)$ の導出法を示す．図 2.9 (b) において，変換後の確率分布関数 $F_Y(y)$ は $Y \leq y$ の確率 $P[Y \leq y]$ を表すが，これを変換前の確率分布関数で表せば，$-x < X \leq x$ と

なる確率 $P[-x < X \leq x]$ に対応することから次式が成立する．

$$F_Y(y) = F_X(x) - F_X(-x) \tag{2.34}$$

ここで，x で両辺を微分すれば次式となる．

$$f_Y(y)\left|\frac{dy}{dx}\right| = f_X(x) + f_X(-x) = f_X(\sqrt{y}) + f_X(-\sqrt{y}) \tag{2.35}$$

ただし，$|dy/dx| = |2x| = 2\sqrt{y}$ である．したがって，$f_Y(y)$ として次式を得る．

$$f_Y(y) = \begin{cases} \dfrac{f_X(\sqrt{y}) + f_X(-\sqrt{y})}{2\sqrt{y}}, & y \geq 0 \\ 0, & y < 0 \end{cases} \tag{2.36}$$

例題 2.5 一様分布を用いた正弦波分布の導出

次の図に示す一様分布の確率密度関数 $f_\Theta(\theta)$ に従うランダム変数 θ に，$y = A\sin\theta$ の変数変換を適用して正弦波分布を導出せよ．

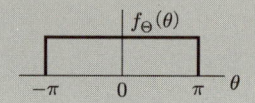

解 一様分布の確率密度関数 $f_\Theta(\theta)$ を次式に示す．

$$f_\Theta(\theta) = \begin{cases} \dfrac{1}{2\pi}, & -\pi < \theta \leq \pi \\ 0, & その他 \end{cases} \quad\text{①}$$

変数変換 $y = A\sin\theta$ に対して，$f_Y(y)$ は

$$f_Y(y) = f_X(g^{-1}(y))\left|\frac{dy}{dx}\right|^{-1} \quad 式(2.32)$$

を用いて次式で表される．

$$f_Y(y) = f_\Theta(\theta)\left|\frac{dy}{d\theta}\right|^{-1} \quad\text{②}$$

ここで，

$$\left|\frac{dy}{d\theta}\right| = \left|\frac{d}{d\theta}A\sin\theta\right| = A|\cos\theta| = A\sqrt{1 - \sin^2\theta}$$

である．$y = A\sin\theta$ より，$\sin\theta = \dfrac{y}{A}$ として上式に代入して次式を得る．

$$\left|\frac{dy}{d\theta}\right| = \sqrt{A^2 - y^2} \quad\text{③}$$

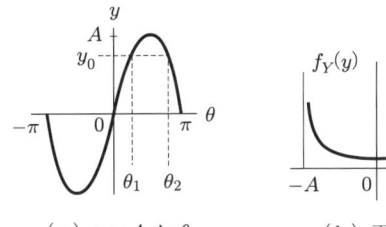

式①と式③を式②に代入して $f_Y(y)$ を求めるが，ここで，注意する点がある．図 (a) に $y = A\sin\theta$ を示す．図では，1つの y_0 に対して，θ_1 と θ_2 の2つの θ が対応しており，上記のように導出した $f_Y(y)$ を2倍する必要があることがわかる．したがって，次式を得る．

$$f_Y(y) = 2f_\Theta(\theta)\left|\frac{dy}{d\theta}\right|^{-1} = \begin{cases} \dfrac{1}{\pi\sqrt{A^2 - y^2}}, & |y| \leq A \\ 0, & |y| > A \end{cases}$$

図 (b) に正弦波分布 $f_Y(y)$ を示す．

例題 2.6　一様分布乱数を用いた3角分布乱数の導出

$[0, 1]$ で一様分布するランダム変数 x を，右図に示す3角分布に従うランダム変数 y に変換する変数変換 $y = g(x)$ を求めよ．

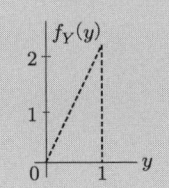

解　変数変換 $y = g(x)$ において単調増加の変換を仮定すれば，変換前の確率分布関数 $F_X(x)$ と変換後の確率分布関数 $F_Y(y)$ が等しい．

$$F_Y(y) = F_X(x) \quad 式 (2.26) \qquad\text{①}$$

まず，一様分布の確率分布関数 $F_X(x)$ は，確率密度関数

$$f_X(x) = \begin{cases} 1, & 0 \leq x \leq 1 \\ 0, & \text{その他} \end{cases}$$

を積分して得られ，次式となる．

$$F_X(x) = \int_0^x f_X(u)\,du = \begin{cases} 0, & x < 0 \\ x, & 0 \leq x \leq 1 \\ 1, & 1 < x \end{cases} \qquad\text{②}$$

ここで，$f_X(x)$ と $F_X(x)$ を，それぞれ破線と実線を用いて図 (a) に示す．

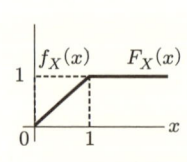

(a) x の確率密度関数と確率分布関数

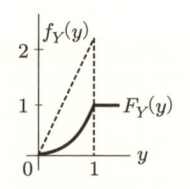

(b) y の確率密度関数と確率分布関数

次に，3角分布の確率分布関数 $F_Y(y)$ を確率密度関数 $f_Y(y)$ を積分して求める．

$$F_Y(y) = \int_0^y f_Y(u)\,du = \begin{cases} 0, & y < 0 \\ y^2, & 0 \leq y \leq 1 \\ 1, & 1 < y \end{cases} \qquad\text{③}$$

ここで，$f_Y(y)$ と $F_Y(y)$ を，それぞれ破線と実線を用いて図 (b) に示す．

式②と式③を式①に代入して次式を得る．

$$y^2 = x, \quad 0 \leq x \leq 1$$

この式を y について解けば変数変換の関数は次式となる．

$$y = \sqrt{x}, \quad 0 \leq x \leq 1$$

2.5　2変数の確率と確率密度関数

2つのランダム変数 X と Y を考え，X が離散値 $x_1, x_2, \cdots, x_i, \cdots, x_I$ をとり，Y が離散値 $y_1, y_2, \cdots, y_j, \cdots, y_J$ をとるものとする．x_i の発生確率を $P_X(x_i)$，y_j の発生確率を $P_Y(y_j)$ とする．x_i が発生したという条件のもとで y_j の発生する確率が**条件付確率**であり，$P_{Y|X}(y_j|x_i)$ で表される．また，x_i と y_j が同時に発生する確率は**結合確率**であり，$P_{X,Y}(x_i, y_j)$ で表される．これらの確率の間には次式に示す**ベイズ則**が成立する．

$$P_X(x_i) P_{Y|X}(y_j|x_i) = P_{X,Y}(x_i, y_j) \tag{2.37}$$

これは，x_i と y_j を同時に発生させるには，まず，x_i を発生させ，次に，x_i が発生したとの条件のもとで y_j を発生させれば結果として，x_i と y_j の両方が発生したことになり，x_i と y_j の結合確率 $P_{X,Y}(x_i, y_j)$ が得られることを表している．もちろん，X と Y を交換しても

$$P_Y(y_j) P_{X|Y}(x_i|y_j) = P_{X,Y}(x_i, y_j) \tag{2.38}$$

が成立する．また，2変数の確率を1変数の確率にすることを**周辺化**といい，消去するランダム変数に関して和をとれば周辺化できる．

$$P_X(x_i) = \sum_j P_{X,Y}(x_i, y_j) \tag{2.39}$$

$$P_Y(y_j) = \sum_i P_{X,Y}(x_i, y_j) \tag{2.40}$$

例題 2.7 結合確率の導出と周辺化

晴れを 0, 雨を 1 で表すものとし,ハワイのワイキキ地区の天候 X とマノア地区の天候 Y が,次の条件を満足するものと仮定する.

$$P_X(0) = 0.9, \quad P_X(1) = 0.1$$
$$P_{Y|X}(0|0) = 0.6, \ P_{Y|X}(1|0) = 0.4, \ P_{Y|X}(0|1) = 0.2, \ P_{Y|X}(1|1) = 0.8$$

ワイキキの天候の確率 $P_X(x)$ とワイキキの天候で条件付けられたマノアの天候の確率 $P_{Y|X}(y|x)$ から結合確率 $P_{X,Y}(x,y)$ を求め,さらに,周辺化してマノアの天候の確率 $P_Y(y)$ を求めよ.

解 まず,ベイズ則

$$P_X(x_i) P_{Y|X}(y_j | x_i) = P_{X,Y}(x_i, y_j) \quad \text{式 (2.37)}$$

に従い,下図において ⊗ で示す積を用いてワイキキの天候 X とマノアの天候 Y の結合確率 $P_{X,Y}(0,0)$, $P_{X,Y}(0,1)$, $P_{X,Y}(1,0)$, $P_{X,Y}(1,1)$ を求める.

次に,周辺化の関係

$$P_Y(y_j) = \sum_i P_{X,Y}(x_i, y_j) \quad \text{式 (2.40)}$$

を用いれば,次の図の ⊕ で示す和によりマノアの天候の確率 $P_Y(0)$, $P_Y(1)$ を求めることができる.

2 変数の確率密度関数 $f_{X,Y}(x,y)$ についても,2 変数の確率と同様のベイズ則が成

立する．

$$f_X(x)f_{Y|X}(y|x) = f_{X,Y}(x,y) \tag{2.41}$$

$$f_Y(y)f_{X|Y}(x|y) = f_{X,Y}(x,y) \tag{2.42}$$

結合確率密度関数の周辺化においては，不要な変数に関する加算ではなく積分を用いる．

$$f_X(x) = \int_{-\infty}^{\infty} f_{X,Y}(x,y)\,dy \tag{2.43}$$

$$f_Y(y) = \int_{-\infty}^{\infty} f_{X,Y}(x,y)\,dx \tag{2.44}$$

2変数の**結合モーメント**は結合確率密度関数を用いて次式で定義される．

$$\overline{x^m y^n} = \int_{-\infty}^{\infty}\int_{-\infty}^{\infty} x^m y^n f_{X,Y}(x,y)\,dxdy \tag{2.45}$$

ここで，$m=1, n=1$ とした $\overline{xy}$ が x と y の相関であり，また，x, y それぞれの中心まわりの相関

$$\mu = \overline{(x-\overline{x})(y-\overline{y})} = \overline{xy - x\overline{y} - \overline{x}y + \overline{x}\,\overline{y}} = \overline{xy} - \overline{x}\,\overline{y} \tag{2.46}$$

が**共分散**とよばれる．x と y の標準偏差をそれぞれ σ_x, σ_y として，**相関係数** ρ は次式で定義される．

$$\rho = \frac{\mu}{\sigma_x \sigma_y} \tag{2.47}$$

x と y が無相関の場合には，

$$\overline{xy} = \overline{x}\,\overline{y} \tag{2.48}$$

が成立し，式 (2.46) の共分散ならびに式 (2.47) の相関係数が 0 となる．

さて，2変数の結合確率密度関数において

$$f_{X,Y}(x,y) = f_X(x)f_Y(y) \tag{2.49}$$

が成立する場合に，x と y は**統計的に独立**である，または，統計的独立であるといわれる．一般に，統計的に独立であることと無相関であることは異なり，統計的に独立であることの方がより厳しい条件となっている[†7]．

ここで，ガウスランダム変数における相関と統計的独立性について考える．ランダム変数 X と Y が統計的に独立で，それぞれの平均が 0 の 2 変数のガウス分布は

$$f_{X,Y}(x,y) = \frac{1}{2\pi\sigma_x\sigma_y}\exp\left[-\left(\frac{x^2}{2\sigma_x^2} + \frac{y^2}{2\sigma_y^2}\right)\right] \tag{2.50}$$

[†7] この他，$\overline{xy}=0$ が成立すれば，ランダム変数 x と y は直交しているといわれる[6]．

で表される．ただし，σ_x, σ_y はそれぞれ X と Y の標準偏差である．一方，ランダム変数 X と Y が統計的に独立でない場合には，相関係数 ρ を含む次式の結合確率密度関数が用いられる．

$$f_{X,Y}(x,y) = \frac{1}{2\pi\sigma_x\sigma_y\sqrt{1-\rho^2}} \exp\left[-\frac{1}{2(1-\rho^2)}\left(\frac{x^2}{\sigma_x^2} - 2\rho\frac{xy}{\sigma_x\sigma_y} + \frac{y^2}{\sigma_y^2}\right)\right] \quad (2.51)$$

式 (2.51) の相関のある結合確率密度関数に $\rho = 0$ を代入すれば，式 (2.50) の統計的に独立な結合確率密度関数となることから，**ガウス分布においてのみ無相関の場合には統計的にも独立となる**．図 2.10 に相関がない場合とある場合の 2 変数ガウス分布の例を示す．相関のある 2 変数ガウス分布では，xy 平面で適当に回転すれば無相関にすることができる．

(a) 相関係数 $\rho = 0$
(b) 相関係数 $\rho = 0.7$

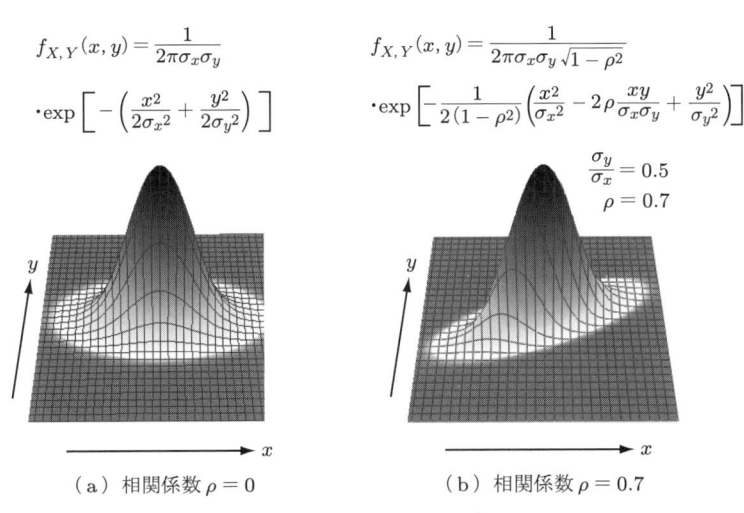

図 **2.10** 2 変数ガウス分布

2.6　2 変数のランダム変数と変数変換

結合確率密度関数 $f_{X1,X2}(x_1, x_2)$ をもつ 2 変数のランダム変数 X_1, X_2 を

$$y_1 = g_1(x_1, x_2), \quad y_2 = g_2(x_1, x_2) \quad (2.52)$$

の関数を用いて，Y_1, Y_2 に変数変換する場合には，

$$f_{X1,X2}(x_1, x_2)|dx_1 dx_2| = f_{Y1,Y2}(y_1, y_2)|dy_1 dy_2| \quad (2.53)$$

の関係が成立する．したがって，変換後の結合確率密度関数 $f_{Y1,Y2}(y_1, y_2)$ は次式となる．

$$f_{Y1,Y2}(y_1, y_2) = |J|\, f_{X1,X2}(x_1, x_2) \quad (2.54)$$

ここで，$|J|$ は**ヤコビアン** (Jacobian) であり次式で定義される．

$$|J| = \frac{\partial(x_1, x_2)}{\partial(y_1, y_2)} = \begin{vmatrix} \dfrac{\partial x_1}{\partial y_1} & \dfrac{\partial x_1}{\partial y_2} \\ \dfrac{\partial x_2}{\partial y_1} & \dfrac{\partial x_2}{\partial y_2} \end{vmatrix} \tag{2.55}$$

ただし，式 (2.54) の x_1, x_2 には，式 (2.52) を x_1, x_2 について解いて y_1, y_2 の関数として代入する必要がある．

> **例題 2.8** レイリー分布
>
> 平均が $\overline{x} = 0$, $\overline{y} = 0$ を満足し，分散が σ^2 の 2 次元ガウス分布 $f_{X,Y}(x, y)$ を極座標に変数変換してレイリー分布を導出せよ．
> ただし，$f_{X,Y}(x,y) = \dfrac{1}{2\pi\sigma^2} \exp\left[-\dfrac{x^2 + y^2}{2\sigma^2}\right]$ とする．

解 極座標への変数変換は次式で表される．

$$x = r\cos\theta$$
$$y = r\sin\theta$$

2 変数の変数変換の関係式

$$f_{Y_1, Y_2}(y_1, y_2) = |J| \, f_{X_1, X_2}(x_1, x_2) \quad \text{式 (2.54)}$$

を用いれば，包絡線 r と角度 θ の結合確率密度関数 $f_{R,\Theta}(r, \theta)$ を次式で表すことができる．

$$f_{R,\Theta}(r, \theta) = |J| \, f_{X,Y}(x, y) \quad\text{───①}$$

ここで，$|J|$ はヤコビアンであり，

$$|J| = \begin{vmatrix} \dfrac{\partial r\cos\theta}{\partial r} & \dfrac{\partial r\cos\theta}{\partial \theta} \\ \dfrac{\partial r\sin\theta}{\partial r} & \dfrac{\partial r\sin\theta}{\partial \theta} \end{vmatrix} = r \quad\text{───②}$$

となる．これは，図 (a) の直交座標の微小面積 $dxdy$ が，極座標における微小面積に等しいとおいた場合の係数として理解できる．極座標における微小面積は，図 (b) において円弧の長さが半径と角度 (ラジアン) の積で与えられるため，斜線部を長方形で近似することにより $dr \cdot r\, d\theta$ となる．したがって，次式が成立し，ヤコビアンが r となることがわかる．

$$dxdy = r\, drd\theta$$

式①に $f_{X,Y}(x, y)$ と式②のヤコビアンを代入して次式を得る．

$$f_{R,\Theta}(r, \theta) = \frac{r}{2\pi\sigma^2} \exp\left[-\frac{r^2}{2\sigma^2}\right]$$

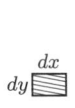

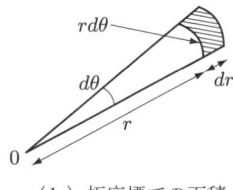

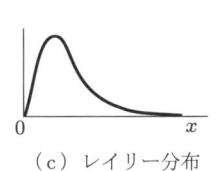

(a) 直交座標での面積　　(b) 極座標での面積　　(c) レイリー分布

次に，周辺化のため θ で積分を行えば，

$$f_R(r) = \int_0^{2\pi} f_{R,\Theta}(r,\theta)\,d\theta$$

となり，レイリー分布 $f_R(r)$ が得られる．図 (c) にレイリー分布の概形を示す．

$$f_R(r) = \begin{cases} \dfrac{r}{\sigma^2} \exp\left[-\dfrac{r^2}{2\sigma^2}\right], & r \geq 0 \\ 0, & r < 0 \end{cases}$$

例題 2.9 仲上-ライス分布

平均が $\overline{x} = S$, $\overline{y} = 0$ を満足し，分散が σ^2 の 2 次元ガウス分布 $f_{X,Y}(x,y)$ を極座標に変数変換して仲上-ライス分布を導出せよ．
ただし，$f_{X,Y}(x,y) = \dfrac{1}{2\pi\sigma^2} \exp\left[-\dfrac{(x-S)^2 + y^2}{2\sigma^2}\right]$ とする．

解 この問題は，振幅が S の信号ベクトル $\boldsymbol{S}$ に 2 次元のガウス雑音ベクトル $\boldsymbol{N}$ が加わった場合の合成波 $\boldsymbol{R}$ の包絡線 r の確率密度関数を求めることに相当する．まず，ベクトル図を図 (a) に示す．2 変数の変数変換の関係式

$$f_{Y_1,Y_2}(y_1,y_2) = |J|\,f_{X_1,X_2}(x_1,x_2) \qquad 式 (2.54)$$

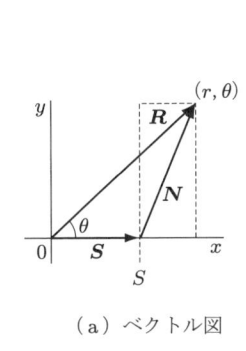

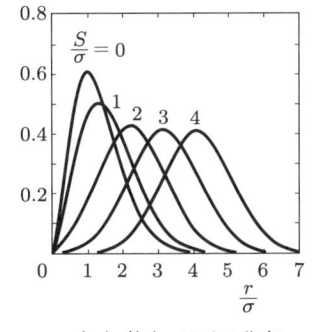

(a) ベクトル図　　(b) 仲上-ライス分布

を用いて

$$x = r\cos\theta$$
$$y = r\sin\theta$$

の変数変換を行えば，包絡線 r と角度 θ の結合確率密度関数 $f_{R,\Theta}(r,\theta)$ を次式で表すことができる．

$$f_{R,\Theta}(r,\theta) = |J|\, f_{X,Y}(x,y) \qquad\qquad ─①$$

ここで，$|J|$ はヤコビアンである．

$$J = \begin{vmatrix} \dfrac{\partial r\cos\theta}{\partial r} & \dfrac{\partial r\cos\theta}{\partial \theta} \\ \dfrac{\partial r\sin\theta}{\partial r} & \dfrac{\partial r\sin\theta}{\partial \theta} \end{vmatrix} = r \qquad\qquad ─②$$

式①に $f_{X,Y}(x,y)$ と式②のヤコビアンを代入して次式を得る．

$$f_{R,\Theta}(r,\theta) = \frac{r}{2\pi\sigma^2}\exp\left[-\frac{r^2+S^2-2Sr\cos\theta}{2\sigma^2}\right] \qquad ─③$$

次に周辺化のため θ で積分すれば，

$$f_R(r) = \int_0^{2\pi} f_{R,\Theta}(r,\theta)\,d\theta = \frac{r}{\sigma^2}\exp\left[-\frac{r^2+S^2}{2\sigma^2}\right]\frac{1}{2\pi}\int_0^{2\pi}\exp\left[\frac{Sr}{\sigma^2}\cos\theta\right]d\theta$$

> **第1種の0次変形ベッセル関数** [8]
> $$I_0(z) = \frac{1}{2\pi}\int_0^{2\pi}\exp[z\cos\theta]\,d\theta$$

となる．ここで，右辺の積分を右上に示す第1種の0次変形ベッセル関数で表現し，仲上–ライス分布 $f(r)$ を得る．仲上–ライス分布の概形を図 (b) に示す．雑音に対して信号が大きくなれば，平均が S のガウス分布に近づくことが確認できる．

$$f_R(r) = \begin{cases} \dfrac{r}{\sigma^2}\exp\left[-\dfrac{r^2+S^2}{2\sigma^2}\right]I_0\left(\dfrac{Sr}{\sigma^2}\right), & r \geq 0 \\ 0, & r < 0 \end{cases}$$

ここで，例題 2.9 で扱った 2 次元ガウスランダム変数の包絡線と位相の結合確率密度関数におけるいくつかの極限について考察する．平均が $\bar{x}=S$，$\bar{y}=0$，x と y の分散が σ^2 の **2次元ガウス分布** を極座標に変換すれば次式の結合確率密度関数となる (例題 2.9 式③参照)．

$$f_{R,\theta}(r,\theta) = \frac{r}{2\pi\sigma^2}\exp\left[-\frac{r^2+S^2-2Sr\cos\theta}{2\sigma^2}\right] \tag{2.56}$$

$S/\sigma = 0, 4, 8, 12$ に対する $f_{R,\theta}(r,\theta)$ を図 2.11 (a) に示す．図 2.11 (b) は S/σ が大きくなった場合の $\theta=0$ における確率密度関数の断面を表しており，$f_{R,\Theta}(r,\theta)$ の r 成分がガウス分布に近づくことを表している．また，図 2.11 (c) において，信号が小さい場合には，結合確率密度関数が $S/\sigma=0$ で表した横に長い山状の分布に近づくこ

とから，θの確率密度関数の形状はθに依存しない一様分布に近づくことがわかる．$S/\sigma = 0$，$\theta = 0$としてr/σ軸でみた場合には，確率密度関数の断面は比例係数を除いてレイリー分布に一致する．

$$f_{R,\Theta}(r,\theta) = \frac{r}{2\pi\sigma^2} \exp\left[-\frac{r^2 + S^2 - 2Sr\cos\theta}{2\sigma^2}\right]$$

(a) $\frac{S}{\sigma} = 0, 4, 8, 12$の場合

(b) $\frac{S}{\sigma} \to \infty$の場合

$\frac{S}{\sigma}$が大きくなればrに関する断面はガウス分布に近づく．

(c) $\frac{S}{\sigma} \to 0$の場合

$\frac{S}{\sigma}$が小さくなれば，rに関する断面はレイリー分布に近づき，θに関する断面は一様分布に近づく．

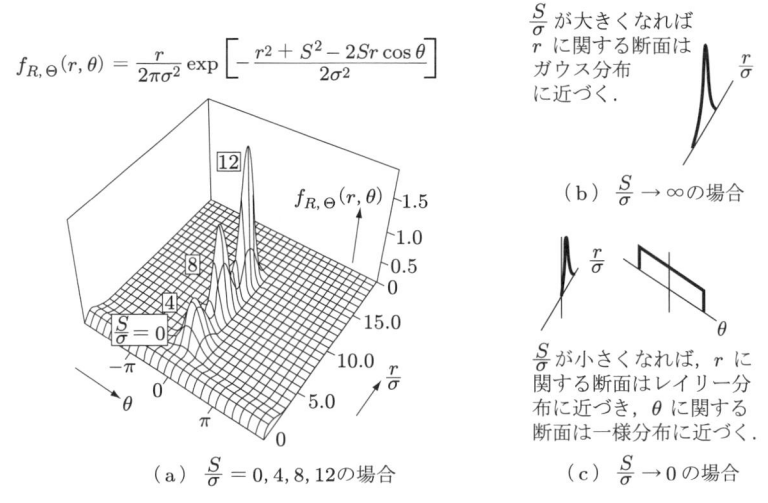

図 2.11 包絡線と位相の結合確率密度関数

次に，結合確率密度関数$f_{X,Y}(x,y)$をもつランダム変数をx, yとし，$z = x + y$の変数変換を考える．xを定数であると考えれば，zの確率密度関数はyの確率密度関数をxシフトしたものとなる．そこで，xを条件とすれば，

$$f_{Z|X}(z|x) = f_{Y|X}(z-x|x) \tag{2.57}$$

を得る．式 (2.57) の両辺に$f_X(x)$を乗じて，xによる全領域積分を行えばxの条件を取り除くことができる．

$$f_Z(z) = \int_{-\infty}^{\infty} f_{Y|X}(z-x|x) f_X(x)\, dx \tag{2.58}$$

ここで，xとyが統計的に独立である場合には

$$f_{Y|X}(z-x|x) = f_Y(z-x) \tag{2.59}$$

が成立することから，$f_Z(z)$は次式の**畳込み積分**で表される．

$$f_Z(z) = \int_{-\infty}^{\infty} f_Y(z-x) f_X(x)\, dx \tag{2.60}$$

一方，zの特性関数$\phi_Z(\xi)$は，式 (2.18) を用いて次式で表される．

$$\phi_Z(\xi) = \overline{\exp[-j\xi z]} = \overline{\exp[-j\xi(x+y)]} \tag{2.61}$$

上式において，xとyが統計的に独立であれば

$$\phi_Z(\xi) = \overline{\exp[-j\xi x] \cdot \exp[-j\xi y]} = \phi_X(\xi)\phi_Y(\xi) \tag{2.62}$$

が成立する．したがって，統計的に独立なランダム変数の和の特性関数 $\phi_Z(\xi)$ は，それぞれのランダム変数の特性関数 $\phi_X(\xi)$, $\phi_Y(\xi)$ の積となることがわかる[†8]．

例題 2.10 畳込み積分の図式解法

次の図に示す確率密度関数 $f_X(x)$ と $f_Y(y)$ の畳込み積分の計算方法を図を用いて説明せよ．

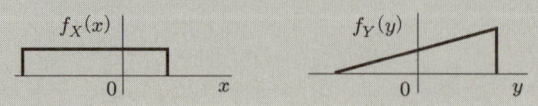

解 畳込み積分は次式で与えられる．

$$f_Z(z) = \int_{-\infty}^{\infty} f_Y(z-x) f_X(x) \, dx \quad \text{式 (2.60)}$$

$f_Y(z-x)$ を求めるには，まず，$f_Y(y)$ の y 軸を x 軸に変えてから左右反転して図 (a) に示す $f_Y(-x)$ を得る．

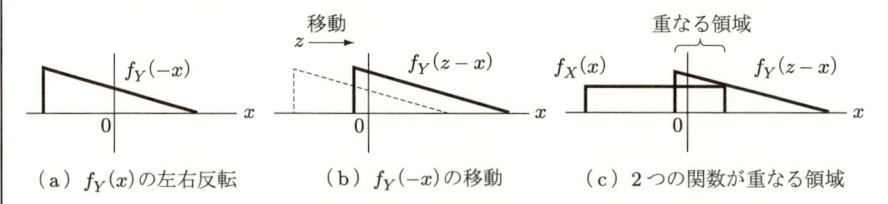

(a) $f_Y(x)$ の左右反転　　(b) $f_Y(-x)$ の移動　　(c) 2つの関数が重なる領域

次に図 (b) において，$f_Y(-x)$ を x 軸の正の方向に z 移動して，

$$f_Y\bigl(-(x-z)\bigr) = f_Y(z-x)$$

とする．

最後に，$f_Y(z-x)$ と $f_X(x)$ の積をとって積分すれば $f_Z(z)$ が得られる．ここで，積分範囲は図 (c) に示す2つの関数が重なる領域のみとなる．その他の領域では，2つの関数の積が0となるため考慮する必要がない．

さて，統計的に独立な雑音源が N 個存在し，これらが加算される場合の確率密度関数について考える．それぞれの雑音の電圧値を $x_i (i=1,2,\cdots,N)$ とし，これらの和を

$$z = \sum_{i=1}^{N} x_i \tag{2.63}$$

[†8] 第3章で述べるフーリエ変換においては，2つの関数の畳込み積分のフーリエ変換が，それぞれの関数のフーリエ変換の積となることに対応する．

で表す．式 (2.60) より z の確率密度関数 $f_Z(z)$ は x_i の確率密度関数 $f_{Xi}(x_i)$ に $N-1$ 回の畳込み積分を適用することで求めることができる．N を増大させた場合には，z の確率密度関数 $f_Z(z)$ がガウス分布に近づく．これが**中央極限定理**であり，ディジタル通信システムの評価においてガウス雑音を用いる根拠となっている．図 2.12 (a), (b) は，それぞれ，一様分布と三角分布のランダム変数を N 個加算した場合の確率密度関数である．図より $N=5$ 程度でガウス分布に近い形状となることがわかる．

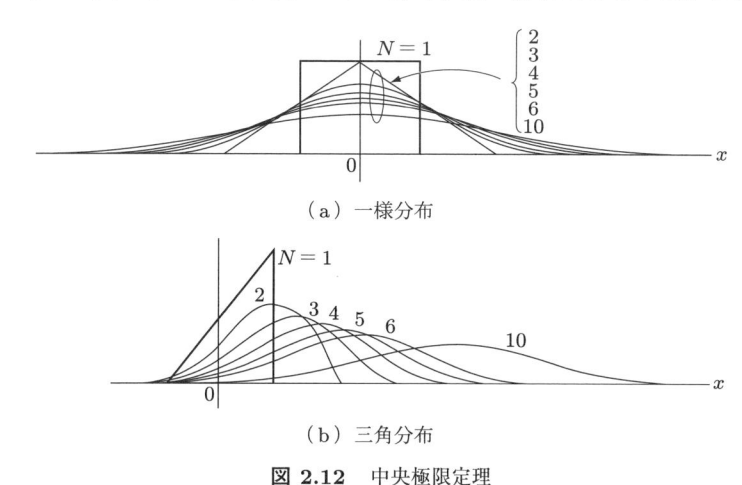

（a）一様分布

（b）三角分布

図 **2.12**　中央極限定理

■ 演習問題 ■

2-1　第 2 章タイトルページの図において，A, B, C のどこを狙えば当たる確率が大きいかを論じよ．ただし，点 A, 点 B, 点 C はボールの中心の高さを表すものとする．

2-2　サイコロの目をランダム変数 x とした場合の確率密度関数 $f(x)$ を求めよ．

2-3　(0, 1) で定義される一様分布に従うランダム変数 x の分散 σ^2 を求めよ．図 2.6 (a) に一様分布を示す．

2-4　次式を z に関して k 回微分した後に，$z = 1/2\sigma^2$ を代入することにより，平均 0，分散 σ^2 のガウス分布の $2k$ 次モーメントを導出せよ[6]．
$$\int_{-\infty}^{\infty} \exp\left[-zx^2\right] dx = \sqrt{\frac{\pi}{z}}$$

2-5　平均 0，分散 σ^2 のガウス分布のモーメントを特性関数の級数展開に代入し，さらに，級数展開を指数関数に変換することにより，ガウス分布の特性関数 $\phi(\xi)$ を求めよ．ガウス分布のモーメントを例題 2.2 に，特性関数の級数展開を次式に示す．
$$\phi(\xi) = \sum_{n=0}^{\infty} \frac{(-j)^n \xi^n}{n!} \overline{x^n}$$

2-6 正弦波分布の特性関数 $\phi(\xi)$ を求め，ベッセル関数の級数展開を用いてモーメントを導出せよ．ベッセル関数の定義式ならびに級数展開[9]を次式に示す．

$$J_0(z) = \frac{1}{2\pi} \int_{\alpha}^{2\pi+\alpha} \exp[-jz\sin\theta]\, d\theta$$

$$(z/2)^{-\nu} J_\nu(z) = \sum_{m=0}^{\infty} \frac{(-1)^m (z/2)^{2m}}{m!\,\Gamma(\nu+m+1)}$$

ここで，$\Gamma(m)$ はガンマ関数であり，m が自然数の場合，$\Gamma(m) = (m-1)!$ が成立する．

2-7 速度 v の移動体において，電波の到来角 α が一様分布に従う場合の周波数 $f = f_0 + f_D \cos\alpha$ をランダム変数として，その確率密度関数を求めよ．1.6 節に一様フェージングを示す．

2-8 $(0, 1)$ で定義される一様分布に従うランダム変数 x を，次式に示す指数分布 $f_Y(y)$ に従うランダム変数 y に変換するための変数変換 $y = g(x)$ を求めよ．

$$f_Y(y) = \begin{cases} \lambda \exp[-\lambda y], & y \geq 0 \\ 0, & その他 \end{cases}$$

2-9 $(0, 1)$ で定義される一様分布に従うランダム変数 x を，ガウス分布に従うランダム変数 y に変換するための変数変換について論じよ．

2-10 振幅制限を行うリミタに，平均 0，分散 σ^2 のガウス雑音を入力した場合の出力 y の確率密度関数を求めて図示せよ．ただし，リミタの入出力は次式の関係を満足するものとする．

$$y(t) = \begin{cases} -A, & x \leq -A \\ x, & -A < x < A \\ A, & A \leq x \end{cases}$$

第3章

信号波形と周波数

　周波数はヘルツ (Hz) を単位とした1軸上の有限資源であり，種々の通信システムが互いに干渉しないように配分して周波数を有効利用することが重要である．このためには，信号が占有する周波数帯域幅や，これを制限した場合のシステム特性への影響について十分に検討する必要がある．本章では，周期波形の周波数解析法であるフーリエ級数を導出し，非周期波形の周波数解析法であるフーリエ変換へと導く．また，信号波形の特徴による分類を行い，対応する自己相関関数を明確にするとともに，電力スペクトル密度やエネルギースペクトル密度との関係について述べる．さらに，信号の中心周波数からの周波数差を用いることにより解析を容易にする等価低域表現について解説する．本章の内容に関する一般的な文献として [1],[2],[3],[10],[11],[12] を挙げておく．

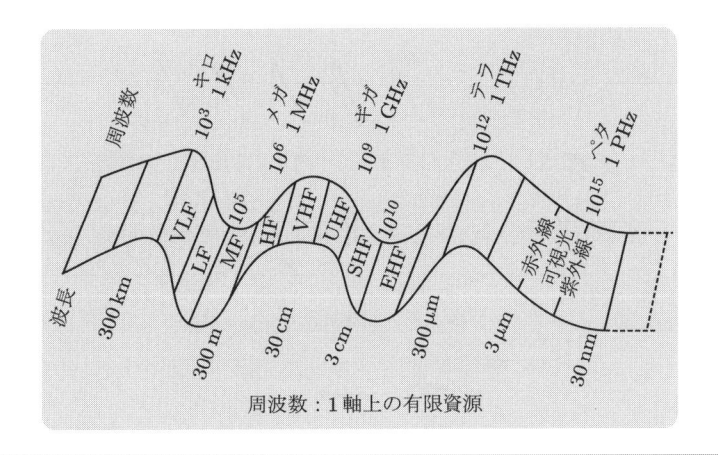

周波数：1軸上の有限資源

3.1　フーリエ級数

　フーリエ級数は周期波形に存在する周波数成分を求める手法である．例えば，図3.1に示す3角波の無限系列にはどのような周波数成分が含まれるかを解析するものである．逆に考えれば，どのような周波数の成分をどのように重み付けを行い加算すれば3角波の無限系列が得られるかということを，フーリエ級数により明らかにす

ることができる．これは，図 3.1 において各種の発振器の出力を増幅率 a_0 ならびに $a_n, b_n\ (n = 1, 2, 3, \cdots)$ で調節して重み付けを行い加算すれば 3 角波の無限系列を合成できることを意味する．図 3.2 に 3 つの波形とその中に存在するであろう周波数成分を示す．図 3.2 (a) は (b)，(c) と比較してゆっくりした変化を表しており比較的低い周波数成分を含んでいる．一方，図 3.2 (c) では急激な変化があり高い周波数成分が存在する．

周期波形 $s_T(t)$ は k を整数として次式を満足する．

$$s_T(t) = s_T(t + kT), \quad k = \pm 1, \pm 2 \pm 3, \cdots \tag{3.1}$$

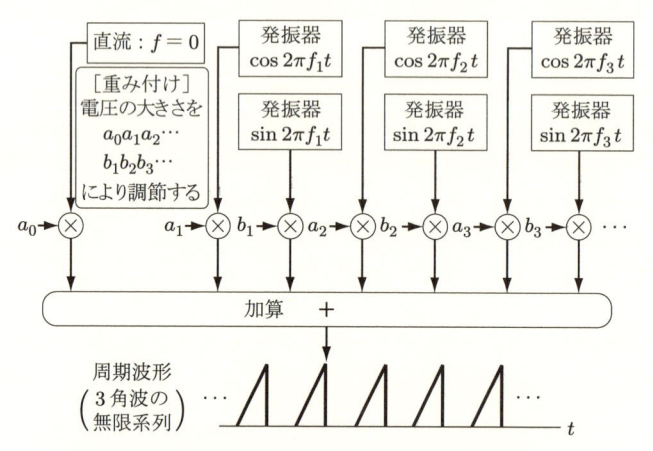

図 3.1 多数の正弦波と余弦波による周期波形の再生

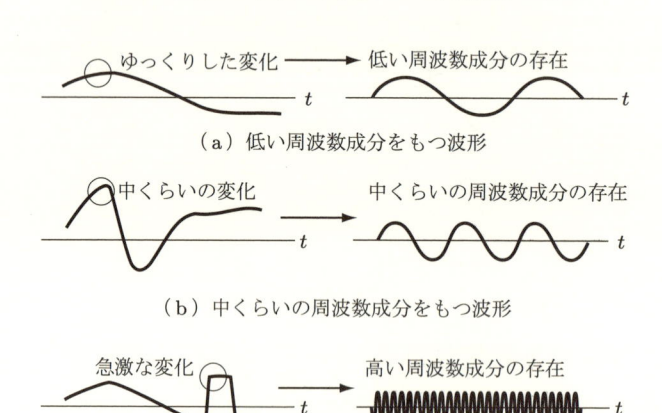

（a）低い周波数成分をもつ波形

（b）中くらいの周波数成分をもつ波形

（c）高い周波数成分をもつ波形

図 3.2 波形と周波数

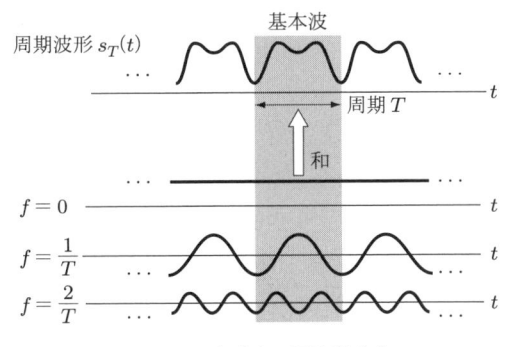

図 3.3 方形波の周波数成分

周期波形の例を図 3.3 に示す．図 3.3 において，周期波形 $s_T(t)$ は基本となる波形の繰り返しであり，この基本となる波形を**基本波**という．また，基本波の時間幅 T が周期である．いま，周波数を f で表し，$f = 0$ で定義される直流成分と 2 つの周波数 $f = 1/T, f = 2/T$ の余弦波を図 3.3 に示す．これらの和は周期波形 $s_T(t)$ となる．この周期波形の基本波は完全ではないものの方形波に似ており，さらに高い周波数成分を加算すれば方形波となることが推測できる．

さて，周期波形に含まれるであろう周波数成分について物理的に考える．図 3.4 に周期 T の 3 角波の周期波形 $s_T(t)$ を示す．いま，時刻 t_1 と $t_2 (= t_1 + T)$ はそれぞれ 3 角波の起点からの時間差が等しい時刻であり，

$$s_T(t_1) = s_T(t_2) \tag{3.2}$$

を満足するものとする．ここで，$s_T(t)$ に $f = 1/T, 2/T, 3/T, 4/T$ の周波数成分が存在するとすれば，式 (3.2) より時刻 t_1 におけるこれらの電圧の和と時刻 t_2 におけるこれらの電圧の和は等しくなる必要がある．図 3.4 (a) では各周波数成分の電圧が時刻 t_1 と t_2 で等しいため，時刻 t_1 と t_2 におけるこれらの和も等しくなり矛盾を生じない．ところが，図 3.4(b) のように $f = n/T$ $(n = 1, 2, 3, \cdots)$ 以外の周波数成分が存在すると仮定すれば，時刻 t_1 における各周波数成分の電圧の和と時刻 t_2 における各周波数成分の電圧の和が異なることから

$$s_T(t_1) \neq s_T(t_2)$$

となり，式 (3.2) を満足する周期波形であることと矛盾が生じる．このため，周期波形には $f = n/T$ $(n = 0, 1, 2, \cdots)$ 以外の周波数成分は存在しないといえる．ここで，$1/T$ を**基本周波数**という．また，基本周波数の整数倍の周波数 $f = n/T$ と任意の位相 θ をもつ正弦波 $\sin(2\pi(n/T)t + \theta)$ と余弦波 $\cos(2\pi(n/T)t + \theta)$ は，$\sin 2\pi(n/T)t$ と $\cos 2\pi(n/T)t$ をそれぞれ重み付けした和として表現できる．

(a) 周期性を満足する例

周期波形 $s_T(t)$

周波数が $\frac{1}{T}$ の整数倍の正弦波（任意位相）が存在する場合
$\begin{pmatrix} t_1 \text{における各波形の和と} \\ t_2 \text{における各波形の和は} \\ \text{等しい.} \end{pmatrix}$

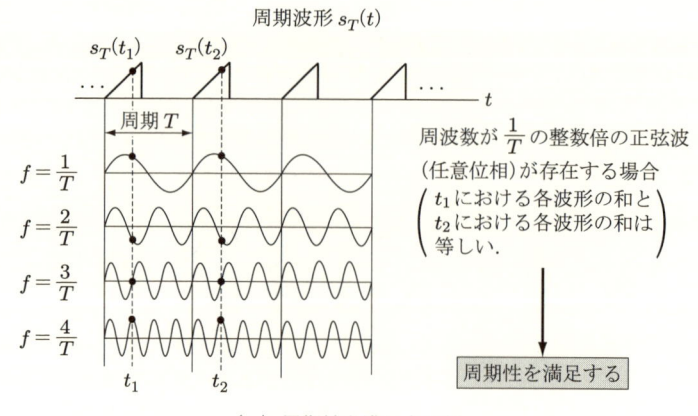

→ 周期性を満足する

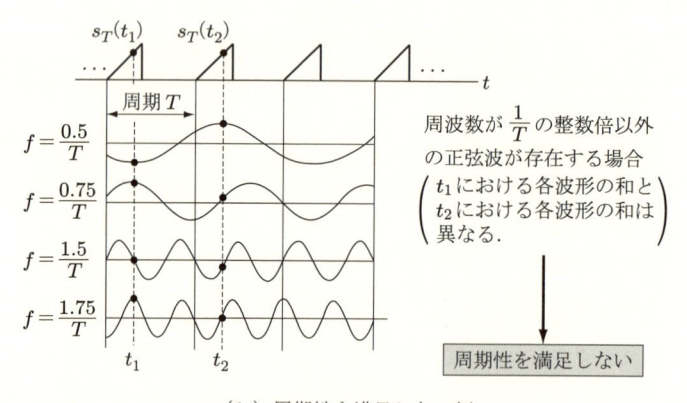

(b) 周期性を満足しない例

周波数が $\frac{1}{T}$ の整数倍以外の正弦波が存在する場合
$\begin{pmatrix} t_1 \text{における各波形の和と} \\ t_2 \text{における各波形の和は} \\ \text{異なる.} \end{pmatrix}$

→ 周期性を満足しない

図 3.4 周期波形に存在する周波数成分

$$\sin\left(2\pi\frac{n}{T}t + \theta\right) = \sin 2\pi\frac{n}{T}t \ \cos\theta + \cos 2\pi\frac{n}{T}t \ \sin\theta$$

$$\cos\left(2\pi\frac{n}{T}t + \theta\right) = \cos 2\pi\frac{n}{T}t \ \cos\theta - \sin 2\pi\frac{n}{T}t \ \sin\theta$$

したがって，フーリエ級数では周期 T の周期関数 $s_T(t)$ を条件 $\int_{-T/2}^{T/2} |s_T(t)|\,dt < \infty$ のもとで次式のように展開する．

$$s_T(t) = \frac{a_0}{2} + \sum_{n=1}^{\infty} \left(a_n \cos 2\pi\frac{n}{T}t + b_n \sin 2\pi\frac{n}{T}t\right) \tag{3.3}$$

ただし，

$$a_n = \frac{2}{T}\int_{-T/2}^{T/2} s_T(t) \cos 2\pi\frac{n}{T}t\,dt, \quad n = 0, 1, 2, \cdots \tag{3.4}$$

$$b_n = \frac{2}{T} \int_{-T/2}^{T/2} s_T(t) \sin 2\pi \frac{n}{T} t \, dt, \qquad n = 1, 2, 3, \cdots \tag{3.5}$$

であり，フーリエ係数とよばれる．いま，

$$\exp[jx] = \cos x + j \sin x \tag{3.6}$$

の関係を用いて

$$\cos 2\pi \frac{n}{T} t = \frac{\exp[j2\pi \frac{n}{T} t] + \exp[-j2\pi \frac{n}{T} t]}{2}$$

$$\sin 2\pi \frac{n}{T} t = \frac{\exp[j2\pi \frac{n}{T} t] - \exp[-j2\pi \frac{n}{T} t]}{2j}$$

として式 (3.3) に代入すると，

$$s_T(t) = \frac{a_0}{2} + \frac{1}{2} \sum_{n=1}^{\infty} (a_n - jb_n) \exp\left[j2\pi \frac{n}{T} t\right]$$

$$+ \frac{1}{2} \sum_{n=1}^{\infty} (a_n + jb_n) \exp\left[-j2\pi \frac{n}{T} t\right] \tag{3.7}$$

を得る．奇関数，偶関数の性質より，$a_n = a_{-n}, b_n = -b_{-n}$ となるため，式 (3.7) の右辺第 3 項を

$$\frac{1}{2} \sum_{n=1}^{\infty} (a_n + jb_n) \exp\left[-j2\pi \frac{n}{T} t\right] = \frac{1}{2} \sum_{n=-1}^{-\infty} (a_n - jb_n) \exp\left[j2\pi \frac{n}{T} t\right]$$

と変形すれば式 (3.7) は次式となる．

$$s_T(t) = \frac{a_0}{2} + \frac{1}{2} \sum_{\substack{n=-\infty \\ (n \neq 0)}}^{\infty} (a_n - jb_n) \exp\left[j2\pi \frac{n}{T} t\right] \tag{3.8}$$

ここで，$S_n = (1/2)(a_n - jb_n)$ とおくとともに，式 (3.4), (3.5) を適用すれば，次式に示す**複素数表示のフーリエ級数展開**が得られる．

$$s_T(t) = \sum_{n=-\infty}^{\infty} S_n \exp\left[j2\pi \frac{n}{T} t\right] \tag{3.9}$$

$$S_n = \frac{1}{T} \int_{-T/2}^{T/2} s_T(t) \exp\left[-j2\pi \frac{n}{T} t\right] dt \tag{3.10}$$

S_n は周波数 n/T の正弦波の電圧レベルを表し，**周波数スペクトル** あるいは**線スペクトル**とよばれる．周波数スペクトル S_n を用いて，もとの時間関数を表現することをフーリエ級数展開という．フーリエ級数は直交変換の一種でありフーリエ級数の係数 a_n, b_n は $s_T(t)$ より容易に導出することができる．

例題 3.1　フーリエ係数の導出

$$s_T(t) = \frac{a_0}{2} + \sum_{n=1}^{\infty}\left(a_n \cos 2\pi \frac{n}{T}t + b_n \sin 2\pi \frac{n}{T}t\right)$$

として，周期波形 $s_T(t)$ のフーリエ係数 a_n, b_n を導出せよ．

解　$s_T(t)$ の両辺に $\cos 2\pi \dfrac{m}{T}t$ を乗じて $(-T/2, T/2)$ の領域で積分して次式とする．

$$\int_{-T/2}^{T/2} s_T(t) \cos 2\pi \frac{m}{T}t\,dt = \int_{-T/2}^{T/2} \frac{a_0}{2} \cos 2\pi \frac{m}{T}t\,dt$$
$$+ \sum_{n=1}^{\infty} \int_{-T/2}^{T/2} a_n \cos 2\pi \frac{n}{T}t \cos 2\pi \frac{m}{T}t\,dt$$
$$+ \sum_{n=1}^{\infty} \int_{-T/2}^{T/2} b_n \sin 2\pi \frac{n}{T}t \cos 2\pi \frac{m}{T}t\,dt \quad \text{──①}$$

ここで，
$$\int_{-T/2}^{T/2} \cos 2\pi \frac{n}{T}t \cos 2\pi \frac{m}{T}t\,dt = 0, \quad (n \neq m)$$
$$\int_{-T/2}^{T/2} \sin 2\pi \frac{n}{T}t \cos 2\pi \frac{m}{T}t\,dt = 0$$

の関係を利用すれば，式①を次式のように解くことができる．

$$\int_{-T/2}^{T/2} s_T(t) \cos 2\pi \frac{m}{T}t\,dt = \frac{a_m T}{2} \quad \text{──②}$$

上式において，添え字 m を n と置き換えればフーリエ係数 a_n を求めることができ，同様に，$s_T(t)$ に $\sin 2\pi \dfrac{m}{T}t$ を乗じて $(-T/2, T/2)$ の領域で積分すればフーリエ係数 b_n が得られる．

$$a_n = \frac{2}{T} \int_{-T/2}^{T/2} s_T(t) \cos 2\pi \frac{n}{T}t\,dt,$$
$$b_n = \frac{2}{T} \int_{-T/2}^{T/2} s_T(t) \sin 2\pi \frac{n}{T}t\,dt$$

例題 3.2　周期方形波のフーリエ級数

次の図に示す周期波形 $s_T(t)$ の周波数スペクトル S_n を求めよ．

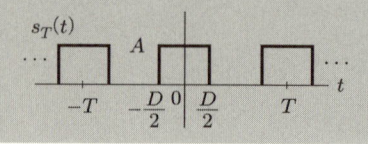

解 周波数スペクトルは次式で与えられる.

$$S_n = \frac{1}{T} \int_{-T/2}^{T/2} s_T(t) \exp\left[-j2\pi \frac{n}{T} t\right] dt \qquad \text{式 (3.10)}$$

$s_T(t)$ を上式に代入して次式を得る.

$$S_n = \frac{1}{T} \int_{-D/2}^{D/2} A \exp\left[-j2\pi \frac{n}{T} t\right] dt = -\frac{1}{T} \left[\frac{A}{j2\pi \frac{n}{T}} \exp\left[-j2\pi \frac{n}{T} t\right] \right]_{-D/2}^{D/2}$$

$$= \frac{A}{j2\pi n} \left(\exp\left[j\pi \frac{n}{T} D\right] - \exp\left[-j\pi \frac{n}{T} D\right] \right)$$

$$= \frac{A}{n\pi} \sin \pi \frac{n}{T} D, \quad n \neq 0 \qquad\qquad\qquad\qquad ①$$

$$S_0 = \frac{DA}{T} \qquad\qquad\qquad\qquad\qquad\qquad\qquad\qquad ②$$

周波数スペクトル S_n を下図に示す. 下図において, 周波数スペクトル S_n の存在する周波数は n/T である. また, n を整数ではなく連続した実数であると仮定し, S_n に $f = n/T$ を代入すれば, S_n の包絡線 $E(f)$ が得られる.

$$E(f) = \frac{DA}{T} \frac{\sin D\pi f}{D\pi f} \qquad\qquad\qquad\qquad\qquad ③$$

包絡線 $E(f)$ を下図に破線で示す. さて, この包絡線が 0 となるのは, 式③における正弦波の角度が $m\pi$ $(m = \pm 1, \pm 2, \pm 3, \cdots)$ のときであり, このとき,

$$D\pi f = m\pi$$

の関係を満足する. したがって, 包絡線が 0 となる周波数 f は次式で与えられる.

$$f = \frac{m}{D} \qquad\qquad\qquad\qquad\qquad\qquad\qquad\qquad ④$$

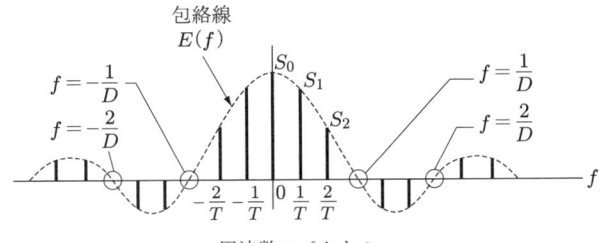

周波数スペクトル

例題 3.3 周期方形波の周波数スペクトル密度

例題 3.2 において, 次の条件が加わった場合の周波数スペクトル密度 $S_T(f)$ について論じよ.

(1) $D = T$ の場合
(2) $A = 1/D$ として，D を 0 に近づける場合
(3) T を無限大にする場合

解 $s_T(t)$ の周波数スペクトルは例題 3.2 の図に与えられている．棒グラフの周波数スペクトルを周波数スペクトル密度で表現するには，

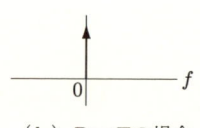

$$f = \frac{n}{T}, \quad n = 0, \pm 1, \pm 2, \cdots$$

の各 1 点で周波数スペクトル密度を積分して S_n とする必要がある．このため，次式に示すように，面積が S_n となるインパルス関数を用いて周波数スペクトル密度 $S_T(f)$ を表現する．

$$S_T(f) = \sum_{n=-\infty}^{\infty} S_n \delta\left(f - \frac{n}{T}\right) \qquad \text{①}$$

$$S_n = \frac{A}{n\pi} \sin \pi \frac{n}{T} D, \quad n \neq 0 \qquad \text{②}$$

$$S_0 = \frac{DA}{T} \qquad \text{③}$$

周波数スペクトル密度 $S_T(f)$ と S_n の包絡線 $E(f)$ を図 (a) に示す．

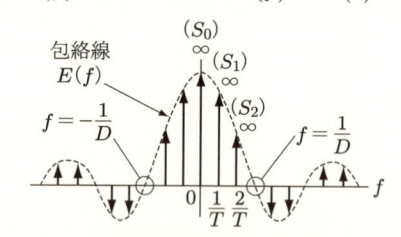

（a）周波数スペクトル密度

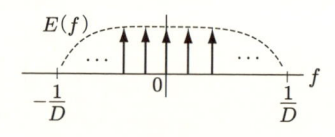

（b）$D = T$ の場合　　　（c）D を 0 に近づける場合

(1) $D = T$ の場合

例題 3.2 の式④より $S_T(f)$ の方絡線 $E(f)$ が 0 となる周波数は

$$f = \frac{m}{D}, \quad m = \pm 1, \pm 2, \pm 3, \cdots$$

である．$D = T$ の場合には，

$$f = \frac{m}{T}, \quad m = \pm 1, \pm 2, \pm 3, \cdots$$

において包絡線が 0 となるため，$S_T(f)$ は図 (b) に示すように $f = 0$ におけるインパル

ス関数のみとなる.
$$S_T(f) = S_0 \delta(f)$$
なお，$D = T$ の場合には，$s_T(t)$ は定数 A となる.

(2) $A = 1/D$ として D を 0 に近づける場合

まず，$n = 0$ においては，式③に $A = 1/D$ を代入すれば，
$$S_0 = \frac{1}{T}$$
となる．次に，式②に $A = 1/D$ を代入すれば次式が得られる.
$$S_n = \frac{1}{T} \cdot \frac{1}{\pi \frac{n}{T} D} \sin \pi \frac{n}{T} D, \quad n \neq 0$$
ここで，$x = \pi \frac{n}{T} D$ として
$$\lim_{x \to 0} \frac{\sin x}{x} = 1$$
の関係を用いれば，D を 0 に近づけた極限において
$$S_n = \frac{1}{T}$$
となり，S_n は S_0 に等しくなる．周波数スペクトル密度 $S_T(f)$ を図 (c) に示す．D が 0 に近づけば，図 (c) に破線で示す包絡線 $E(f)$ が 0 となる周波数 $\pm 1/D$ が，正ならびに負の無限大の遠方に位置することからも，$S_T(f)$ の包絡線が一定となることがわかる.

(3) T を無限大にする場合

式①において T を無限大にすれば図 (a) におけるインパルス関数の周波数間隔 $1/T$ が 0 に近づくため，$S_T(f)$ は図 (a) に示す連続関数 $E(f)$ に近づく.
$$E(f) = \frac{DA}{T} \frac{\sin D\pi f}{D\pi f} \quad \text{例題 3.2 の式③}$$
ただし，$E(f)$ は $1/T$ の係数を含むため，関数の値は 0 に近づく.

3.2　フーリエ変換

フーリエ級数が周期波形に存在する周波数成分を与えるのに対して，フーリエ変換は非周期波形に存在する周波数成分を与える．式 (3.10) のフーリエ級数の係数 S_n における積分変数 t を τ に変更して式 (3.9) に代入して次式を得る.

$$s_T(t) = \sum_{n=-\infty}^{\infty} \frac{1}{T} \int_{-T/2}^{T/2} s_T(\tau) \exp\left[-j2\pi \frac{n}{T} \tau\right] d\tau \exp\left[j2\pi \frac{n}{T} t\right] \quad (3.11)$$

ここで，$T \to \infty$ の表記を用いて T を無限大に近づけることを表現するものとして，式 (3.11) において $T \to \infty$ とすれば，和の記号が積分の記号になるとともに，

$1/T \to df$, $n/T \to f$ となる．図 3.5 (a) に 3 角波の周期波形において $T \to \infty$ とした場合の様子を示す．周期波形 $s_T(t)$ の周期 T を無限大にすることにより隣接した波形が遠方に移動して周期波形が孤立波形に近づく．このようにして，$s_T(t)$ を**非周期波形** $s(t)$ とすることにより，式 (3.11) が次式となる．

$$s(t) = \int_{-\infty}^{\infty} \left\{ \int_{-\infty}^{\infty} s(\tau) \exp[-j2\pi f\tau] \, d\tau \right\} \exp[j2\pi ft] \, df \tag{3.12}$$

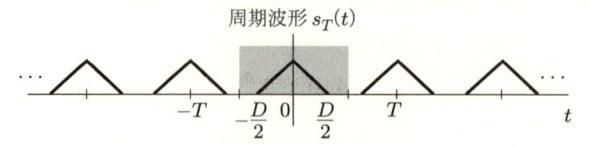

周期波形 $s_T(t)$

周期波形において周期 T を無限大とすれば，その極限において非周期の基本波のみとなる．

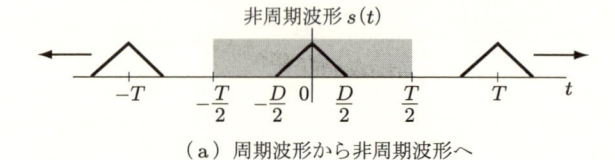

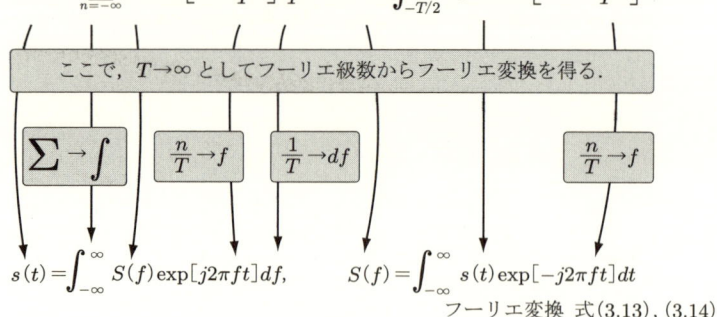

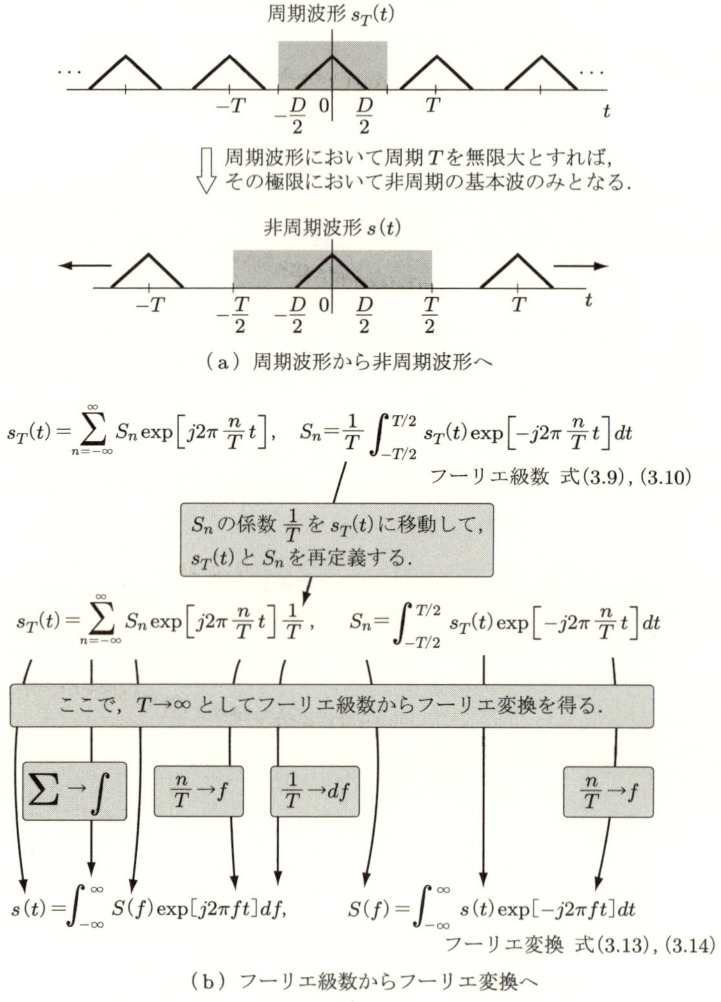

非周期波形 $s(t)$

（a）周期波形から非周期波形へ

$$s_T(t) = \sum_{n=-\infty}^{\infty} S_n \exp\left[j2\pi \frac{n}{T} t\right], \quad S_n = \frac{1}{T} \int_{-T/2}^{T/2} s_T(t) \exp\left[-j2\pi \frac{n}{T} t\right] dt$$

フーリエ級数 式(3.9), (3.10)

S_n の係数 $\frac{1}{T}$ を $s_T(t)$ に移動して，$s_T(t)$ と S_n を再定義する．

$$s_T(t) = \sum_{n=-\infty}^{\infty} S_n \exp\left[j2\pi \frac{n}{T} t\right] \frac{1}{T}, \quad S_n = \int_{-T/2}^{T/2} s_T(t) \exp\left[-j2\pi \frac{n}{T} t\right] dt$$

ここで，$T \to \infty$ としてフーリエ級数からフーリエ変換を得る．

$\sum \to \int$　　$\frac{n}{T} \to f$　　$\frac{1}{T} \to df$　　$\frac{n}{T} \to f$

$$s(t) = \int_{-\infty}^{\infty} S(f) \exp[j2\pi ft] df, \quad S(f) = \int_{-\infty}^{\infty} s(t) \exp[-j2\pi ft] dt$$

フーリエ変換 式(3.13), (3.14)

（b）フーリエ級数からフーリエ変換へ

図 3.5 フーリエ級数からフーリエ変換の導出

式 (3.12) を変換対で表せば，次式の**フーリエ変換**と**逆フーリエ変換**が得られる[†1]．

$$S(f) = \int_{-\infty}^{\infty} s(t) \exp[-j2\pi ft]\, dt \tag{3.13}$$

$$s(t) = \int_{-\infty}^{\infty} S(f) \exp[j2\pi ft]\, df \tag{3.14}$$

ここで，$S(f)$ は $s(t)$ の**周波数スペクトル密度**である．図 3.5 (b) にフーリエ級数からフーリエ変換の導出をまとめる．図 3.5 (b) では，フーリエ級数における周波数スペクトル S_n の係数 $1/T$ を $s_T(t)$ に移動して，$s_T(t)$ と S_n を再定義した上で $T \to \infty$，$s_T(t) \to s(t)$，$S_n \to S(f)$ とし，フーリエ変換を導いている．

例題 3.3 の問い (3) では，幅 D の方形波を基本波形とする周期波形において，周期 T を無限大にすれば，周波数スペクトル密度を構成するインパルスが密に配置されて連続した包絡線 $E(f)$

$$E(f) = \frac{DA}{T} \frac{\sin D\pi f}{D\pi f}$$

となることを示した．しかしながら，係数 $1/T$ のため $T \to \infty$ で $E(f)$ は 0 に近づく．したがって，$TE(f)$ として $1/T$ の影響を取り除けば $T \to \infty$ で $TE(f)$ がフーリエ変換となる．続いて，フーリエ変換の性質について調べる．

それでは，まず，実数時間関数 $s(t)$ を図 3.6 に示すように偶成分 $s_e(t)$ と奇成分 $s_o(t)$ で表現する．

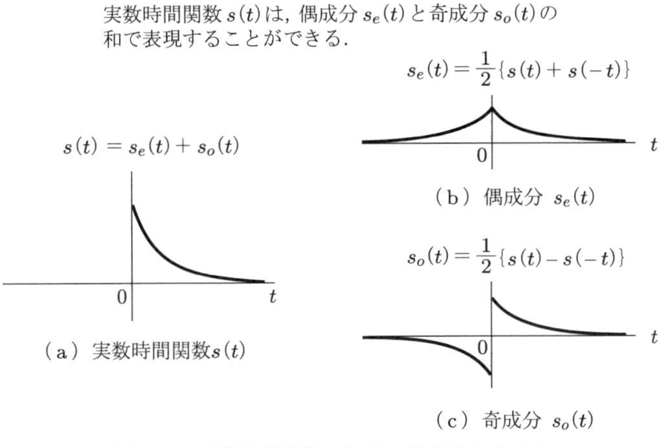

実数時間関数 $s(t)$ は，偶成分 $s_e(t)$ と奇成分 $s_o(t)$ の和で表現することができる．

$s(t) = s_e(t) + s_o(t)$

（a）実数時間関数 $s(t)$

$s_e(t) = \frac{1}{2}\{s(t) + s(-t)\}$

（b）偶成分 $s_e(t)$

$s_o(t) = \frac{1}{2}\{s(t) - s(-t)\}$

（c）奇成分 $s_o(t)$

図 3.6 実数時間関数における偶成分と奇成分

[†1] 周波数 f ではなく角速度 $\xi = 2\pi f$ を用いてフーリエ変換を定義すれば，$S(\xi) = (1/2\pi) \int_{-\infty}^{\infty} s(t) \exp[-j\xi t] dt$，$s(t) = \int_{-\infty}^{\infty} S(\xi) \exp[j\xi t] d\xi$ となり，$S(\xi)$ の表現に係数 $1/2\pi$ が必要となる．基本的に，フーリエ変換では変換後に逆変換して元に戻ればよいため，$S(\xi)$，$s(t)$ の両方に係数 $1/\sqrt{2\pi}$ を適用してもよい．

$$s_e(t) = s_e(-t) = \frac{1}{2}\{s(t) + s(-t)\} \tag{3.15}$$

$$s_o(t) = -s_o(-t) = \frac{1}{2}\{s(t) - s(-t)\} \tag{3.16}$$

$s(t)$ の偶成分 $s_e(t)$ と奇成分 $s_o(t)$ を用いて $s(t)$ をフーリエ変換すれば，

$$S(f) = \int_{-\infty}^{\infty} s_e(t)\cos 2\pi ft\, dt - j\int_{-\infty}^{\infty} s_o(t)\sin 2\pi ft\, dt \tag{3.17}$$

となり，以下のことがわかる．

- 周波数スペクトル密度の実数部は，時間関数の偶成分のフーリエ変換である．
- 周波数スペクトル密度の虚数部に j を掛けたものは，時間関数の奇成分のフーリエ変換である．

また，式 (3.17) より，実数時間関数の周波数スペクトル密度では次式が成立することがわかる．

$$S(-f) = S^*(f) \tag{3.18}$$

ここで，$S^*(f)$ は $S(f)$ の複素共役を表す．

次に，インパルス関数 $\delta(t)$ のフーリエ変換を導く．インパルス関数は $t=0$ の 1 点で定義される面積が 1 で高さ無限大のパルスであり，式 (2.9) の変数 x を t に変更して次式で定義する．

$$\int_a^b g(t)\delta(t-t_0)dt = \begin{cases} g(t_0), & a < t_0 < b \\ 0, & その他 \end{cases} \tag{3.19}$$

式 (3.19) に，$a = -\infty, b = \infty, g(t) = \exp[-j2\pi ft]$ を代入すれば，$\delta(t-t_0)$ のフーリエ変換となり，$\delta(t-t_0)$ の周波数スペクトル密度として次式を得る．

$$\int_{-\infty}^{\infty} \delta(t-t_0)\exp[-j2\pi ft]\, dt = \exp[-j2\pi ft_0] \tag{3.20}$$

ここで，$t_0 = 0$ とし，$\xleftrightarrow{FT}$ がフーリエ変換の関係を表すとすれば，インパルス関数 $\delta(t)$ のフーリエ変換として次式の関係が得られる．

$$\delta(t) \xleftrightarrow{FT} 1 \tag{3.21}$$

例題 3.4 方形波の周波数スペクトル密度

次の図に示す方形波 $s(t)$ の周波数スペクトル密度 $S(f)$ を求めよ．

解 周波数スペクトル密度は次式のフーリエ変換で与えられる．

$$S(f) = \int_{-\infty}^{\infty} s(t) \exp[-j2\pi ft]\, dt \quad \text{式 (3.13)}$$

方形波 $s(t)$ を上式に代入して次式を得る.

$$S(f) = \int_{-D/2}^{D/2} \frac{1}{D} \exp[-j2\pi ft]\, dt = \frac{2}{D}\int_0^{D/2} \cos 2\pi ft\, dt = \frac{\sin D\pi f}{D\pi f}$$

$S(f)$ を下図に実線で示す. $S(f)$ は $\sin x/x$, $(x = D\pi f)$ の形式であり, $f = 0$ を除いて $1/D$ ごとの等間隔に f 軸と 0 交差する. また, D を 0 に近づければ, 時間波形 $s(t)$ は面積を 1 に保ったままその幅が小さくなり, その極限でインパルス関数 $\delta(t)$ となる. D を 0 に近づけた場合の周波数スペクトル密度 $S(f)$ は, 下図において $f = 0$ に最も近い 0 交差の点 $f = \pm 1/D$ が正の無限大ならびに負の無限大となるため, 定数 1 に近づく.

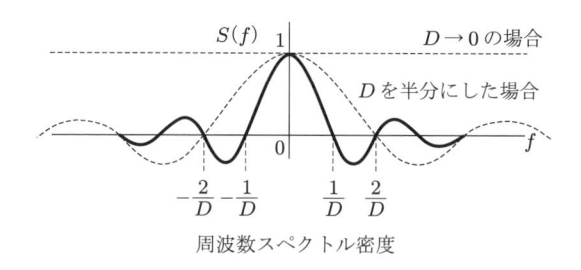

周波数スペクトル密度

例題 3.5　3角波の周波数スペクトル密度

次の図に示す 3 角波 $s(t)$ の周波数スペクトル密度 $S(f)$ を求めよ.

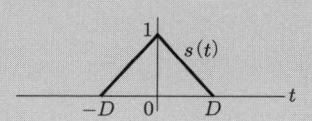

解　周波数スペクトル密度は次式のフーリエ変換で与えられる.

$$S(f) = \int_{-\infty}^{\infty} s(t) \exp[-j2\pi ft]\, dt \quad \text{式 (3.13)} \quad \text{――①}$$

3 角波 $s(t)$ を次式で表現する.

$$s(t) = \begin{cases} 1 - \dfrac{|t|}{D}, & |t| \leq D \\ 0, & |t| > D \end{cases}$$

$s(t)$ を式①に代入して次式とする.

$$S(f) = 2\int_0^D s(t)\cos 2\pi ft\, dt = 2\int_0^D \left(1 - \frac{t}{D}\right)\cos 2\pi ft\, dt$$

$$= 2\int_0^D \cos 2\pi ft\, dt - \frac{2}{D}\int_0^D t\cos 2\pi ft\, dt$$

ここで，

$$\begin{cases} \int_0^D \cos 2\pi ft\, dt = \left[\frac{\sin 2\pi ft}{2\pi f}\right]_0^D = \frac{\sin 2\pi fD}{2\pi f}, \\ \int_0^D t\cos 2\pi ft\, dt = \left[\frac{t\sin 2\pi ft}{2\pi f}\right]_0^D - \frac{1}{2\pi f}\int_0^D \sin 2\pi ft\, dt \\ \qquad = \frac{D\sin 2\pi fD}{2\pi f} + \frac{\cos 2\pi fD}{(2\pi f)^2} - \frac{1}{(2\pi f)^2} \end{cases}$$

の関係を用いれば，次式が得られる．

$$S(f) = \frac{2}{D}\frac{1-\cos 2\pi fD}{(2\pi f)^2} = D\left(\frac{\sin \pi fD}{\pi fD}\right)^2$$

$S(f)$ を下図に示す．

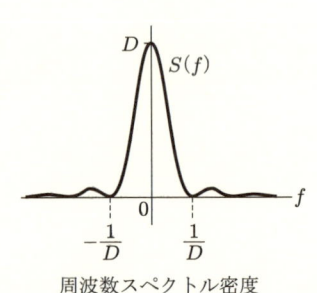

周波数スペクトル密度

さて，ここで，フィルタの周波数特性について考える．図 3.7 (a), (b) に周波数領

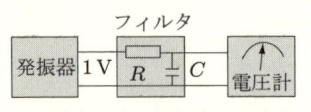

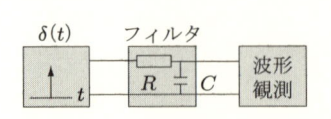

(a) 方法 1

(b) 方法 2

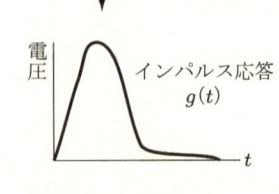

図 **3.7** フィルタ特性の測定

域ならびに時間領域でのフィルタの特性の測定方法を示す．図 3.7 (a) の方法 1 では，できる限り小さい周波数間隔で何度も正弦波を発生させフィルタに入力し，フィルタ出力の電圧を測定することにより，周波数特性 $G(f)$ を得ることができる．一方，図 3.7 (b) の方法 2 では，インパルス関数 $\delta(t)$ の波形をフィルタに通してその出力波形である $g(t)$ を測定する．出力波形 $g(t)$ は**インパルス応答**とよばれる．ここで，$g(t)$ のフーリエ変換が方法 1 で測定した周波数特性 $G(f)$ に一致する．これは，式 (3.21) に示すようにインパルス関数がすべての周波数を一様に含むため，方法 2 ではすべての周波数に対して方法 1 による測定を一度に行ったことと等価になるためである．

図 3.8 にフーリエ変換の性質をまとめる．図 3.8 の関係は，式 (3.13)，(3.14) のフーリエ変換の定義式より容易に導出できるので，ここでは，例としてパーシバルの定理の導出のみを示す．

パーシバルの定理の左辺に，$h(t)$ の逆フーリエ変換

$$h(t) = \int_{-\infty}^{\infty} H(f) \exp[j2\pi ft] \, df$$

を代入して次式とする．

$$\int_{-\infty}^{\infty} g^*(t) h(t) \, dt = \int_{-\infty}^{\infty} g^*(t) \left\{ \int_{-\infty}^{\infty} H(f) \exp[j2\pi ft] \, df \right\} dt$$

$$= \int_{-\infty}^{\infty} \left\{ \int_{-\infty}^{\infty} g(t) \exp[-j2\pi ft] \, dt \right\}^* H(f) \, df$$

加法性	$ag(t) + bh(t)$	$\xleftrightarrow{FT}$	$aG(f) + bH(f)$
面積	$s(0) = \int_{-\infty}^{\infty} S(f) \, df$	$\xleftrightarrow{FT}$	$S(0) = \int_{-\infty}^{\infty} s(t) \, dt$
時間遅延	$s(t - t_0)$	$\xleftrightarrow{FT}$	$S(f) \exp[-j2\pi ft_0]$
周波数偏移	$S(f - f_0)$	$\xleftrightarrow{FT}$	$s(t) \exp[j2\pi f_0 t]$
微分	$\dfrac{d^n s(t)}{dt^n}$	$\xleftrightarrow{FT}$	$(j2\pi f)^n S(f)$
	$\dfrac{d^n S(f)}{df^n}$	$\xleftrightarrow{FT}$	$(-j2\pi t)^n s(t)$
パーシバルの定理	$\int_{-\infty}^{\infty} g^*(t) h(t) \, dt = \int_{-\infty}^{\infty} G^*(f) H(f) \, df$		

図 3.8 フーリエ変換の性質

ここで，$g(t)$ のフーリエ変換 $G(f)$ を用いれば，次式のパーシバルの定理が得られる．

$$\int_{-\infty}^{\infty} g^*(t)h(t)\,dt = \int_{-\infty}^{\infty} G^*(f)H(f)\,df$$

3.3 畳込み積分

インパルス応答 $g(t)$ をもつフィルタに信号 $x(t)$ が入力された場合の出力信号 $y(t)$ は**畳込み積分**で与えられる．図 3.9 にフィルタ出力信号と畳込み積分の導出を示す．図 3.9 (a) において，インパルス応答 $g(t)$ をもつフィルタに信号 $x(t)$ が入力され，信号 $y(t)$ が出力されるものとする．

(a) フィルタの入出力信号

幅 D，高さ $\frac{1}{D}$ のパルス $\delta_D(t)$ に対するフィルタの応答を $g_D(t)$ と仮定する．

(b) フィルタの方形パルス応答

$x(t)$ を $x_D(t)$ で近似する

それぞれの応答の和 出力 $y_D(t)$

$$y_D(t) = \sum_{n=-\infty}^{\infty} x_D(nD) g_D(t-nD) D$$

$D \to 0$ の極限

$$y(t) = \int_{-\infty}^{\infty} x(\tau) g(t-\tau)\,d\tau \quad \text{式(3.25)}$$
畳込み積分

(c) 畳込み積分

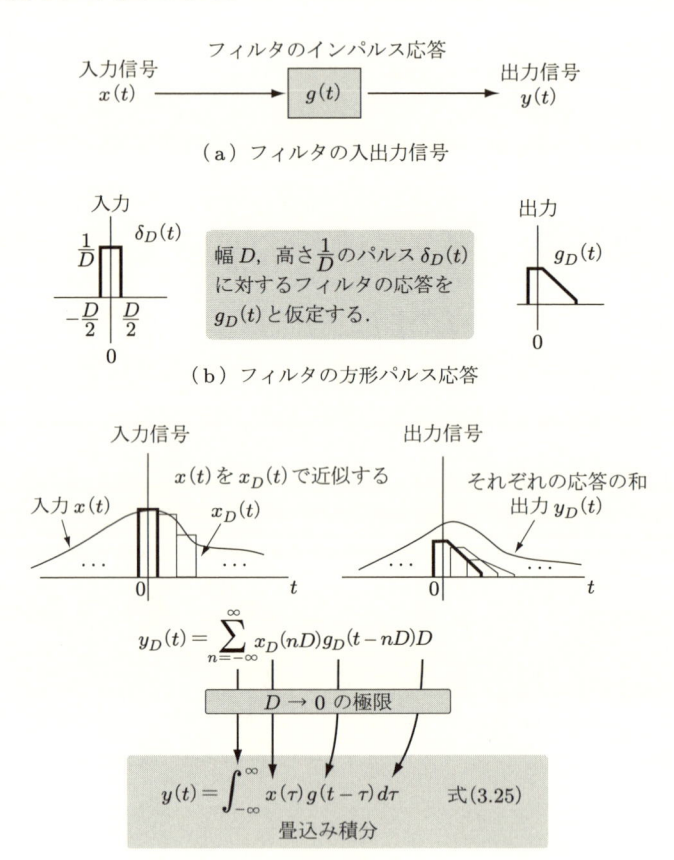

図 3.9 フィルタ出力信号と畳込み積分の導出

まず，面積 1 の方形関数 $\delta_D(t)$ を定義する．

$$\delta_D(t) = \begin{cases} \dfrac{1}{D}, & -\dfrac{D}{2} \le t < \dfrac{D}{2} \\ 0, & \text{その他} \end{cases} \tag{3.22}$$

この方形関数 $\delta_D(t)$ に対するフィルタの応答を $g_D(t)$ と仮定する．図 3.9 (b) に $\delta_D(t)$ と $g_D(t)$ の例を示す．

次に，$\delta_D(t)$ を用いて入力信号 $x(t)$ を階段状に近似して $x_D(t)$ とする．

$$x_D(t) = \sum_{n=-\infty}^{\infty} x(nD)\delta_D(t-nD)\,D \tag{3.23}$$

ここで，$\delta_D(t)$ の高さが $1/D$ であり 1 に正規化するため D を乗じている．フィルタに $\delta_D(t)$ を入力したときのフィルタ出力が $g_D(t)$ であることから，$x_D(t)$ に対するフィルタの出力信号 $y_D(t)$ は次式で表される．

$$y_D(t) = \sum_{n=-\infty}^{\infty} x(nD)g_D(t-nD)\,D \tag{3.24}$$

いま，$D \to 0$ の表記を用いて D が 0 に近づくことを表現すれば，$D \to 0$ に伴い，和の記号が積分の記号になるとともに，$nD \to \tau$，$D \to d\tau$，$g_D(t) \to g(t)$，$x_D(t) \to x(t)$，$y_D(t) \to y(t)$ となる．したがって，$D \to 0$ の極限において，式 (3.24) は次式の畳込み積分となる．

$$y(t) = \int_{-\infty}^{\infty} x(\tau)g(t-\tau)\,d\tau \tag{3.25}$$

さて，式 (3.25) において，$g(t-\tau)$ を $G(f)$ を用いて表せば次式が得られる．

$$y(t) = \int_{-\infty}^{\infty} x(\tau) \left\{ \int_{-\infty}^{\infty} G(f)\exp[j2\pi f(t-\tau)]\,df \right\} d\tau \tag{3.26}$$

ここで，積分の順序を入れ換えて

$$y(t) = \int_{-\infty}^{\infty} G(f) \left\{ \int_{-\infty}^{\infty} x(\tau)\exp[-j2\pi f\tau]\,d\tau \right\} \exp[j2\pi ft]\,df \tag{3.27}$$

とし，$X(f)$ と $x(\tau)$ のフーリエ変換の関係を用いて，

$$y(t) = \int_{-\infty}^{\infty} G(f)X(f)\exp[j2\pi ft]\,df \tag{3.28}$$

を得る．したがって，$y(t)$ のフーリエ変換 $Y(f)$ は次式を満足する．

$$Y(f) = G(f)X(f) \tag{3.29}$$

このように，時間軸での畳込み積分が周波数軸では，周波数スペクトル密度 $X(f)$ とフィルタの周波数特性 $G(f)$ の積となることがわかる．

$$y(t) = \int_{-\infty}^{\infty} x(\tau)g(t-\tau)\,d\tau \overset{FT}{\longleftrightarrow} Y(f) = G(f)X(f) \tag{3.30}$$

この関係は，式 (2.60) に示した確率密度関数の畳込み積分

$$f_Z(z) = \int_{-\infty}^{\infty} f_Y(z-x) f_X(x)\, dx$$

のフーリエ変換が式 (2.62) の特性関数の積

$$\phi_Z(\xi) = \phi_X(\xi)\phi_Y(\xi)$$

となる関係に相当する[†2]．

$$f_Z(z) = \int_{-\infty}^{\infty} f_Y(z-x) f_X(x)\, dx \overset{FT}{\longleftrightarrow} \phi_Z(\xi) = \phi_X(\xi)\phi_Y(\xi)$$

例題 3.6　フィルタ出力信号の導出

信号 $x(t)$ が，インパルス応答 $g(t)$ をもつフィルタを通過した場合の出力信号 $y(t)$ を求め図示せよ．ただし，信号 $x(t)$ とインパルス応答 $g(t)$ は次の図で与えられるものとする．

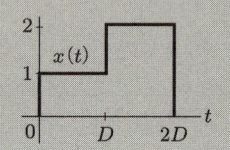

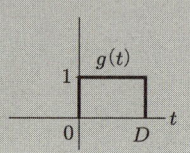

解　畳込み積分は次式で与えられる．

$$y(t) = \int_{-\infty}^{\infty} x(\tau) g(t-\tau)\, d\tau \qquad \text{式 (3.25)} \quad\text{———①}$$

畳込み積分では，$x(\tau)$ と $g(t-\tau)$ の積を τ に関して全領域で積分する．式①における $g(t-\tau) = g(-(\tau-t))$ は，図 (a) に示す $g(\tau)$ を $\tau=0$ を軸として左右反転して $g(-\tau)$ とした後に，τ 軸において正の方向に t 移動したものである．畳込み積分 $y(t)$ の導出では $x(\tau)$ と $g(t-\tau)$ の積を重なっている領域で積分する．以下，(1)〜(4) の 4 つの場合

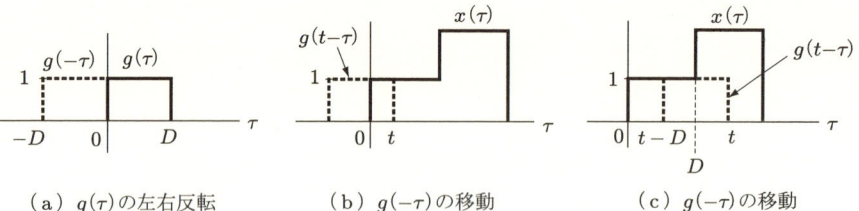

(a) $g(\tau)$ の左右反転
(b) $g(-\tau)$ の移動 ($0 \leq t < D$)
(c) $g(-\tau)$ の移動 ($D \leq t < 2D$)

に分けて考える．

(1) $0 \leq t < D$ の場合

[†2] 特性関数 $\phi(\xi)$ は，式 (2.18) で定義される確率密度関数 $f(x)$ のフーリエ変換 $\phi(\xi) = \int_{-\infty}^{\infty} f(x) \exp[-j\xi x]\, dx$ と考えることができる．

図 (b) に $g(-\tau)$ を移動した $g(t-\tau)$ と $x(\tau)$ を示す．図 (b) において $x(\tau)$ と $g(t-\tau)$ の重なっている部分の幅は t となる．また，$x(\tau)g(t-\tau) = 1$ であることから，この部分の面積は次式で表される．

$$y(t) = t, \quad 0 \leq t < D \qquad\qquad ②$$

(2) $D \leq t < 2D$ の場合

図 (c) に $g(t-\tau)$ と $x(\tau)$ を示す．重なっている部分を2つに分ける．まず，$(t-D, D)$ の範囲における重なりの幅は $D - (t-D) = 2D - t$ であり，また，$x(\tau)g(t-\tau) = 1$ であることから，この範囲の面積は

$$2D - t \qquad\qquad ③$$

となる．次に，(D, t) の範囲における重なりの幅は $(t-D)$ であり，$x(\tau)g(t-\tau) = 2$ であることから，この範囲の面積は

$$2(t - D) \qquad\qquad ④$$

となる．したがって，式③と式④の和より次式を得る．

$$y(t) = t, \quad D \leq t < 2D \qquad\qquad ⑤$$

(3) $2D \leq t < 3D$ の場合

図 (d) に $g(t-\tau)$ と $x(\tau)$ を示す．重なっている部分の幅は $2D - (t-D) = 3D - t$ であり，$x(\tau)g(t-\tau) = 2$ であることから，重なっている部分の面積として次式を得る．

$$y(t) = 6D - 2t, \quad 2D \leq t < 3D \qquad\qquad ⑥$$

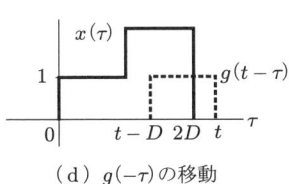

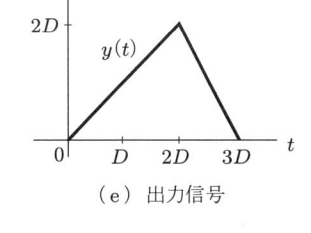

（d）$g(-\tau)$ の移動
$(2D \leq t < 3D)$

（e）出力信号

(4) その他の場合

$x(\tau)$ と $g(t-\tau)$ の重なりがなく，$y(t)$ は次式となる．

$$y(t) = 0, \quad その他 \qquad\qquad ⑦$$

式②，⑤，⑥，⑦より $y(t)$ として次式を得る．

$$y(t) = \begin{cases} t, & 0 \leq t < 2D \\ 6D - 2t, & 2D \leq t < 3D \\ 0, & その他 \end{cases}$$

図 (e) に $y(t)$ を示す．

3.4 自己相関関数

一般に，ランダム性を伴うランダム波形に対して，ランダム性がなく確定した波形は確定波形とよばれる．確定波形ではフーリエ変換を利用して周波数スペクトル密度を評価することができる．しかし，ランダム波形はその発生後に確定波形となるものの，発生前には波形を記述することができない．このため，フーリエ変換の式に $s(t)$ を代入することができず，ランダム波形にフーリエ変換を適用できないことがわかる．このような場合でも本節で述べる**自己相関関数**と，次節で述べる自己相関関数とフーリエ変換の関係にある**電力スペクトル密度**，または，**エネルギースペクトル密度**を用いれば，ランダム波形の電力やエネルギーが周波数軸上でどのように分布するかを知ることができる．

波形 $x(t)$ の自己相関関数 $R(\tau)$ は，波形 $x(t)$ と $x(t)$ を τ ずらした波形 $x(t+\tau)$ の積 $x(t)x(t+\tau)$ を時間平均または集合平均，あるいはその両方を適用したものとして定義できる．

$$R(\tau) = \overline{E[x(t)x(t+\tau)]} \tag{3.31}$$

本節では，時間平均を上線，集合平均を $E[\cdot]$ で表して区別する．波形の性質が，確定的かランダムか，周期的か非周期的か，および，有限時間か無限時間かに分けて自己相関関数を定義する．図 3.10 に波形の特徴の分類を示す．

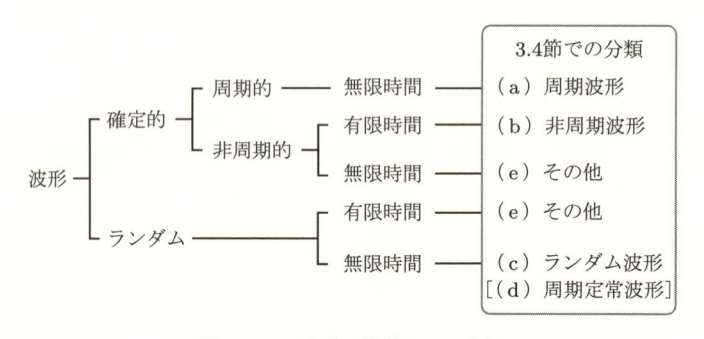

```
                                      ┌─ 3.4節での分類 ─┐
                 ┌─ 周期的 ──── 無限時間 ──│ (a) 周期波形    │
          ┌ 確定的┤                        │ (b) 非周期波形  │
          │      └─ 非周期的┬─ 有限時間 ──│ (e) その他     │
波形 ─────┤                  └─ 無限時間 ──│ (e) その他     │
          │            ┌─ 有限時間 ───────│ (c) ランダム波形│
          └ ランダム ──┤                  │[(d) 周期定常波形]│
                        └─ 無限時間 ──────└─────────────────┘
```

図 3.10 波形の特徴による分類

(a) 周期波形

周期波形は，確定的，周期的，無限時間の特徴をもつ．周期波形の例を図 3.11 (a) に示す．確定波形であるため集合平均の必要はない．時刻 t_1 と $t_2 (\neq t_1)$ において，$x_T(t_1)x_T(t_1+\tau)$ と $x_T(t_2)x_T(t_2+\tau)$ は異なり，時間平均により自己相関関数 $R(\tau)$ を定義する．

3.4 自己相関関数

(a) 周期波形
時間平均
$$R(\tau) = \frac{1}{T}\int_{-T/2}^{T/2} x_T(t)\,x_T(t+\tau)\,dt \quad 式(3.32)$$
FT → 電力スペクトル密度

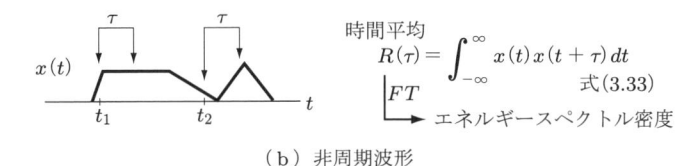

(b) 非周期波形
時間平均
$$R(\tau) = \int_{-\infty}^{\infty} x(t)\,x(t+\tau)\,dt \quad 式(3.33)$$
FT → エネルギースペクトル密度

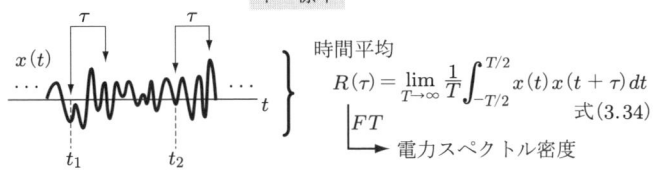

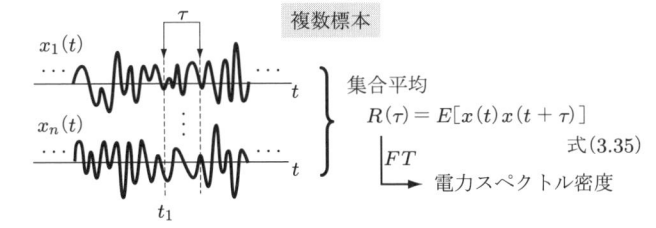

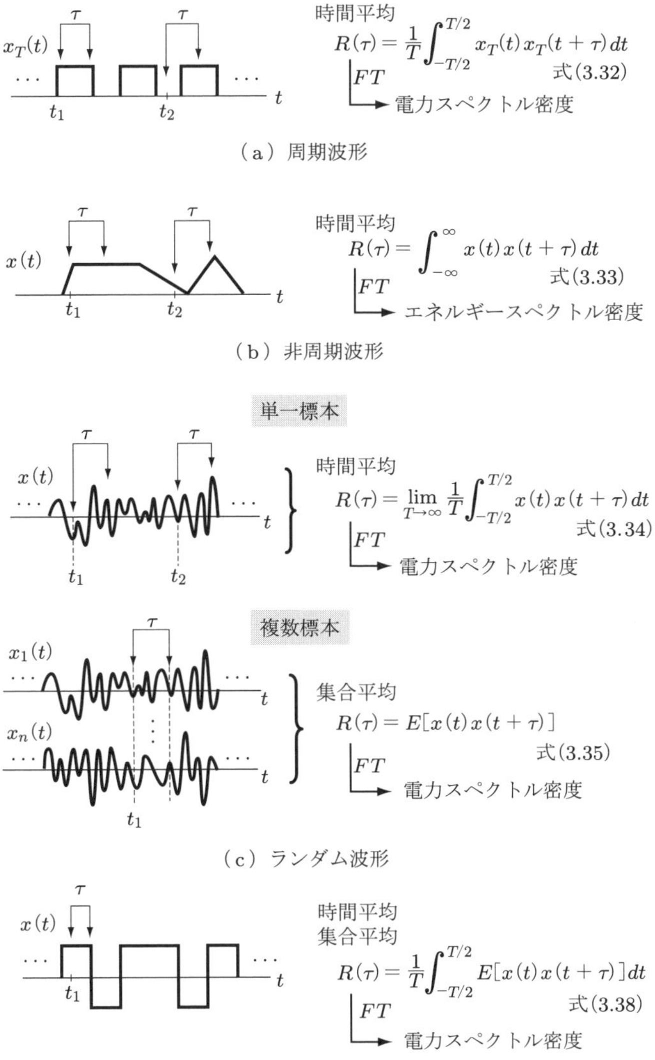

(c) ランダム波形

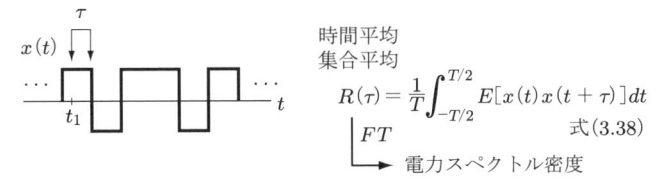

単一標本
時間平均
$$R(\tau) = \lim_{T\to\infty}\frac{1}{T}\int_{-T/2}^{T/2} x(t)\,x(t+\tau)\,dt \quad 式(3.34)$$
FT → 電力スペクトル密度

複数標本
集合平均
$$R(\tau) = E[x(t)\,x(t+\tau)] \quad 式(3.35)$$
FT → 電力スペクトル密度

(d) 周期定常波形
時間平均 集合平均
$$R(\tau) = \frac{1}{T}\int_{-T/2}^{T/2} E[x(t)\,x(t+\tau)]\,dt \quad 式(3.38)$$
FT → 電力スペクトル密度

図 3.11 自己相関関数

$$R(\tau) = \overline{x_T(t)\,x_T(t+\tau)} = \frac{1}{T}\int_{-T/2}^{T/2} x_T(t)\,x_T(t+\tau)\,dt \tag{3.32}$$

ここで，T は $x(t)$ の周期である．$x(t)$ が周期的であるため，自己相関関数 $R(\tau)$ は τ に関して周期 T の周期関数となる．

(b) 非周期波形

確定的，非周期的，有限時間の特徴をもつ非周期波形を考える．非周期波形の例を図 3.11 (b) に示す．この場合には，式 (3.32) の自己相関関数において周期 T を無限大とすればその極限で非周期波形とできる．しかしながら，式 (3.32) において T を無限大にすれば係数 $1/T$ が 0 となるため自己相関関数も 0 となる．このため $1/T$ を省いて次式で自己相関関数 $R(\tau)$ を定義する．

$$R(\tau) = \overline{x(t)x(t+\tau)} = \int_{-\infty}^{\infty} x(t)x(t+\tau)\,dt \tag{3.33}$$

(c) ランダム波形

ランダム，非周期的，無限時間の特徴をもつランダム波形を考える．ランダム波形の例を図 3.11 (c) に示す．図 3.11 (c) の単一標本の場合では 1 つの標本のみを観測している．時刻 t_1 と $t_2(\neq t_1)$ において，$x(t_1)x(t_1+\tau)$ と $x(t_2)x(t_2+\tau)$ は異なり時間平均が必要である．したがって，T を無限大に近づけた極限として自己相関関数 $R(\tau)$ を定義する．

$$R(\tau) = \overline{x(t)x(t+\tau)} = \lim_{T\to\infty} \frac{1}{T}\int_{-T/2}^{T/2} x(t)x(t+\tau)\,dt \tag{3.34}$$

一方，図 3.11 (c) の複数標本の場合では集合平均により自己相関関数を求めることができる．$x(t)$ の標本波形 $x_1(t), x_2(t), \cdots, x_n(t), \cdots$ を観測できる場合に，ある時刻 t_1 と別の時刻 $t_1+\tau$ において $x_1(t_1)x_1(t_1+\tau), x_2(t_1)x_2(t_1+\tau), \cdots, x_n(t_1)x_n(t_1+\tau), \cdots$ を求めて，その平均を自己相関関数とする．ここで，t_1 を一般的に時刻を表す t に表記しなおして，自己相関関数 $R(\tau)$ を次式で表す．

$$R(\tau) = E[x(t)x(t+\tau)] = \int_{-\infty}^{\infty}\int_{-\infty}^{\infty} x_1 x_2 p(x_1, x_2|\tau)\,dx_1 dx_2 \tag{3.35}$$

ここで，$x_1 = x(t)$, $x_2 = x(t+\tau)$ であり，$p(x_1, x_2|\tau)$ は x_1, x_2 の τ による条件付の結合確率密度関数である．$x(t)$ が**エルゴード過程**の場合には時間平均と集合平均は等しく，式 (3.34) と式 (3.35) は一致する．また，x_1 と x_2 が離散的なランダム変数である場合には，条件付の結合確率密度関数 $p(x_1, x_2|\tau)$ を，x_1 と x_2 の τ による条件付の結合確率 $P(x_1, x_2|\tau)$ に置き換えて次式が成立する．

$$R(\tau) = \sum_{\{x_1\}}\sum_{\{x_2\}} x_1 x_2 P(x_1, x_2|\tau) \tag{3.36}$$

(d) 周期定常波形

(c) で述べたランダム波形において，時刻 t_1 を固定した条件付の自己相関関数 $R(\tau|t_1)$

$$R(\tau|t_1) = E[x(t_1)x(t_1+\tau)]$$

が次式を満足して t_1 に関して周期 T の周期関数となる場合に，$x(t)$ は**周期定常過程**であり，その波形は**周期定常波形**とよばれる．周期定常波形はランダム波形に含まれる．

$$R(\tau|t_1) = R(\tau|t_1 + kT), \quad k = 0, \pm 1, \pm 2, \cdots \tag{3.37}$$

周期定常波形の例を図 3.11 (d) に示す．波形 $x(t)$ は T 秒ごとにランダムに ± 1 をとるものとする．図 3.11 (d) において，まず，ある時刻を t_1 とし $x(t_1)x(t_1+\tau)$ に式 (3.35) の集合平均を施して t_1 で条件付けられた自己相関関数 $R(\tau|t_1)$ を求めれば，$R(\tau|t_1)$ は t_1 について周期 T の周期関数となる．次に，$R(\tau|t_1)$ を時間平均すれば自己相関関数 $R(\tau)$ が得られる．

$$R(\tau) = \overline{E[x(t_1)x(t_1+\tau)]} = \frac{1}{T}\int_{-T/2}^{T/2} E[x(t)x(t+\tau)]\,dt \tag{3.38}$$

ここで，t_1 の表記を t に変更している．

(e) その他

(a)，(b)，ならびに，(d) を含む (c) の分類のほか，ランダムで，かつ，有限時間で定義される波形なども考えられるが，これらの波形は工学的な価値が小さいことから本書では省略する．

一般に，波形 $x(t)$ の自己相関関数 $R(\tau|t)$ と $x(t)$ の平均がともに時刻に依存しない場合，$x(t)$ は**弱定常**であるといわれる[†3]．また，$x(t)$ の自己相関関数 $R(\tau)$ は偶関数であり

$$R(\tau) = R(-\tau) \tag{3.39}$$

を満足する．$R(0)$ は，$R(\tau)$ の定義に係数 $1/T$ があれば $x(t)$ の電力を，なければエネルギーを表す．

自己相関関数は1つの関数の相関特性を表すが，$x(t)$ と $y(t)$ が異なる関数である場合に相互の相関特性を表すには**相互相関関数** $R_{XY}(\tau)$ が用いられる．

$$R_{XY}(\tau) = \overline{E[x(t)y(t+\tau)]} \tag{3.40}$$

3.5 電力スペクトル密度とエネルギースペクトル密度

電力スペクトル密度は，信号や雑音などの電力が周波数軸でどのように分布するかを表し，同様に，エネルギースペクトル密度はエネルギーがどのように分布するかを表す．なお，付録 C に電力とエネルギーの違いを述べる．

[†3] 2.2 節では，$x(t)$ の確率密度関数が時刻に依存しない場合に定常であると定義した．この定常は，弱定常と対比して用いられる場合には**強定常**とよばれる．また，厳密には，確率過程 $x(t)$ に対して弱定常，強定常が定義される．

まず，周期 T をもつ周期波形 $x_T(t)$ の周波数軸における電力分布について考える．周期波形 $x_T(t)$ を式 (3.9) のフーリエ級数を用いて表す．

$$x_T(t) = \sum_{n=-\infty}^{\infty} X_n \exp\left[j2\pi \frac{n}{T} t\right] \tag{3.41}$$

$$X_n = \frac{1}{T} \int_{-T/2}^{T/2} x_T(t) \exp\left[-j2\pi \frac{n}{T} t\right] dt \tag{3.42}$$

ここで，X_n は $x_T(t)$ の周波数スペクトルである．周波数スペクトルではなく，周波数スペクトル密度 $X_T(f)$ を求めるには，式 (3.41) をフーリエ変換すればよい．

$$X_T(f) = \sum_{n=-\infty}^{\infty} X_n \delta\left(f - \frac{n}{T}\right) \tag{3.43}$$

ここで，図 3.8 の周波数偏移の関係

$$S(f - f_0) \xleftrightarrow{FT} s(t) \exp[j2\pi f_0 t]$$

を用いている．$x_T(t)$ の $f = n/T$ における周波数成分の電圧が周波数スペクトル X_n である．1 Ω の抵抗を仮定すれば電圧の絶対値の 2 乗が電力となることから，周波数 $f = n/T$ における電力は $|X_n|^2$ となる．なお，$x_T(t)$ は周期波形であり，$f = n/T$ 以外の周波数成分の電力は 0 である．したがって，$x_T(t)$ の電力スペクトル密度 $W(f)$ は次式で表される．

$$W(f) = \sum_{n=-\infty}^{\infty} |X_n|^2 \delta\left(f - \frac{n}{T}\right) \tag{3.44}$$

ある周波数帯 ($f_1 \leq f < f_2$) における $x_T(t)$ の電力 P_o は

$$P_o = \int_{f_1}^{f_2} W(f)\, df$$

で与えられる．ここで，

> フーリエ変換すれば電力スペクトル密度を与える時間関数 $\Gamma(t)$ を導く．

$\Gamma(t)$ は式 (3.44) の電力スペクトル密度 $W(f)$ を逆フーリエ変換して得られる．

$$\Gamma(t) = \int_{-\infty}^{\infty} W(f) \exp[j2\pi ft]\, df = \int_{-\infty}^{\infty} \left[\sum_{n=-\infty}^{\infty} |X_n|^2 \delta\left(f - \frac{n}{T}\right)\right] \exp[j2\pi ft]\, df$$

$$= \sum_{n=-\infty}^{\infty} |X_n|^2 \exp\left[j2\pi \frac{n}{T} t\right] = \sum_{n=-\infty}^{\infty} X_n X_n^* \exp\left[j2\pi \frac{n}{T} t\right] \tag{3.45}$$

ここで，式 (3.19) の関係

$$\int_a^b g(t)\delta(t - t_0) dt = \begin{cases} g(t_0), & a < t_0 < b \\ 0, & その他 \end{cases}$$

において，$a = -\infty$, $b = \infty$, $t = f$, $g(t) = \exp[j2\pi ft]$, $t_0 = n/T$ を代入して用いている．式 (3.42) の周波数スペクトル X_n を時間の変数 u を用いて表し，

$$X_n = \frac{1}{T}\int_{-T/2}^{T/2} x_T(u)\exp\left[-j2\pi\frac{n}{T}u\right]du$$

X_n の複素共役を X_n^* として，式 (3.45) に代入して次式を得る．

$$\begin{aligned}\Gamma(t) &= \sum_{n=-\infty}^{\infty} X_n\exp\left[j2\pi\frac{n}{T}t\right]\left\{\frac{1}{T}\int_{-T/2}^{T/2}x_T(u)\exp\left[-j2\pi\frac{n}{T}u\right]du\right\}^*\\ &= \sum_{n=-\infty}^{\infty} X_n\exp\left[j2\pi\frac{n}{T}t\right]\left\{\frac{1}{T}\int_{-T/2}^{T/2}x_T(u)\exp\left[j2\pi\frac{n}{T}u\right]du\right\}\\ &= \frac{1}{T}\int_{-T/2}^{T/2}x_T(u)\sum_{n=-\infty}^{\infty}X_n\exp\left[j2\pi\frac{n}{T}(u+t)\right]du \quad (3.46)\end{aligned}$$

ここで，$x_T(u)$ を実数として $x_T(u) = x_T^*(u)$ の関係を用いている．さらに，式 (3.41) を $x_T(u+t)$ とした次式

$$x_T(u+t) = \sum_{n=-\infty}^{\infty} X_n\exp\left[j2\pi\frac{n}{T}(u+t)\right]$$

の関係を用いて

$$\Gamma(t) = \frac{1}{T}\int_{-T/2}^{T/2} x_T(u)x_T(u+t)du \tag{3.47}$$

を得る．$\Gamma(t)$ は，t を τ で，u を t で表現すれば，式 (3.32) の周期波形の自己相関関数

$$R(\tau) = \frac{1}{T}\int_{-T/2}^{T/2} x_T(t)x_T(t+\tau)\,dt$$

に一致する．したがって，$\Gamma(\tau) = R(\tau)$ であり，周期波形の自己相関関数のフーリエ変換が電力スペクトル密度 $W(f)$ となることがわかる．なお，ランダム波形についても**自己相関関数 $R(\tau)$ と電力スペクトル密度 $W(f)$ がフーリエ変換の関係にある**．

$$R(\tau) \stackrel{FT}{\longleftrightarrow} W(f) \tag{3.48}$$

次に，非周期波形 $x(t)$ のエネルギースペクトル密度について考える．図 3.8 に示すパーシバルの定理において，$g(t) = h(t) = x(t)$ ならびに $G(f) = H(f) = X(f)$ を代入すれば次式となる．

$$\int_{-\infty}^{\infty} |x(t)|^2 dt = \int_{-\infty}^{\infty} |X(f)|^2 df \tag{3.49}$$

上式の左辺は $x(t)$ のエネルギーであり，これが右辺の $|X(f)|^2$ を周波数軸で積分したものと等しい．このことから，周波数スペクトル密度の絶対値の 2 乗 $|X(f)|^2$ がエネ

ルギースペクトル密度 $W(f)$ となることがわかる[†4].

$$W(f) = |X(f)|^2 \tag{3.50}$$

ある周波数帯 $(f_1 \leq f < f_2)$ における $x(t)$ のエネルギー E_o は

$$E_o = \int_{f_1}^{f_2} W(f)\,df$$

で与えられる．ここで，

> フーリエ変換すれば $x(t)$ のエネルギースペクトル密度 $W(f)$ となる時間関数 $\Gamma(t)$ を導く．

$\Gamma(t)$ は式 (3.50) のエネルギースペクトル密度 $W(f)$ を逆フーリエ変換して得られる．

$$\Gamma(t) = \int_{-\infty}^{\infty} W(f)\exp[j2\pi ft]\,df = \int_{-\infty}^{\infty} |X(f)|^2 \exp[j2\pi ft]\,df$$

$$= \int_{-\infty}^{\infty} X(f)X^*(f)\exp[j2\pi ft]\,df \tag{3.51}$$

式 (3.13) のフーリエ変換の関係において，時間を表す変数を u とする．

$$X(f) = \int_{-\infty}^{\infty} x(u)\exp[-j2\pi fu]\,du$$

この $X(f)$ の複素共役 $X^*(f)$ を式 (3.51) に代入し，$x(t) = x^*(t)$ が成立するとすれば，次式となる．

$$\Gamma(t) = \int_{-\infty}^{\infty} X(f)\exp[j2\pi ft]\left\{\int_{-\infty}^{\infty} x(u)\exp[-j2\pi fu]\,du\right\}^*\,df$$

$$= \int_{-\infty}^{\infty} x(u)\left\{\int_{-\infty}^{\infty} X(f)\exp[j2\pi f(u+t)]\,df\right\}\,du \tag{3.52}$$

さらに，式 (3.14) で $s(t)$ を $x(u+t)$ とした次式

$$x(u+t) = \int_{-\infty}^{\infty} X(f)\exp[j2\pi f(u+t)]\,df$$

の関係を用いて

$$\Gamma(t) = \int_{-\infty}^{\infty} x(u)x(u+t)\,du \tag{3.53}$$

を得る．$\Gamma(t)$ は，u を t で，t を τ で表現すれば，式 (3.33) の確定的な非周期波形の自己相関関数

$$R(\tau) = \int_{-\infty}^{\infty} x(t)x(t+\tau)\,dt$$

[†4] 本書では，電力スペクトル密度とエネルギースペクトル密度をともに $W(f)$ で表しているが，対象とする波形とその自己相関関数 (図 3.11) をみればこれらを容易に区別することができる．

に等しく，$\Gamma(\tau) = R(\tau)$ が成立する．このことから，**非周期波形の自己相関関数 $R(\tau)$ とエネルギースペクトル密度 $W(f)$ がフーリエ変換の関係にあることがわかる**．

$$R(\tau) \xleftrightarrow{FT} W(f) \tag{3.54}$$

さて，ここで，フィルタの入出力における電力スペクトル密度ならびにエネルギースペクトル密度の関係について考える．

> フィルタの周波数特性を $G(f)$，フィルタの入力波形の電力スペクトル密度またはエネルギースペクトル密度を $W_X(f)$，フィルタの出力波形の電力スペクトル密度またはエネルギースペクトル密度を $W_Y(f)$ とすれば，次式が成立する．
>
> $$W_Y(f) = |G(f)|^2 W_X(f) \tag{3.55}$$

以下，周期波形と非周期波形について式 (3.55) の導出を示す．まず，周波数スペクトル密度 $X_T(f)$ をもつ周期波形 $x_T(t)$ をフィルタに入力すれば，フィルタの出力波形 $y_T(t)$ の周波数スペクトル密度 $Y_T(f)$ は式 (3.29)

$$Y(f) = G(f)X(f)$$

および，式 (3.43)

$$X_T(f) = \sum_{n=-\infty}^{\infty} X_n \delta\left(f - \frac{n}{T}\right)$$

より次式で表される．

$$\begin{aligned} Y_T(f) &= G(f)X_T(f) \\ &= \sum_{n=-\infty}^{\infty} G(f) X_n \delta\left(f - \frac{n}{T}\right) \end{aligned} \tag{3.56}$$

ここで，周波数 $f = n/T$ における $y_T(t)$ の周波数スペクトル Y_n が $G(n/T)X_n$ であることから，フィルタ出力波形 $y_T(t)$ の電力スペクトル密度 $W_Y(f)$ は次式で表される．

$$W_Y(f) = \sum_{n=-\infty}^{\infty} |G(f)|^2 |X_n|^2 \delta\left(f - \frac{n}{T}\right) \tag{3.57}$$

式 (3.44) に示す $x_T(t)$ の電力スペクトル密度

$$W(f) = \sum_{n=-\infty}^{\infty} |X_n|^2 \delta\left(f - \frac{n}{T}\right)$$

を $W_X(f)$ とすれば，式 (3.57) は式 (3.55)

$$W_Y(f) = |G(f)|^2 W_X(f)$$

となる．このように，周期波形に対して，フィルタの出力波形 $y_T(t)$ の電力スペクトル密度 $W_Y(f)$ は，フィルタの入力波形の電力スペクトル密度 $W_X(f)$ にフィルタの周

波数特性による重み $|G(f)|^2$ を乗じたものになることがわかる．この関係は，ランダム波形に対しても有効である．

次に，周波数スペクトル密度 $X(f)$ をもつ非周期波形 $x(t)$ をフィルタに入力して，周波数スペクトル密度 $Y(f)$ をもつ非周期波形 $y(t)$ が出力されたとする．$y(t)$ のエネルギースペクトル密度 $W_Y(f)$ は，$x(t)$ のエネルギースペクトル密度を表す式 (3.50)

$$W(f) = |X(f)|^2$$

の関係より，

$$W_Y(f) = |Y(f)|^2$$

で表される．さらに，式 (3.29)

$$Y(f) = G(f)X(f)$$

を用いれば，$W_Y(f)$ は次式で表される．

$$W_Y(f) = |Y(f)|^2 = |G(f)|^2 |X(f)|^2 \tag{3.58}$$

ここで，

$$W_X(f) = |X(f)|^2$$

を式 (3.58) に代入すれば，式 (3.55)

$$W_Y(f) = |G(f)|^2 W_X(f)$$

が得られる．この関係は，$W_X(f)$ と $W_Y(f)$ がフィルタの入力波形と出力波形の電力スペクトル密度である場合と同様に，エネルギースペクトル密度である場合にも成立することがわかる．

例題 3.7　方形波の自己相関関数とエネルギースペクトル密度

次の図に示す方形波 $x(t)$ の自己相関関数 $R(\tau)$ とエネルギースペクトル密度 $W(f)$ を求めよ．

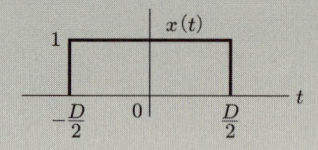

解　確定的な非周期波形の自己相関関数は次式で与えられる．

$$R(\tau) = \int_{-\infty}^{\infty} x(t)x(t+\tau)\, dt \quad 式 (3.33)$$

ここで，$x(t)$ と $x(t+\tau)$ の例を図 (a) に示す．以下の (1)〜(3) の 3 つの場合に分けて考える．

(1) $0 \leq \tau \leq D$ の場合

図 (a) において，$x(t)$ と $x(t+\tau)$ の重なっている斜線部の面積より次式を得る．

$$R(\tau) = \left(\frac{D}{2} - \tau\right) - \left(-\frac{D}{2}\right) = D - \tau \qquad \text{①}$$

(2) $D < \tau$ の場合

$x(t)$ と $x(t+\tau)$ の重なりがなく

$$R(\tau) = 0 \qquad \text{②}$$

となる．

(3) $\tau < 0$ の場合

自己相関関数が偶関数であるため，

$$R(\tau) = R(-\tau) \qquad \text{③}$$

の関係より $R(\tau)$ を求めることができる．

したがって，式①，②，③の結果より，自己相関関数 $R(\tau)$ として次式を得る．

$$R(\tau) = \begin{cases} D - |\tau|, & |\tau| \leq D \\ 0, & |\tau| > D \end{cases}$$

図 (b) に $R(\tau)$ を示す．エネルギースペクトル密度 $W(f)$ は自己相関関数 $R(\tau)$ をフーリエ変換して得られる．図 (c) にエネルギースペクトル密度 $W(f)$ を示す．

> **参考**：例題 3.5 に 3 角波のフーリエ変換の計算過程を示す．例題の $s(t)$ が $R(\tau)$ に対応するが，$s(0) = 1$，$R(0) = D$ の違いがあるため，$W(f)$ は例題の $S(f)$ の D 倍となる．

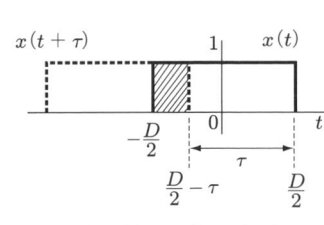

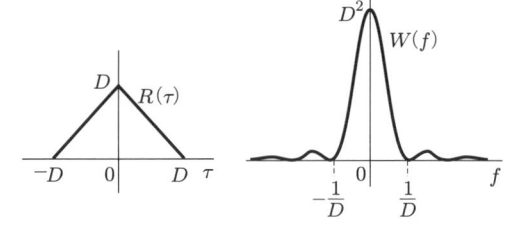

(a) $x(t)$ と $x(t+\tau)$ の例　　(b) 自己相関関数　　(c) エネルギースペクトル密度

例題 3.8 ランダムインパルス列の自己相関関数と電力スペクトル密度

インパルスの符号が正負ランダムに発生し，その間隔が等しく T である無限インパルス列を $x(t)$ とする．$x(t)$ の自己相関関数 $R(\tau)$ と電力スペクトル密度 $W(f)$ を求めよ．

解 まず，$x(t)$ を次式で表す．
$$x(t) = \sum_{k=-\infty}^{\infty} a_k \delta(t-kT) \quad\text{——①}$$
ここで，a_k はランダムに ± 1 をとる．$x(t)$ がランダム波形であるため集合平均で相関関数を表す．
$$R(\tau) = E[x(t)x(t+\tau)] \quad \text{式 (3.35)} \quad\text{——②}$$
下図に $x(t)$ と $x(t+\tau)$ を示す．式①を式②に代入して次式を得る．
$$E[x(t)x(t+\tau)] = \sum_{k=-\infty}^{\infty}\sum_{m=-\infty}^{\infty} E[a_k a_m]\delta(t-kT)\delta(t-mT+\tau)$$
ここで，a_k と a_m は $k \neq m$ において統計的に独立であり，
$$E[a_k] = \frac{1}{2}(+1) + \frac{1}{2}(-1) = 0$$
$$E[a_k a_m] = \begin{cases} E[a_k^2] = \frac{1}{2}(-1)^2 + \frac{1}{2}(+1)^2 = 1, & k=m \\ E[a_k]E[a_m] = 0, & k \neq m \end{cases}$$
の関係が成立する．したがって，$E[x(t)x(t+\tau)]$ は $k=m$ の場合のみ値をもち次式で表される．
$$E[x(t)x(t+\tau)] = \sum_{k=-\infty}^{\infty} \delta(t-kT)\delta(t-kT+\tau) \quad\text{——③}$$

$x(t)$ と $x(t+\tau)$

式③は t に関して周期的であることから，$x(t)$ は周期定常となることがわかる．

次に，周期定常過程の自己相関関数
$$R(\tau) = \frac{1}{T}\int_{-T/2}^{T/2} E[x(t)x(t+\tau)]\,dt \quad \text{式 (3.38)}$$
に式③を適用して次式を得る．
$$R(\tau) = \frac{1}{T}\int_{-T/2}^{T/2} \sum_{k=-\infty}^{\infty} \delta(t-kT)\delta(t-kT+\tau)\,dt$$

$$= \frac{1}{T}\sum_{k=-\infty}^{\infty}\int_{-T/2}^{T/2}\delta(t-kT)\delta(t-kT+\tau)\,dt = \frac{1}{T}\delta(\tau)$$

ここで，$a = -T/2$，$b = T/2$，$t_0 = kT$，$g(t) = \delta(t - kT + \tau)$ とおいて，

$$\int_a^b g(t)\delta(t-t_0)\,dt = \begin{cases} g(t_0), & a < t_0 < b \\ 0, & その他 \end{cases} \quad 式(3.19)$$

の関係を用いている．さらに，電力スペクトル密度 $W(f)$ は，$R(\tau)$ をフーリエ変換して得られ次式となる．

$$R(\tau) = \frac{1}{T}\delta(\tau) \quad \overset{FT}{\longleftrightarrow} \quad W(f) = \frac{1}{T}$$

ここで，

$$\delta(t) \quad \overset{FT}{\longleftrightarrow} \quad 1 \qquad 式(3.21)$$

の関係を用いている．

3.6 等価低域表現

信号 $x(t)$ の周波数スペクトル密度が周波数軸上で 0 でない特定の周波数の近傍にのみ存在する場合，$x(t)$ は**帯域信号**とよばれる．帯域信号の周波数スペクトル密度の例を図 3.12 (a) に実線で示す．信号の周波数そのものではなく，信号の中心周波数 f_0 からの周波数差を用いた伝送系を等価低域系とよぶ．帯域信号 $x(t)$ はその**複素包絡線** $\tilde{x}(t)$ を用いて次式で表される．

$$\begin{aligned}x(t) &= Re\left\{\tilde{x}(t)\exp[j2\pi f_0 t]\right\} \\ &= \frac{\tilde{x}(t)\exp[j2\pi f_0 t] + \{\tilde{x}(t)\exp[j2\pi f_0 t]\}^*}{2}\end{aligned} \quad (3.59)$$

ここで，$\tilde{x}(t)$ は等価低域系の信号を表し，**等価低域信号**ともよばれる．信号解析において，帯域信号ではなくその等価低域信号を用いれば，$\cos 2\pi f_0 t$, $\sin 2\pi f_0 t$ や $\exp[j2\pi f_0 t]$ を考える必要がないため解析を簡潔にかつ容易にすることができる．式 (3.59) をフーリエ変換すれば，帯域信号 $x(t)$ の周波数スペクトル密度 $X(f)$ と，その等価低域信号 $\tilde{x}(t)$ の周波数スペクトル密度 $\tilde{X}(f)$ の関係が得られる．

$$X(f) = \frac{\tilde{X}(f - f_0) + \tilde{X}^*(-f - f_0)}{2} \quad (3.60)$$

ここで，式 (3.59) 右辺第 2 項のフーリエ変換では，

$$\int_{-\infty}^{\infty}\{\tilde{x}(t)\exp[j2\pi f_0 t]\}^* \exp[-j2\pi ft]\,dt = \left\{\int_{-\infty}^{\infty}\tilde{x}(t)\exp[-j2\pi(-f-f_0)t]\,dt\right\}^*$$

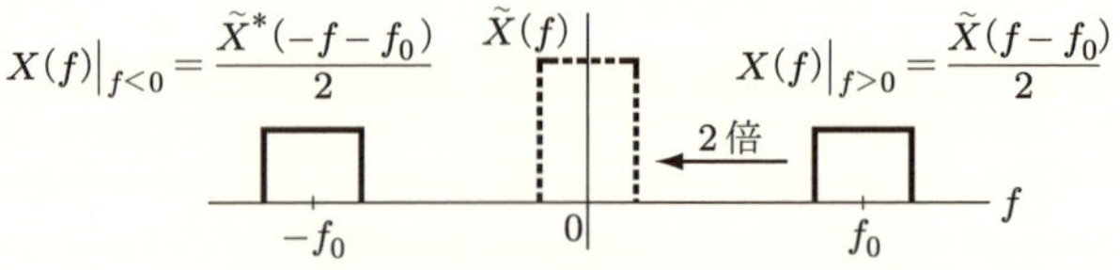

の関係を用いている．図 3.12 (a) に示すように，$\tilde{X}(f)$ は $X(f)$ の周波数が正の成分を負の方向に f_0 移動して 2 倍としたものとなる．

> 帯域フィルタのインパルス応答を $g(t)$，その等価低域インパルス応答を $h(t)$ とすれば，次式が成立する．
> $$g(t) = 2Re\{h(t)\exp[j2\pi f_0 t]\} \tag{3.61}$$

以下，式 (3.61) の導出を示す．まず，周波数特性が $G(f)$ の帯域フィルタの等価低域周波数特性 $H(f)$ を，$G(f)$ の周波数が正の成分を負の方向に f_0 移動して定義する．

$$H(f) = G(f + f_0) \tag{3.62}$$

図 3.12 (b) に $H(f)$ と $G(f)$ の関係を示す．次に，帯域フィルタのインパルス応答 $g(t)$ を $G(f)$ の逆フーリエ変換を用いて次式で表す．

$$\begin{aligned}g(t) &= \int_{-\infty}^{\infty} G(f)\exp[j2\pi ft]\,df \\ &= \int_{0}^{\infty} G(f)\exp[j2\pi ft]\,df + \int_{-\infty}^{0} G(f)\exp[j2\pi ft]\,df\end{aligned} \tag{3.63}$$

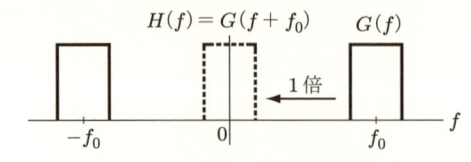

ここで，第 2 式第 2 項の積分範囲を $[0, \infty]$ とし，$f = -v$ の変数変換を行って次式を得る．

$$g(t) = \int_{0}^{\infty} G(f)\exp[j2\pi ft]\,df + \int_{0}^{\infty} G(-v)\exp[-j2\pi vt]\,dv \tag{3.64}$$

さらに，$g(t)$ が実数時間関数であることから，式 (3.18) の $S(f)$ を $G(v)$ として

$$G(-v) = G^*(v)$$

が成立し，

$$g(t) = \int_0^\infty G(f)\exp[j2\pi ft]\,df + \left\{\int_0^\infty G(v)\exp[j2\pi vt]\,dv\right\}^*$$
$$= 2Re\left\{\int_0^\infty G(f)\exp[j2\pi ft]\,df\right\} \tag{3.65}$$

となる．最後に，$G(f) = H(f - f_0)$ とおき，$f < 0$ において $H(f - f_0) = 0$ であることを考慮すれば，帯域フィルタのインパルス応答 $g(t)$ は，その等価低域フィルタのインパルス応答 $h(t)$ を用いて次式で表される．

$$g(t) = 2Re\left\{\int_{-\infty}^\infty H(f-f_0)\exp[j2\pi ft]\,df\right\}$$
$$= 2Re\left\{\int_{-\infty}^\infty H(s)\exp[j2\pi st]\,ds \cdot \exp[j2\pi f_0 t]\right\}$$
$$= 2Re\{h(t)\exp[j2\pi f_0 t]\} \tag{3.66}$$

ここで，$h(t)$ が等価低域フィルタのインパルス応答であり，$s = f - f_0$ の変数変換を用いている．

続いて，フィルタの入力信号と出力信号の関係を，フィルタの等価低域周波数特性 $H(f)$ を用いて表現する．

> フィルタの等価低域周波数特性を $H(f)$，フィルタの入力信号と出力信号の等価低域周波数スペクトル密度を，それぞれ，$\tilde{X}(f)$，$\tilde{Y}(f)$ とすれば，次式が成立する．
> $$\tilde{Y}(f) = H(f)\tilde{X}(f) \tag{3.67}$$

以下，式 (3.67) について解説する．まず，フィルタのインパルス応答を $g(t)$，周波数特性を $G(f)$ とすれば，式 (3.62) より

$$G(f)|_{f>0} = H(f - f_0)$$

となる．$g(t)$ が実数時間関数であることから式 (3.18) を用いて，

$$G(-f) = G^*(f)$$

が成立し，

$$G(f)|_{f<0} = H^*(-f - f_0)$$

が得られる．したがって，$G(f)$ は $H(f)$ を用いて次式で表される．

$$G(f) = H(f - f_0) + H^*(-f - f_0) \tag{3.68}$$

次に，式 (3.60) を用いて $X(f)$ を $\tilde{X}(f)$ で表し，式 (3.68) とともに式 (3.29)

の右辺に代入すれば次式となる.

$$Y(f) = \{H(f-f_0) + H^*(-f-f_0)\}\frac{\tilde{X}(f-f_0) + \tilde{X}^*(-f-f_0)}{2}$$
$$= \frac{H(f-f_0)\tilde{X}(f-f_0) + H^*(-f-f_0)\tilde{X}^*(-f-f_0)}{2} \quad (3.69)$$

ここで,フィルタ出力における帯域信号の周波数スペクトル密度 $Y(f)$ と,その等価低域信号の周波数スペクトル密度 $\tilde{Y}(f)$ が,式 (3.60) と同様に

$$Y(f) = \frac{\tilde{Y}(f-f_0) + \tilde{Y}^*(-f-f_0)}{2} \quad (3.70)$$

の関係にあることから,式 (3.69) と式 (3.70) を比較して式 (3.67) が得られる.

さて,確定的な非周期波形をもつ帯域信号 $x(t)$ の自己相関関数 $R_X(\tau)$ と,その等価低域信号 $\tilde{x}(t)$ の自己相関関数 $R_{\tilde{X}}(\tau)$ について考える.

> 確定的な非周期波形の等価低域信号 $\tilde{x}(t)$ の自己相関関数 $R_{\tilde{X}}(\tau)$ を次式で定義する.
> $$R_{\tilde{X}}(\tau) = \frac{1}{2}\int_{-\infty}^{\infty} \tilde{x}^*(t)\tilde{x}(t+\tau)\,dt \quad (3.71)$$

以下,式 (3.71) について解説する.なお,3.4 節で定義したランダム波形についても式 (3.71) のように複素共役と係数 1/2 を用いて,帯域信号の自己相関関数を定義することができる.

式 (3.33) より $R_X(\tau)$ は次式で表される.

$$R_X(\tau) = \int_{-\infty}^{\infty} x(t)x(t+\tau)\,dt \quad (3.72)$$

ここで,$x(t)$ ならびに $x(t+\tau)$ を式 (3.59) の第 2 式を用いて表せば

$$R_X(\tau) = \mathrm{Re}\left\{\int_{-\infty}^{\infty} \frac{1}{2}\tilde{x}(t)\tilde{x}(t+\tau)\exp[j4\pi f_0 t]\,dt \cdot \exp[j2\pi f_0 \tau]\right\}$$
$$+ \mathrm{Re}\left\{\int_{-\infty}^{\infty} \frac{1}{2}\tilde{x}^*(t)\tilde{x}(t+\tau)\,dt \cdot \exp[j2\pi f_0 \tau]\right\} \quad (3.73)$$

が得られる.式 (3.73) において,右辺第 1 項の積分は,被積分関数として $\exp[j4\pi f_0 t]$ を含んでおり,f_0 が大きい場合には,第 2 項の積分と比較して十分に小さい.このため,式 (3.73) は第 1 項を無視して次式で近似できる.

$$R_X(\tau) = \mathrm{Re}\left\{\int_{-\infty}^{\infty} \frac{1}{2}\tilde{x}^*(t)\tilde{x}(t+\tau)\,dt \cdot \exp[j2\pi f_0 \tau]\right\} \quad (3.74)$$

ここで,等価低域信号 $\tilde{x}(t)$ の自己相関関数 $R_{\tilde{X}}(\tau)$ を

$$R_{\tilde{X}}(\tau) = \frac{1}{2}\int_{-\infty}^{\infty} \tilde{x}^*(t)\tilde{x}(t+\tau)\,dt \tag{3.75}$$

として，複素共役と係数 1/2 を加えて定義することにより，帯域信号の自己相関関数 $R_X(\tau)$ と等価低域信号の自己相関関数 $R_{\tilde{X}}(\tau)$ の関係を，式 (3.59)

$$x(t) = Re\{\tilde{x}(t)\exp[j2\pi f_0 t]\}$$

と同様の形式で表現することができる[†5]．

$$R_X(\tau) = Re\{R_{\tilde{X}}(\tau)\exp[j2\pi f_0 \tau]\} \tag{3.76}$$

このように定義すれば

$$R_{\tilde{X}}(0) = \frac{1}{2}\int_{-\infty}^{\infty} |\tilde{x}(t)|^2\,dt \tag{3.77}$$

は確定的な非周期波形をもつ帯域信号 $x(t)$ のエネルギーを表す．

いま，等価低域信号 $\tilde{x}(t)$ が等価低域インパルス応答 $h(t)$ のフィルタを通過する場合の電力スペクトル密度と，エネルギースペクトル密度について考える．

フィルタの等価低域周波数特性を $H(f)$，フィルタの入力信号の電力スペクトル密度またはエネルギースペクトル密度を $W_{\tilde{X}}(f)$，フィルタの出力信号の電力スペクトル密度またはエネルギースペクトル密度を $W_{\tilde{Y}}(f)$ とすれば，次式が成立する．

$$W_{\tilde{Y}}(f) = |H(f)|^2 W_{\tilde{X}}(f) \tag{3.78}$$

以下，確定的な非周期波形をもつ帯域信号について，式 (3.78) の導出を示す．まず，式 (3.53) から式 (3.51) へ戻す式変形を参考にして，等価低域信号 $\tilde{y}(t)$ の自己相関関数

$$R_{\tilde{Y}}(\tau) = \frac{1}{2}\int_{-\infty}^{\infty} \tilde{y}^*(t)\tilde{y}(t+\tau)\,dt \tag{3.79}$$

を，フーリエ変換を用いて変形すれば

$$R_{\tilde{Y}}(\tau) = \int_{-\infty}^{\infty} \frac{1}{2}|\tilde{Y}(f)|^2 \exp[j2\pi f\tau]\,df \tag{3.80}$$

となり，$R_{\tilde{Y}}(\tau)$ のフーリエ変換として，$\tilde{y}(t)$ のエネルギースペクトル密度 $W_{\tilde{Y}}(f)$ が得られる．

$$W_{\tilde{Y}}(f) = \frac{1}{2}|\tilde{Y}(f)|^2 \tag{3.81}$$

一方，フィルタの出力信号 $\tilde{y}(t)$ の周波数スペクトル密度 $\tilde{Y}(f)$ は，式 (3.67) よりフィルタの入力信号 $\tilde{x}(t)$ の周波数特性 $\tilde{X}(f)$ とフィルタの周波数特性 $H(f)$ の積となる．

[†5] 等価低域系の自己相関関数と同様にして，$\tilde{x}(t)$ と $\tilde{y}(t)$ の相互相関関数 $R_{\tilde{X}\tilde{Y}}(\tau)$ は，$R_{\tilde{X}\tilde{Y}}(\tau) = (1/2)\int_{-\infty}^{\infty} \tilde{x}^*(t)\tilde{y}(t+\tau)dt$ で表される．

$$\tilde{Y}(f) = H(f)\tilde{X}(f)$$

したがって，フィルタの出力信号 $\tilde{y}(t)$ のエネルギースペクトル密度 $W_{\tilde{Y}}(f)$ は

$$W_{\tilde{Y}}(f) = \frac{1}{2}|\tilde{Y}(f)|^2 = \frac{1}{2}|H(f)\tilde{X}(f)|^2 \tag{3.82}$$

で表され，さらに，$\tilde{x}(t)$ のエネルギースペクトル密度 $W_{\tilde{X}}(f) = (1/2)|\tilde{X}(f)|^2$ を代入すれば，式 (3.78)

$$W_{\tilde{Y}}(f) = |H(f)|^2 W_{\tilde{X}}(f)$$

が得られる．ここでは，確定的な非周期波形をもつ帯域信号におけるエネルギースペクトル密度の関係を示したが，3.4 節で定義したランダム波形についても，フィルタの入出力における等価低域信号の電力スペクトル密度をそれぞれ $W_{\tilde{X}}(f)$，$W_{\tilde{Y}}(f)$ とすれば，式 (3.78) が成立する．

図 3.13 に帯域信号と等価低域信号のフィルタ入出力の関係を示す．

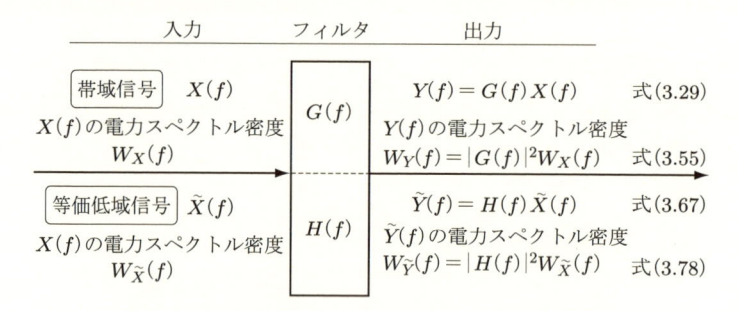

図 3.13 等価低域におけるフィルタ入出力の関係

■ 演習問題 ■

3-1 $s(t)$ のフーリエ変換 $S(f)$ を求めよ．

$$s(t) = \begin{cases} 1, & -\dfrac{D}{4} \leq t < \dfrac{3D}{4} \\ 0, & その他 \end{cases}$$

3-2 単位ステップ関数 $u(t)$ を用いて方形波 $g(t)$ を次のように表す．

$$g(t) = u\left(t + \frac{D}{2}\right) - u\left(t - \frac{D}{2}\right)$$

この式の両辺を微分した後にフーリエ変換することで，$g(t)$ のフーリエ変換 $G(f)$ を求めよ[1]．ただし，左辺のフーリエ変換には図 3.8 の微分の性質を用いること．

3-3 図 3.8 に示した時間遅延，周波数偏移，微分に関するフーリエ変換の性質を導け．

3-4 有限時間で定義された時間関数 $g(t)$ とそのフーリエ変換 $G(f)$ において，$H(f) = G(2f)$ の逆フーリエ変換 $h(t)$ を $g(t)$ を用いて表せ．また，時間領域における $h(t)$ と $g(t)$ のエネルギーの関係を述べよ．

3-5 インパルス応答が $h(t) = c_1\delta(t-\tau_1) + c_2\delta(t-\tau_2)$ の遅延通信路の周波数特性 $H(f)$ を求め図示せよ．

3-6 インパルス応答が $g(t)$ で表されるフィルタに，$x(t)$ が入力された場合の出力 $y(t)$ を求めよ．

$$g(t) = \begin{cases} \dfrac{t}{D}, & 0 < t \leq D \\ 0, & その他 \end{cases}$$

$$x(t) = \begin{cases} 1, & 0 \leq t < D \\ 2, & D \leq t < 2D \\ 0, & その他 \end{cases}$$

3-7 方形波 $x(t)$ のエネルギースペクトル密度 $W(f)$ を，$x(t)$ の周波数スペクトル密度 $X(f)$ を用いて導出せよ．

$$x(t) = \begin{cases} 1, & -\dfrac{D}{2} \leq t < \dfrac{D}{2} \\ 0, & その他 \end{cases}$$

3-8 振幅が 1 または -1 で幅が T の方形波からなるランダムパルス列 $x(t)$ は周期定常過程である．

$$x(t) = \sum_{n=-\infty}^{\infty} a_n g(t-nT)$$

$$g(t) = \begin{cases} 1, & -\dfrac{T}{2} \leq t < \dfrac{T}{2} \\ 0, & その他 \end{cases}$$

ここで，a_n はランダムに ± 1 をとる．$x(t)$ の自己相関関数 $R(\tau)$ を式 (3.35) に示す集合平均を用いて導出せよ．

# 第4章

最適受信

最適受信は誤り率を最小とする受信方法であり，それを達成する受信機が最適受信機である．最適受信は，単一パルスの送信信号に雑音が加わった場合に誤り率を最小化することとして解説されることが多い．しかしながら，干渉やフェージングなどが存在する通信路における最適受信は，これらを考慮した上で誤り率を最小化することを意味する．また，誤り率が送信情報系列に依存する場合や，符号化を行って故意に送信情報系列に相関をもたせた場合の，誤り率を最小化する系列推定や復号法も最適受信に含まれる．

本章では，ガウス雑音通信路における最適受信を対象として，送信フィルタ設計，受信フィルタ設計 [11],[13] といったハードウェア的な技術と，**標本化**[†1] の後に受信電圧あるいはその系列から送信情報を判定するソフトウェア的な技術としての判定規則 [3],[4] について述べる．

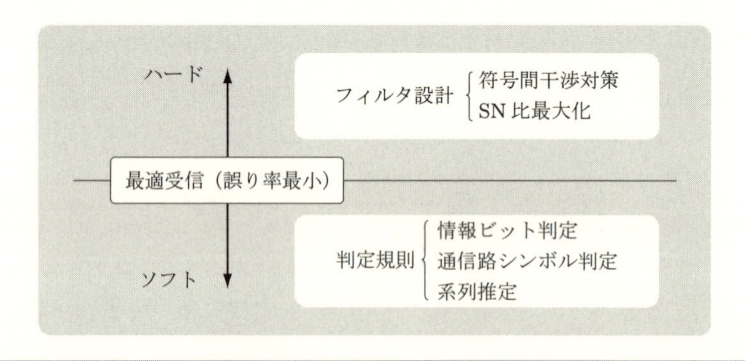

```
ハード
    フィルタ設計 { 符号間干渉対策
                 SN比最大化
最適受信（誤り率最小）
    判定規則 { 情報ビット判定
              通信路シンボル判定
              系列推定
ソフト
```

4.1 波形伝送と符号間干渉

受信機において，信号の帯域制限や波形整形を行うフィルタが**受信フィルタ**である．一般に，雑音の電力スペクトル密度はすべての周波数において一定であるため，受信フィルタの帯域幅が広い場合にはその帯域幅に比例して受信機に混入する雑音の電力が増加する．したがって，雑音電力を小さくするためには狭い帯域幅の受信フィルタが望ましい．一方，受信フィルタの帯域幅が信号の帯域幅と比較して狭い場合には

[†1] 時間波形の代表点が標本であり，その電圧値を得ることが標本化である (6.1 節参照)．

ひずみが発生し，シンボル波形の時間幅が長くなって，連続するシンボル波形の重複が発生する．これは**符号間干渉**とよばれ高速伝送の阻害要因となる．このため，受信フィルタ設計では送信シンボル波形と伝送速度に適した周波数特性ならびに帯域幅を選択する必要がある．

図 4.1 に符号間干渉の例を示す．シンボル電圧の正負で 1 ビット情報を表すものとし，図 4.1 (a) の左側には単一シンボルを，同図の右側にはシンボル系列を伝送する場合の波形を示す．これらの波形に**帯域制限**を行うと，それぞれのシンボル波形に存在する周波数成分の中で，高い周波数の成分が除去されるため，図 4.1 (b) のようにシンボル波形に角のない滑らかな波形となる．このとき，単一シンボル波形は情報 "1" に対して時刻 t_1 で電圧 v_1 を，時刻 t_2 で v_2 をとるものとする．いま，シンボル系列伝送の 2 番目のシンボルを着目シンボルとし，時刻 t_3 の受信電圧を考える．図 4.1 (a) の帯域制限のない場合には着目シンボルの電圧が $-v_0$ となるが，図 4.1 (b) の帯域制限のある場合では着目シンボルである 2 番目のシンボルの電圧 $-v_1$ に 1 番目のシンボルの尾ひれの電圧 v_2 が加わり $-v_1 + v_2$ となる．このため，着目シンボルの電圧の絶対値が減少すると同時に 1 番目のシンボル電圧の影響を受ける．この影響を先行 1 シ

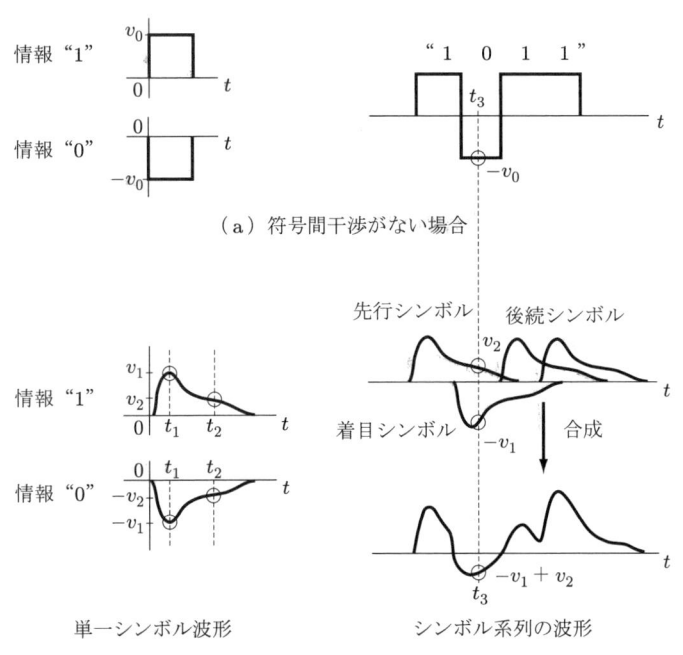

(a) 符号間干渉がない場合

(b) 符号間干渉がある場合

図 4.1 符号間干渉

ンボルからの符号間干渉という．シンボルの尾ひれが長い場合には，先行1シンボルに加えて，先行2シンボル，先行3シンボル等からの符号間干渉が発生する．これらの先行シンボルから着目シンボルに加わる電圧が符号間干渉成分である．なお，ここでは，先行シンボルからの符号間干渉の例を示したが，後続シンボルからの符号間干渉も存在する．

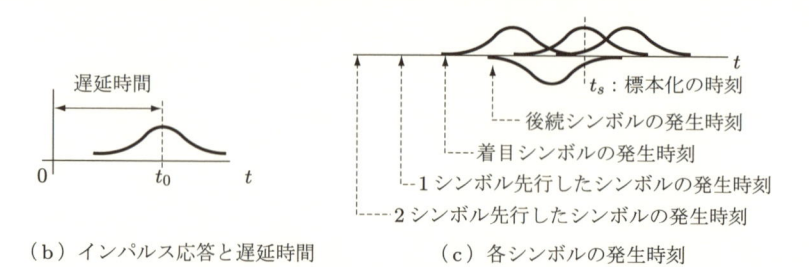

例題 4.1　後続シンボルからの符号間干渉と因果律

符号間干渉には，先行シンボルからの符号間干渉と後続シンボルからの符号間干渉がある．着目シンボルが，時間的に後で発生する後続シンボルからの符号間干渉の影響を受けることは，因果律に反するかどうか論じよ．

解　次の図 (a) に後続シンボルからの符号間干渉の例を示す．ここでは，図 4.1 (a) の右側に示した "1011" の 4 シンボルの伝送を仮定し，第 3 シンボルを着目シンボルとしている．着目シンボルは，標本化の時刻 t_s において，先行の 2 シンボルと後続の 1 シンボルの符号間干渉の影響を受けている．

　図 (a) で用いた左右対称のようなシンボルの場合に，後続シンボルからの符号間干渉が発生する．さて，このようなシンボルを発生させるには，図 (b) に示すように十分に長い遅延時間 t_0 が必要である．図 (c) に，先行する 2 シンボル，着目シンボル，後続シンボルの発生時刻を示す．明らかに後続シンボルの発生時刻は着目シンボルの標本化の時刻 t_s 以前であるので因果律を満足しており，かつ，先行シンボルのみならず，後続シンボルからの符号間干渉の影響を受けることがわかる．

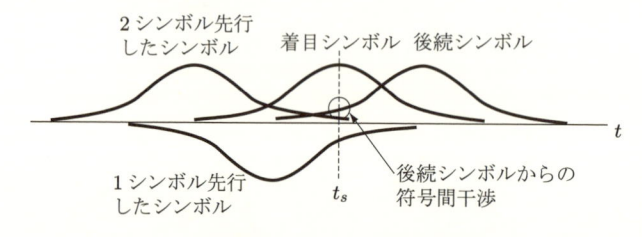

（a）後続シンボルからの符号間干渉

（b）インパルス応答と遅延時間

（c）各シンボルの発生時刻

4.1　波形伝送と符号間干渉

符号間干渉は送信情報系列に依存し，先行シンボルと着目シンボルでパルスの正負の符号が異なれば，図 4.1 (b) のように着目シンボルの絶対値が小さくなり誤り率は悪くなる．一方，パルスの符号が同一の場合には，着目シンボルの絶対値は大きくなり誤り率が良くなる．このような場合でも，**平均誤り率**で評価すれば全体として悪くなる．例えば，良くなった誤り率を 10^{-8}，悪くなった誤り率を 10^{-3} とすれば，これらの平均誤り率は $(1/2) \times (10^{-8} + 10^{-3}) \approx (1/2) \times 10^{-3}$ となり，良くなった誤り率 10^{-8} はほとんど平均誤り率に寄与しないことがわかる．

さて，十分な時間をおいてから次のシンボルを送出すれば，符号間干渉は発生しないが情報伝送速度が極端に小さくなる．このため，符号間干渉の影響を避けるため，希望シンボルの判定時刻に符号間干渉成分を 0 とする方法が用いられる．図 4.2 (a) に，時刻 0 を除き，T 秒ごとの等間隔に 0 交差するシンボル波形を示す．このようなパルスを**ナイキストパルス**とよぶ．この波形を図 4.2 (b) のように T 秒ごとに並べてシンボル系列とした場合には，希望シンボルの判定時刻 $t = 0$ において，先行シンボル，ならびに，後続シンボルからの尾ひれの影響がすべて 0 となる．ここでは，パルスの正負の符号をすべて等しく正であるとしているが，正負が反転したパルスを用いても，明らかに希望シンボルの判定時刻 0 における 0 交差を満足する．このようにインパルス応答が等間隔に 0 となる条件を満足するフィルタを**ナイキストフィルタ**とよぶ．ナイキストフィルタを用いる場合でも，シンボルの中央を決定するためのシンボル同期が不完全であれば，シンボルの中央からずれた時刻で電圧を標本化することになり，符号間干渉が発生する．

ナイキストフィルタの例として**余弦ロールオフフィルタ**が挙げられる．図 4.3 (a) に余弦ロールオフフィルタの周波数特性 $H(f)$ を示す．余弦ロールオフフィルタの周波数特性は次式で表される．

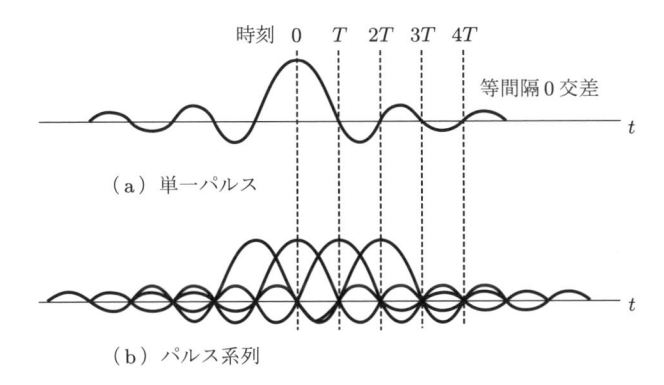

図 4.2　ナイキストパルス

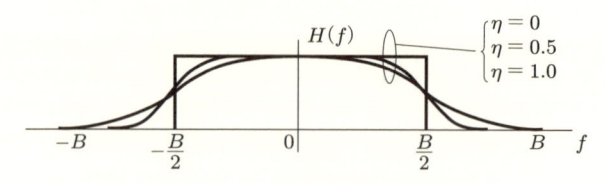

(a) 周波数特性

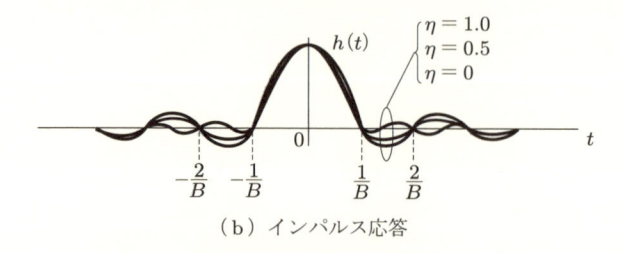

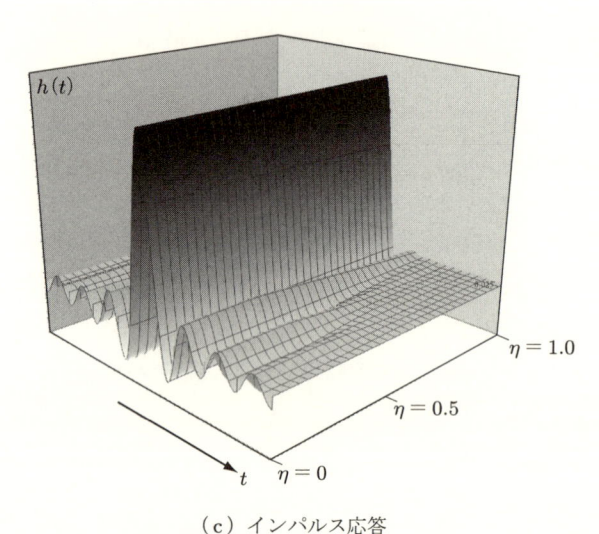

(b) インパルス応答

(c) インパルス応答

図 4.3 余弦ロールオフフィルタ

$$H(f) = \begin{cases} \dfrac{1}{2}\left\{1 - \sin\left(\dfrac{\pi|f|}{\eta B} - \dfrac{\pi}{2\eta}\right)\right\}, & \dfrac{B}{2}(1-\eta) \le |f| \le \dfrac{B}{2}(1+\eta) \\ 1, & |f| < \dfrac{B}{2}(1-\eta) \\ 0, & \dfrac{B}{2}(1+\eta) < |f| \end{cases}$$

(4.1)

ここで，η は**ロールオフ係数**である．B は帯域幅を表し，$\eta \ne 0$ の場合には 6 dB 帯域

幅となる[†2]．なお，$\eta = 0$ の場合には方形フィルタの周波数幅が B となる．図 4.3 (b), (c) に余弦ロールオフフィルタのインパルス応答 $h(t)$ を示す．インパルス応答 $h(t)$ は時間とともに振動しながら減衰するが，ロールオフ係数 η が 0 の場合にはその減衰が非常に遅い．一方，η が 1 に近づけば $h(t)$ の減衰が早く，特に $\eta = 1$ では $1/2B$ ごとに 0 交差する．$\eta = 1$ の場合には図 4.3 (a) に示すようにフィルタの通過周波数すべてにわたる帯域幅が $2B$ となり，$\eta = 0$ の場合の帯域幅 B の 2 倍となることに注意を要する．

いま，等価低域系の解析法を用いて余弦ロールオフフィルタのインパルス応答 $h(t)$ が等間隔 0 交差を満足することを示す．まず，図 4.4 (a) に示す余弦ロールオフフィルタの周波数特性 $H(f)$ を，図 4.4 (b) の方形フィルタ成分 $H_\alpha(f)$ と図 4.4 (c) のそれ以外の成分 $H_\beta(f)$ に分割する．

$$H(f) = H_\alpha(f) + H_\beta(f) \tag{4.2}$$

式 (4.2) において，周波数特性 $H_\alpha(f)$, $H_\beta(f)$ をもつフィルタのインパルス応答をそれぞれ $h_\alpha(t)$, $h_\beta(t)$ として，ロールオフフィルタのインパルス応答 $h(t)$ を次式で表す．

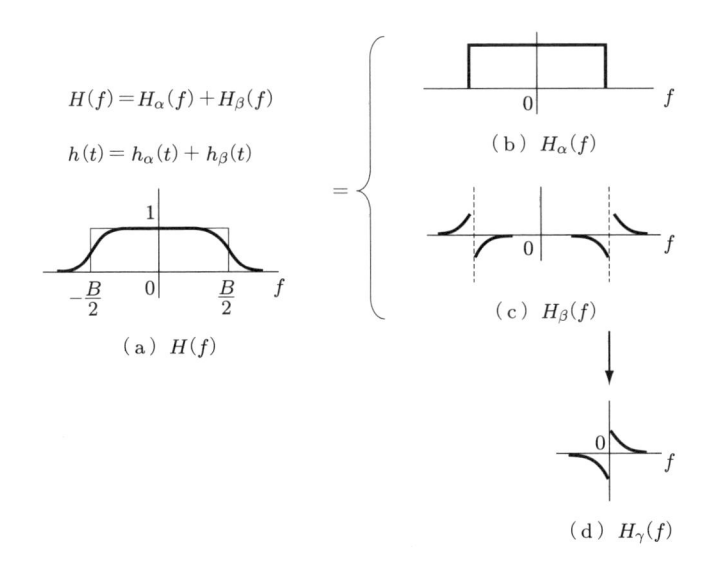

図 4.4　周波数特性の分解

[†2] 式 (3.55)：$W_Y(f) = |G(f)|^2 W_X(f)$ において $G(f) = H(f)$ とすれば，フィルタ出力の電力スペクトル密度 $W_Y(f)$ は，フィルタ入力の電力スペクトル密度 $W_X(f)$ とフィルタによる重み $|H(f)|^2$ の積となる．この重みの比を用いて，$|H(0)|^2/|H(B/2)|^2 = 4$ を満足する周波数幅 B を 6 dB 帯域幅という．これは，図 4.3 (a) において $|H(B/2)|^2$ が $|H(0)|^2$ より電力で 6 dB 小さい，すなわち，1/4 となる周波数を帯域の端と定義することを意味する．

$$h(t) = h_\alpha(t) + h_\beta(t) \tag{4.3}$$

ここで，$h_\alpha(t)$ は $H_\alpha(f)$ を逆フーリエ変換して得られ，時刻が $1/B$ 秒ごとに 0 となることがわかる．

$$h_\alpha(t) = \int_{-\infty}^{\infty} H_\alpha(f) \exp[j2\pi ft]\, dt = \int_{-B/2}^{B/2} \exp[j2\pi ft]\, df = B\frac{\sin \pi Bt}{\pi Bt} \tag{4.4}$$

これは，例題 3.4 において時間と周波数を交換し，D を B として結果を B 倍したものである．次に，$h_\beta(t)$ を導出するため，$H_\beta(f)$ の等価低域周波数特性 $H_\gamma(f)$ のインパルス応答 $h_\gamma(t)$ を求める．余弦ロールオフフィルタでは図 4.4 (d) に示すように $H_\gamma(f)$ は奇関数となるが，ここでは一般的に，$H_\gamma(f)$ をその偶成分 $H_{\gamma e}(f)$ と奇成分 $H_{\gamma o}(f)$ で表して，これらを逆フーリエ変換し $h_\gamma(t)$ を表現する．

$$\begin{aligned}h_\gamma(t) &= \int_{-\infty}^{\infty} \{H_{\gamma e}(f) + H_{\gamma o}(f)\}\{\cos 2\pi ft + j\sin 2\pi ft\}\, dt \\ &= h_{\gamma e}(t) + jh_{\gamma o}(t)\end{aligned} \tag{4.5}$$

ここで，

$$h_{\gamma e}(t) = 2\int_0^{\infty} H_{\gamma e}(f) \cos 2\pi ft\, df \tag{4.6}$$

$$h_{\gamma o}(t) = 2\int_0^{\infty} H_{\gamma o}(f) \sin 2\pi ft\, df \tag{4.7}$$

である．式 (4.5) の等価低域インパルス応答 $h_\gamma(t)$ と，式 (3.61)

$$g(t) = 2Re\{h(t)\exp[j2\pi f_0 t]\}$$

を $f_0 = B/2$ として用いれば，$h_\beta(t)$ は次式で表される．

$$\begin{aligned}h_\beta(t) &= 2Re\left\{h_\gamma(t)\exp\left[j2\pi\frac{B}{2}t\right]\right\} \\ &= 2Re\{(h_{\gamma e}(t) + jh_{\gamma o}(t))(\cos \pi Bt + j\sin \pi Bt)\} \\ &= 2\{h_{\gamma e}(t)\cos \pi Bt - h_{\gamma o}(t)\sin \pi Bt\}\end{aligned} \tag{4.8}$$

ここで，$\sin \pi Bt$ は時刻が $1/B$ 秒ごとに 0 となるため，$H_\gamma(f)$ が奇関数で $h_{\gamma e}(t) = 0$ を満足すれば，$h_\beta(t)$ が $1/B$ 秒ごとに 0 となる．したがって，周波数特性 $H(f)$ から方形フィルタ成分を除いた周波数特性 $H_\beta(f)$ の正ならびに負の部分が図 4.4 (d) のように $f = \pm B/2$ において奇対称である場合に，そのインパルス応答が等間隔 0 交差することがわかる．

変復調を扱う場合の通信路モデルを図 4.5 (a) に示す．このような通信路モデルでは，基本となる信号 $x(t)$ をインパルス関数として，これに情報を担った振幅や位相の

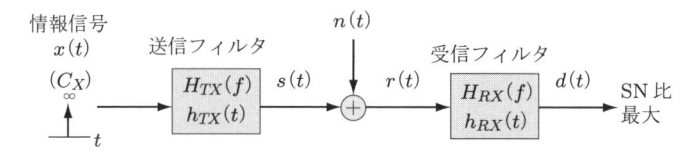

図中テキスト：

情報信号 $x(t)$ (C_X^∞) → 送信フィルタ $H_{TX}(f)$ $h_{TX}(t)$ → $s(t)$ → (+) ← $n(t)$ → $r(t)$ → 受信フィルタ $H_{RX}(f)$ $h_{RX}(t)$ → $d(t)$ SN比最大

（a）通信路モデル

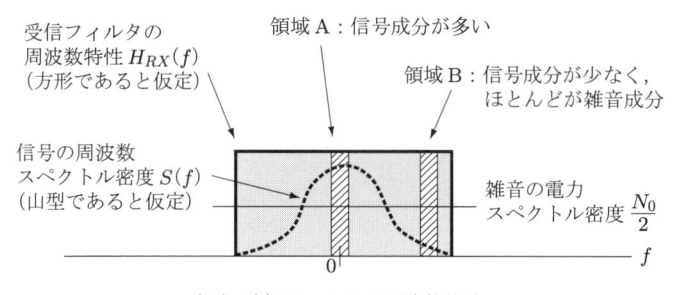

受信フィルタの周波数特性 $H_{RX}(f)$（方形であると仮定）
領域A：信号成分が多い
領域B：信号成分が少なく，ほとんどが雑音成分
信号の周波数スペクトル密度 $S(f)$（山型であると仮定）
雑音の電力スペクトル密度 $\frac{N_0}{2}$

（b）受信フィルタの周波数特性

図 4.5 最適な受信フィルタの形状

複素数を乗じることが一般的である．この信号は**情報信号**とよばれる．情報信号 $x(t)$ は送信フィルタで波形整形され通信路を介した後に，受信機において帯域制限のための受信フィルタを通過する．この場合に符号間干渉の影響を受けない条件は，送信フィルタと受信フィルタの合成フィルタの周波数特性が，余弦ロールオフフィルタで代表されるナイキストフィルタの周波数特性に等しくなることである．

4.2　整合フィルタ

通信システムに加わる代表的な雑音として**白色ガウス雑音**とよばれる雑音がある．すべての周波数の光の和が白色 (無色透明) となることから，すべての周波数成分を含む場合に白色とよばれる．白色ガウス雑音では，その電力スペクトル密度が負の無限大の周波数から正の無限大の周波数に至るまで一定である．また，白色ガウス雑音の帯域幅を制限して電力を有限にした場合には，その振幅の確率密度関数はガウス分布となる．図 4.6 に白色ガウス雑音の例を示す．図 4.6 (a) において帯域幅を B に制限する場合には，雑音波形 $n_B(t)$ の標本値に相関が生じる．例えば，負の時刻の波形 $n_B(t)$ $(t<0)$ が確定している場合，時刻 t_0 の電圧値 $n_B(t_0)$ は帯域制限のため取りうる値に制限が生じる．この制限を取り除くには，$n_B(t)$ $(t<0)$ と $n_B(t_0)$ を統計的に独立にする必要がある．式 (3.48)

$$R(\tau) \overset{FT}{\longleftrightarrow} W(f)$$

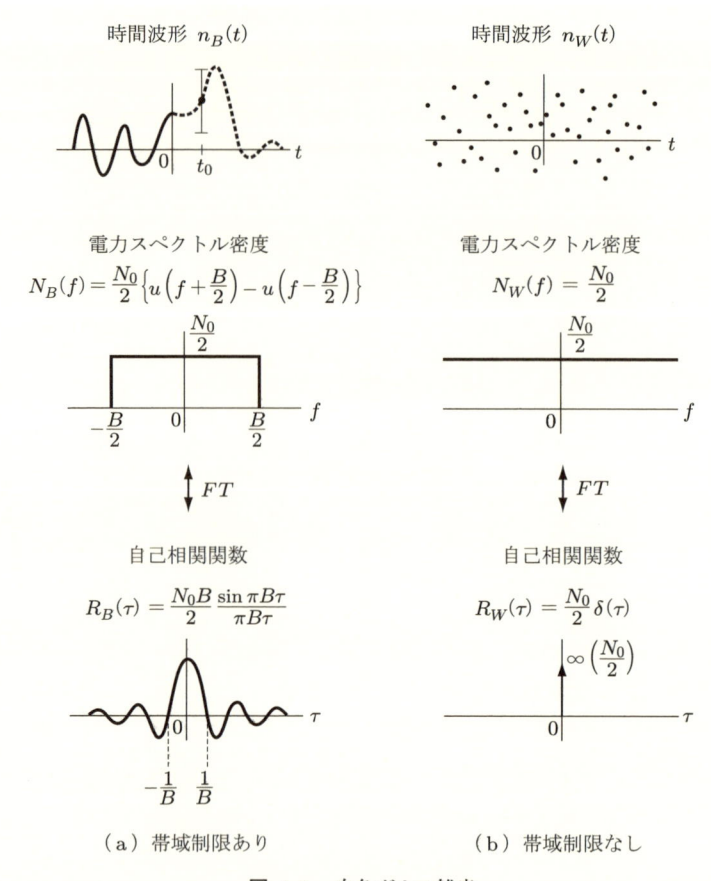

図 4.6 白色ガウス雑音

(a) 帯域制限あり

時間波形 $n_B(t)$

電力スペクトル密度
$$N_B(f) = \frac{N_0}{2}\left\{u\left(f+\frac{B}{2}\right) - u\left(f-\frac{B}{2}\right)\right\}$$

$\updownarrow FT$

自己相関関数
$$R_B(\tau) = \frac{N_0 B}{2}\frac{\sin \pi B\tau}{\pi B\tau}$$

(b) 帯域制限なし

時間波形 $n_W(t)$

電力スペクトル密度
$$N_W(f) = \frac{N_0}{2}$$

$\updownarrow FT$

自己相関関数
$$R_W(\tau) = \frac{N_0}{2}\delta(\tau)$$

の関係より，$n_B(t)$ の電力スペクトル密度 $N_B(f)$ を逆フーリエ変換すれば自己相関関数 $R_B(\tau)$ が得られる．

$$R_B(\tau) = \int_{-\infty}^{\infty} N_B(f) \exp[j2\pi ft]\, df$$
$$= \int_{-B/2}^{B/2} \frac{N_0}{2} \exp[j2\pi ft]\, df = \frac{N_0 B}{2}\frac{\sin \pi B\tau}{\pi B\tau} \tag{4.9}$$

ここで，白色ガウス雑音の電力スペクトル密度を $N_0/2$ としている．$R_B(\tau)$ を図 4.6 (a) に示す．図 4.6 (a) の自己相関関数 $R_B(\tau)$ においては，時間幅 τ が $1/B$ の整数倍のときに相関が 0 となっている．ガウス雑音の場合には 2.5 節で述べたように相関が 0 の場合には統計的に独立となる．

一方，帯域制限のない白色ガウス雑音では図 4.6 (b) に示すように電力スペクトル

密度は $N_W(f) = N_0/2$ で一定であり，自己相関関数 $R_W(\tau)$ は式 (3.21)

$$\delta(t) \xleftrightarrow{FT} 1$$

の関係を用いれば

$$R_W(\tau) = \frac{N_0}{2}\delta(\tau) \tag{4.10}$$

となる．したがって，電圧波形 $n_W(t)$ は $\tau = 0$ で表される同一点を除き，任意の 2 点で統計的に独立となり，連続波形として図示することができないが，図 4.6 (b) に時間波形 $n_W(t)$ の概念図を示す．

さて，受信機において SN 比を最大化する**受信フィルタ**が**整合フィルタ**である．図 4.5 (a) において，送信機における**送信フィルタ**の出力信号 $s(t)$ に雑音 $n(t)$ が加算され受信機の入力信号 $r(t)$ となる．いま，送信フィルタの周波数特性とインパルス応答をそれぞれ $H_{TX}(f)$ と $h_{TX}(t)$，受信フィルタの周波数特性とインパルス応答をそれぞれ $H_{RX}(f)$ と $h_{RX}(t)$ とし，また，送信フィルタ入力の情報信号 $x(t)$ をインパルス関数 $C_X\delta(t)$ とする．この通信路モデルでは，インパルス関数の係数 C_X が情報を担っており，一般に複素数であるが，以下，説明を簡単にするため 2 値をとる実数として解説する．

まず，送信信号 $s(t)$ を情報信号 $x(t)$ と送信フィルタのインパルス応答 $h_{TX}(t)$ の畳込み積分で表現する．

$$s(t) = \int_{-\infty}^{\infty} x(\tau)h_{TX}(t-\tau)\,d\tau = \int_{-\infty}^{\infty} C_X\delta(\tau)h_{TX}(t-\tau)\,d\tau \tag{4.11}$$

ここで，式 (3.19)

$$\int_a^b g(t)\delta(t-t_0)\,dt = \begin{cases} g(t_0), & a < t_0 < b \\ 0, & その他 \end{cases}$$

において，$t = \tau$，$t_0 = 0$ の置き換えを行い，$g(\tau) = C_X h_{TX}(t-\tau)$ を代入すれば，$s(t)$ は $g(0)$ として次式のように表される．

$$s(t) = C_X h_{TX}(t) \tag{4.12}$$

次に，SN 比が最大となる受信フィルタの周波数特性 $H_{RX}(f)$ について考える．式 (4.12) をフーリエ変換すれば，送信信号 $s(t)$ の周波数スペクトル密度 $S(f)$ が，送信フィルタの周波数特性 $H_{TX}(f)$ の定数倍となることがわかる．

$$S(f) = C_X H_{TX}(f) \tag{4.13}$$

図 4.5 (b) において，送信信号の周波数スペクトル密度 $S(f)$ が山型であり，受信フィルタの周波数特性 $H_{RX}(f)$ が方形であると仮定する．ここで，実際には存在しないが，図 4.5 (b) の領域 A と領域 B の周波数特性をもつ部分フィルタがあればどうなる

かについて考えてみる．周波数が0の近傍に位置する領域Aの部分フィルタの出力には，雑音に加えて大きな信号成分が存在する．一方，比較的高い周波数域に位置する領域Bの部分フィルタの出力では，信号帯域の端であることから信号成分は小さく，ほとんど雑音で占められる．大きな信号成分のある部分フィルタの出力と，ほとんど雑音で占められた部分フィルタの出力を，同じ重みで加算することが得策ではないことは容易に推察できる．このため，信号成分の大きな部分フィルタの出力は大きく，信号成分の小さな部分フィルタの出力は小さくして加算すればSN比が良くなると思われる．この直感的なフィルタ設計法が，SN比を最大化する受信フィルタの設計法の結果と一致する．すなわち，**SN比を最大化するには，受信フィルタの周波数特性 $H_{RX}(f)$ を送信信号の周波数特性 $S(f)$ および送信フィルタの周波数特性 $H_{TX}(f)$ と等しくすれば良い．**

$$|H_{RX}(f)| = |S(f)| = |H_{TX}(f)| \tag{4.14}$$

それでは，直感ではなく理論的にSN比が最大となる受信フィルタの設計法を導く．受信波 $r(t)$ の受信フィルタ出力 $d(t)$ は次式の畳込み積分で表される．

$$d(t) = \int_{-\infty}^{\infty} r(t-\tau) h_{RX}(\tau) \, d\tau \tag{4.15}$$

ここで，

$$r(t) = s(t) + n(t) \tag{4.16}$$

より，

$$d(t) = \int_{-\infty}^{\infty} s(t-\tau) h_{RX}(\tau) \, d\tau + \int_{-\infty}^{\infty} n(t-\tau) h_{RX}(\tau) \, d\tau \tag{4.17}$$

を得る．

時刻 t_0 における受信フィルタ出力 $d(t_0)$ の信号電力成分は式 (4.17) 右辺第1項の2乗を用いて次式で表現される．

$$\begin{aligned}
\text{信号電力成分} &= \left| \int_{-\infty}^{\infty} s(t_0-\tau) h_{RX}(\tau) \, d\tau \right|^2 \\
&\leq \int_{-\infty}^{\infty} |s(t_0-\tau)|^2 \, d\tau \int_{-\infty}^{\infty} |h_{RX}(\tau)|^2 \, d\tau
\end{aligned} \tag{4.18}$$

ここで，シュワルツの不等式

$$\left| \int_{-\infty}^{\infty} a(x) b(x) \, dx \right|^2 \leq \int_{-\infty}^{\infty} |a(x)|^2 \, dx \int_{-\infty}^{\infty} |b(x)|^2 \, dx \tag{4.19}$$

を用いた．また，不等式においては，K を定数として

$$s(t_0 - \tau) = K h_{RX}(\tau) \tag{4.20}$$

のときに等号が成立する．式 (4.20) を $h_{RX}(\tau)$ について解き，τ を t とすれば受信フィルタのインパルス応答

$$h_{RX}(t) = \frac{1}{K}s\bigl(-(t-t_0)\bigr)$$

が得られる．したがって，$h_{RX}(t)$ は，信号波形 $s(t)$ を正負反転して $s(-t)$ とした後に，正の方向に t_0 移動して $1/K$ 倍したものである．ここで，仮に，$s(t)$ が $t \geq 0$ で定義されており，また，t_0 が 0 であるとすれば，

$$h_{RX}(t) = \frac{1}{K}s(-t)$$

となり，負の時刻においてもインパルス応答が存在することになって因果律に反する．このため，遅延時間 t_0 を用いることにより，受信フィルタのインパルス応答 $h_{RX}(t)$ を実現可能とする．

時刻 t_0 における雑音電力成分は，式 (4.17) の第 2 項の 2 乗の平均で表される．

$$\begin{aligned}
\text{雑音電力成分} &= E\left[\left\{\int_{-\infty}^{\infty} n(t_0-\tau)h_{RX}(\tau)\,d\tau\right\}^2\right] \\
&= E\left[\int_{-\infty}^{\infty}\int_{-\infty}^{\infty} n(t_0-\alpha)n(t_0-\beta)h_{RX}(\alpha)h_{RX}(\beta)\,d\alpha d\beta\right] \\
&= \int_{-\infty}^{\infty}\int_{-\infty}^{\infty} E\bigl[n(t_0-\alpha)n(t_0-\beta)\bigr]h_{RX}(\alpha)h_{RX}(\beta)\,d\alpha d\beta \quad (4.21)
\end{aligned}$$

ここで，$E[n(t_0-\alpha)n(t_0-\beta)]$ における時刻 $t_0-\alpha$, $t_0-\beta$ に $\alpha+\beta-t_0$ を加算して時間シフトすれば，

$$E\bigl[n(t_0-\alpha)n(t_0-\beta)\bigr] = E\bigl[n(\alpha)n(\beta)\bigr] \tag{4.22}$$

となる．この式は白色ガウス雑音の自己相関関数であり，$\alpha - \beta = \tau$ として式 (4.10)

$$R_W(\tau) = \frac{N_0}{2}\delta(\tau)$$

を用いれば，次式で表される．

$$E\bigl[n(t_0-\alpha)n(t_0-\beta)\bigr] = \frac{N_0}{2}\delta(\alpha-\beta) \tag{4.23}$$

式 (4.23) を式 (4.21) に代入して

$$\begin{aligned}
\text{雑音電力成分} &= \int_{-\infty}^{\infty}\int_{-\infty}^{\infty} \frac{N_0}{2}\delta(\alpha-\beta)h_{RX}(\alpha)h_{RX}(\beta)\,d\alpha d\beta \\
&= \frac{N_0}{2}\int_{-\infty}^{\infty}\left\{\int_{-\infty}^{\infty} h_{RX}(\alpha)\delta(\alpha-\beta)\,d\alpha\right\}h_{RX}(\beta)\,d\beta \quad (4.24)
\end{aligned}$$

とする．ここで，$a = -\infty$, $b = \infty$, $t = \alpha$, $t_0 = \beta$, $g(t) = h_{RX}(\alpha)$ とおいて式 (3.19) の関係

を用いて α に関する積分を行えば,

$$\int_a^b g(t)\delta(t-t_0)\,dt = \begin{cases} g(t_0), & a < t_0 < b \\ 0, & \text{その他} \end{cases}$$

$$\int_{-\infty}^{\infty} h_{RX}(\alpha)\delta(\alpha-\beta)\,d\alpha = h_{RX}(\beta) \tag{4.25}$$

となり,式 (4.24) は次式となる.

$$\text{雑音電力成分} = \frac{N_0}{2}\int_{-\infty}^{\infty}\{h_{RX}(\beta)\}^2\,d\beta \tag{4.26}$$

式 (4.18) と式 (4.26) より,受信フィルタのインパルス応答 $h_{RX}(t)$ が実数であれば,SN 比の最大値として次式を得る.

$$\frac{S}{N} \leq \frac{2\int_{-\infty}^{\infty}|s(t)|^2\,dt}{N_0} = 2\frac{E_b}{N_0} \tag{4.27}$$

上式において,信号 $s(t)$ は 2 値情報を担っていると仮定しており,$s(t)$ のエネルギーがビットエネルギー E_b に等しい.また,E/N_0 は**エネルギーコントラスト比**,**ビットエネルギー対雑音密度比**,または,**ビットエネルギー対雑音電力スペクトル密度比**とよばれ,多値変調や符号化を行った場合の比較基準としてよく用いられる (付録 C 参照).

SN 比を最大化する送信フィルタと受信フィルタの設計では,式 (4.20) において定数 $K=1$ とし,また,$s(t) = h_{TX}(t)$ の関係を用いれば,

$$h_{RX}(t) = h_{TX}(t_0 - t) \tag{4.28}$$

が成立する必要があることがわかる.

続いて,周波数領域で SN 比を最大化する条件を導く.式 (4.28) をフーリエ変換して

$$H_{RX}(f) = \int_{-\infty}^{\infty} h_{TX}(t_0 - t)\exp[-j2\pi ft]\,dt \tag{4.29}$$

とし,さらに,$t_0 - t = v$ の変数変換を行い次式を得る.

$$H_{RX}(f) = \exp[-j2\pi ft_0]\int_{-\infty}^{\infty} h_{TX}(v)\exp[j2\pi fv]\,dv$$

$$= \exp[-j2\pi ft_0]\int_{-\infty}^{\infty} \{h_{TX}(v)\exp[-j2\pi fv]\}^*\,dv$$

$$= \exp[-j2\pi ft_0]\left\{\int_{-\infty}^{\infty} h_{TX}(v)\exp[-j2\pi fv]\,dv\right\}^* \tag{4.30}$$

ここで,$h_{TX}(t)$ は実数であり,その複素共役 $h_{TX}^*(t)$ は $h_{TX}(t)$ に等しい.また,複素数 A, B に対する $(AB)^* = A^* B^*$ の関係を用いている.式 (4.30) の積分は $h_{TX}(t)$ のフーリエ変換 $H_{TX}(f)$ であることから次式が成立する.

$$H_{RX}(f) = H_{TX}^*(f)\exp[-j2\pi ft_0] \tag{4.31}$$

したがって，SN 比を最大化するフィルタの周波数領域における条件は，式 (4.14) の直感的な条件に複素共役を考慮し位相項を付加したものとなることがわかる．

図 4.7 に雑音と符号間干渉に対する最適受信機のフィルタ設計法をまとめる．符号間干渉の影響を受けないためには，まず，送信フィルタと受信フィルタの合成フィルタが，等間隔 0 交差を満足するナイキストフィルタである必要がある．次に，SN 比を最大化するには，送信フィルタの周波数特性 $H_{TX}(f)$ と受信フィルタの周波数特性 $H_{RX}(f)$ が位相項を除いて等しくなる必要がある．以上より，ナイキストフィルタの周波数特性を $H_{Nyq}(f)$ として，

$$H_{Nyq}(f) = H_{TX}(f)H_{RX}(f) \tag{4.32}$$

$$|H_{TX}(f)| = |H_{RX}(f)| \tag{4.33}$$

の条件が得られる．この条件を満足する送信フィルタ特性と受信フィルタ特性として，次式に示すルートナイキスト特性が得られる．

$$|H_{TX}(f)| = |H_{RX}(f)| = \sqrt{|H_{Nyq}(f)|} \tag{4.34}$$

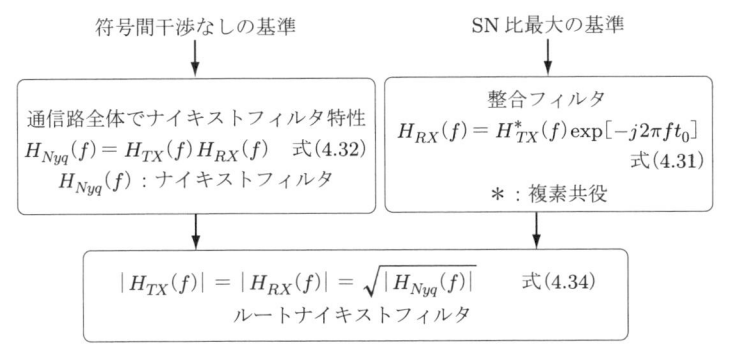

図 4.7 最適受信機のフィルタ設計法

例題 4.2 方形パルスに対する整合フィルタ出力の信号成分

図 4.5 (a) の通信路モデルにおいて，情報信号 $x(t)$ をインパルス関数 $\delta(t)$ とする．送信フィルタが積分器であり，そのインパルス応答が右図に示す $h_{TX}(t)$ で与えられる場合に，受信機の整合フィルタ出力 $y(t)$ を求め図示せよ．また，$y(t)$ の瞬時電力の最大値 P_{OS} を導出せよ．

解 整合フィルタの場合，送信フィルタのインパルス応答 $h_{TX}(t)$ と受信フィルタのイ

ンパルス応答 $h_{RX}(t)$ は次式を満足する．

$$h_{RX}(t) = h_{TX}(t_0 - t) \quad \text{式 (4.28)}$$

ここで，t_0 は遅延時間である．$h_{RX}(t)$ を図 (a) に示す．$h_{RX}(t)$ は，$h_{TX}(t)$ を $t = 0$ を軸として左右反転して $h_{TX}(-t)$ とし，t が正の方向に t_0 移動したものである．まず，$x(t)$ がインパルス関数であるため，送信フィルタの出力信号 $s(t)$ はインパルス応答 $h_{TX}(t)$ となる．

次に，受信フィルタの出力信号 $y(t)$ は，畳込み積分の関係式

$$y(t) = \int_{-\infty}^{\infty} x(\tau) g(t - \tau) \, d\tau \quad \text{式 (3.25)}$$

において，$x(\tau)$ に $s(\tau)$ $(= h_{TX}(\tau))$ を，$g(\tau)$ に $h_{RX}(\tau)$ を代入して得られる．

$$y(t) = \int_{-\infty}^{\infty} h_{TX}(\tau) h_{RX}(t - \tau) \, d\tau$$

図 (b) に τ 軸に関して $h_{RX}(\tau)$ を左右反転した $h_{RX}(-\tau)$ と $h_{TX}(\tau)$ を示す．$h_{RX}(-\tau)$ を τ 軸の正の方向に t 移動して $h_{RX}(-(\tau - t)) = h_{RX}(t - \tau)$ とし，$h_{TX}(\tau)$ との積をとった後に積分すれば，整合フィルタの出力 $y(t)$ が得られる．次の (1)～(3) の場合に分けて $y(t)$ を求める．

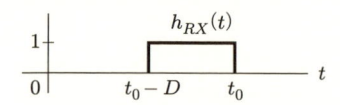

(a) 受信フィルタのインパルス応答 $h_{RX}(t)$

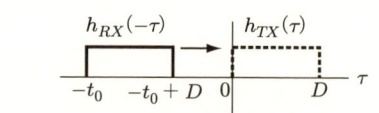

(b) $h_{RX}(\tau)$ の左右反転と送信フィルタのインパルス応答 $h_{TX}(\tau)$

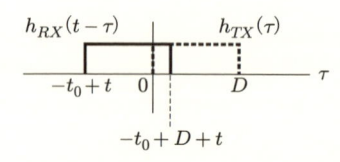

(c) $h_{RX}(-\tau)$ の移動 $(t_0 - D \leq t < t_0)$

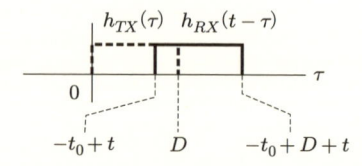

(d) $h_{RX}(-\tau)$ の移動 $(t_0 \leq t < t_0 + D)$

(1) $t_0 - D \leq t < t_0$ の場合

図 (c) において $h_{RX}(t - \tau)$ と $h_{TX}(\tau)$ の重なる部分の幅は

$$-t_0 + D + t = t - (t_0 - D)$$

となる．また，重なる部分の積は 1 であることから，その積分値として次式を得る．

$$y(t) = t - (t_0 - D) \quad \text{──①}$$

(2) $t_0 \leq t < t_0 + D$ の場合

図 (d) において $h_{RX}(t - \tau)$ と $h_{TX}(\tau)$ の重なる部分の幅は

$$D - (-t_0 + t) = -t + D + t_0$$

であり，重なる部分の積が 1 であるため，その積分値として次式を得る．

$$y(t) = -t + D + t_0 \qquad\text{②}$$

(3) その他の場合

$h_{RX}(t-\tau)$ と $h_{TX}(\tau)$ の重なりがなく，

$$y(t) = 0 \qquad\text{③}$$

となる．

式①，②，③を用いて $y(t)$ を求め，図 (e) に示す．$y(t_0) = D$ より瞬時電力の最大値 P_{OS} は次式となる．

$$P_{OS} = y^2(t_0) = D^2$$

なお，雑音電力は式 (4.26) より $N_0 D/2$ となる．

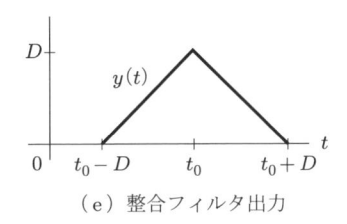

(e) 整合フィルタ出力

例題 4.3　方形の周波数特性をもつ送信フィルタに対する整合フィルタの SN 比

図 4.5 (a) の通信路モデルにおいて，情報信号 $x(t)$ がインパルス関数 $\delta(t)$ であり，送信フィルタの周波数特性が右図に示す $H_{TX}(f)$ で与えられる場合に，受信機の整合フィルタ出力の SN 比 γ を求めよ．ただし，雑音の電力スペクトル密度を $N_0/2$ とする．

解　まず，信号電力 P_{OS} を求める．整合フィルタの場合，送信フィルタの周波数特性 $H_{TX}(f)$ に対して受信フィルタの周波数特性 $H_{RX}(f)$ は次式で与えられる．

$$H_{RX}(f) = H_{TX}^*(f) \exp[-j2\pi f t_0] \qquad\text{式 (4.31)}$$

ここで，t_0 は遅延時間である．図 (a) に $|H_{RX}(f)|$ を示す．送信フィルタ $H_{TX}(f)$ と受信フィルタ $H_{RX}(f)$ の合成フィルタの周波数特性は，それぞれの周波数特性の積となる．したがって，合成フィルタのインパルス応答 $y(t)$ は，合成フィルタの周波数特性の逆フーリエ変換として次式で表される．

$$y(t) = \int_{-\infty}^{\infty} H_{TX}(f) H_{RX}(f) \exp[j2\pi ft] \, df \qquad \text{———①}$$

方形波のフーリエ変換を表す例題 3.4 において，時間と周波数を交換して参考とし，図 3.8 の時間遅延の関係

$$s(t - t_0) \xleftrightarrow{FT} S(f) \exp[-j2\pi f t_0]$$

を用いれば，$y(t)$ として次式を得る．

$$y(t) = B \frac{\sin \pi B(t - t_0)}{\pi B(t - t_0)}$$

合成フィルタのインパルス応答 $y(t)$ を図 (b) に示す．$y(t)$ の最大値は $y(t_0) = B$ で与えられ，信号電力の最大値 P_{OS} は次式で表される．

$$P_{OS} = y^2(t_0) = B^2 \qquad \text{———②}$$

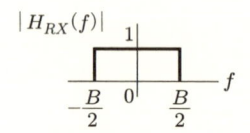

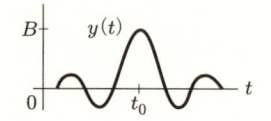

（a）受信フィルタの周波数特性　（b）合成フィルタのインパルス応答

次に，雑音電力 P_{ON} を求める．P_{ON} は，受信フィルタの出力信号の電力スペクトル密度 $W_N(f)$ を全領域積分して得られる．

$$P_{ON} = \int_{-\infty}^{\infty} W_N(f) \, df = \frac{N_0}{2} \int_{-\infty}^{\infty} |H_{RX}(f)|^2 \, df = \frac{N_0}{2} B \qquad \text{———③}$$

ここで，$W_N(f)$ として，

$$W_Y(f) = |G(f)|^2 W_X(f) \qquad \text{式 (3.55)}$$

の右辺に，$G(f) = H_{RX}(f)$，$W_X(f) = N_0/2$ を代入して用いている．

式②，③より整合フィルタ出力の SN 比 γ として次式を得る．

$$\gamma = \frac{P_{OS}}{P_{ON}} = \frac{B^2}{\frac{N_0}{2} B} = 2 \frac{B}{N_0}$$

4.3　相関受信機

図 4.8 (a) に**相関受信機**を示す．図 4.8 (a) において，$\phi_1(t), \phi_2(t), \cdots, \phi_N(t)$ は直交波形であり，$i \neq j$ であれば $\phi_i(i)\phi_j(t)$ の全領域での積分値が 0 となる．これらの直交波形は，エネルギーが 1 で次式

4.3 相関受信機　111

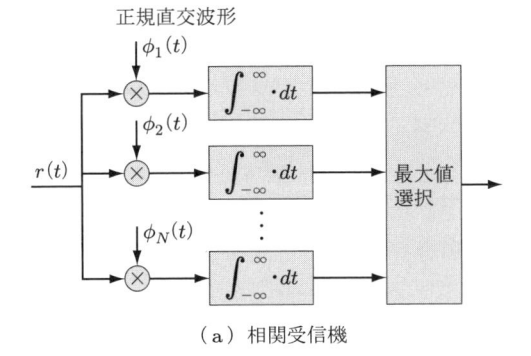

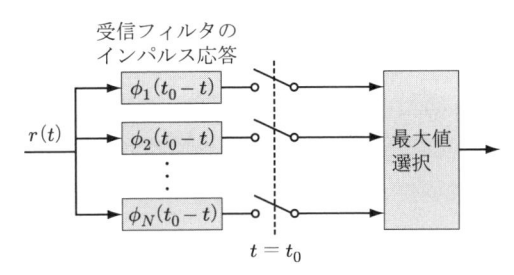

図4.8 (a) 相関受信機

図4.8 (b) 整合フィルタ受信機

図 4.8 相関受信機と整合フィルタ受信機

$$\int_{-\infty}^{\infty} \phi_i(t)\phi_j(t)\,dt = \begin{cases} 1, & i = j \\ 0, & i \neq j \end{cases} \tag{4.35}$$

を満足する場合，**正規直交波形**とよばれる[4]．送信機では，N 個の直交波形の中から送信情報に対応する 1 つが選択され送信波形となる．1 つの波形で $\log_2 N$ ビットの情報を伝送できる．相関受信機は，受信波 $r(t)$ に送信シンボル波形の候補である直交波形 $\phi_i(t)$ ($i = 1, 2, \cdots, N$) を乗じて積分する**相関器**を N 個使用しており，相関器出力が最大となる相関器の直交波形が送信されたと判定する．

さて，相関受信機と整合フィルタの関係について考える．整合フィルタ出力 $d(t)$ は式 (4.15)

$$d(t) = \int_{-\infty}^{\infty} r(t-\tau) h_{RX}(\tau)\, d\tau$$

ならびに，式 (4.28)

$$h_{RX}(t) = h_{TX}(t_0 - t)$$

より，次式で表される．

$$d(t) = \int_{-\infty}^{\infty} r(t-\tau) h_{TX}(t_0 - \tau) \, d\tau \tag{4.36}$$

したがって，時刻 t_0 における整合フィルタ出力 $d(t_0)$ は次式となる．

$$d(t_0) = \int_{-\infty}^{\infty} r(\tau) h_{TX}(\tau) \, d\tau = \int_{-\infty}^{\infty} r(\tau) s(\tau) \, d\tau \tag{4.37}$$

ここで，$C_X = 1$ として，式 (4.12)

$$s(t) = C_X h_{TX}(t)$$

の関係を用いている．式 (4.37) は受信波 $r(t)$ に信号 $s(t)$ を乗じて積分することを示している．これは，図 4.8 (a) の相関受信機の動作となる．したがって，相関受信機と整合フィルタが等価であることがわかる．

図 4.8 (a) の相関受信機を整合フィルタで構成した場合の受信機構成を図 4.8 (b) に示す．整合フィルタでは，それぞれのインパルス応答が，$\phi_1(t_0-t), \phi_2(t_0-t), \cdots, \phi_N(t_0-t)$ となる N 個のフィルタを用いる．受信波 $r(t)$ がこれらのフィルタを介した後，時刻 $t = t_0$ で標本化して最大値判定を行い，送信シンボル波形ならびに送信情報を決定する．

例題 4.4　相関受信機の雑音

次の図に示す相関受信機で白色ガウス雑音 $n_W(t)$ を受信した場合，相関器出力の雑音の分散 σ^2 が白色ガウス雑音の電力スペクトル密度 $N_0/2$ と等しくなることを示せ．

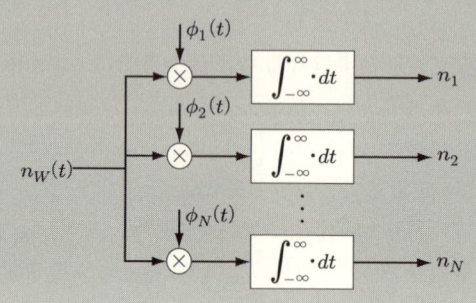

解　まず，白色ガウス雑音 $n_W(t)$ に直交波形 $\phi_i(t)$ を乗じて $(-\infty, \infty)$ の領域で積分した値を n_i $(i = 1, 2, \cdots, N)$ とする．

$$n_i = \int_{-\infty}^{\infty} n_W(t) \phi_i(t) \, dt \quad\quad\quad ①$$

ここで，$n_W(t)$ の平均 $E[n_W(t)]$ が 0 であることから，n_i の平均 $E[n_i]$ も 0 である．

次に，式①における n_i の時間の変数を α，n_j の時間の変数を β として相互相関 $E[n_i n_j]$ を表せば，次式となる．

$$E[n_i n_j] = E\left[\int_{-\infty}^{\infty}\int_{-\infty}^{\infty} n_W(\alpha) n_W(\beta) \phi_i(\alpha)\phi_j(\beta)\, d\alpha d\beta\right]$$
$$= \int_{-\infty}^{\infty}\int_{-\infty}^{\infty} E[n_W(\alpha) n_W(\beta)] \phi_i(\alpha)\phi_j(\beta)\, d\alpha d\beta \qquad ②$$

ここで，$E[n_W(\alpha) n_W(\beta)]$ は白色ガウス雑音の自己相関関数であるため，$\alpha - \beta = \tau$ として，

$$R_W(\tau) = \frac{N_0}{2}\delta(\tau) \qquad 式(4.10)$$

の関係を用いれば，次式が成立する．

$$E[n_W(\alpha) n_W(\beta)] = \frac{N_0}{2}\delta(\alpha - \beta) \qquad ③$$

式③を式②に代入して次式とする．

$$E[n_i n_j] = \frac{N_0}{2}\int_{-\infty}^{\infty}\int_{-\infty}^{\infty}\delta(\alpha-\beta)\phi_i(\alpha)\phi_j(\beta)\, d\alpha d\beta \qquad ④$$

ここで，$a = -\infty$，$b = \infty$，$t = \alpha$，$t_0 = \beta$，$g(t) = \phi_i(\alpha)$ とおいて，

$$\int_a^b g(t)\delta(t - t_0)\, dt = \begin{cases} g(t_0), & a < t_0 < b \\ 0, & その他 \end{cases} \qquad 式(3.19)$$

の関係を用いて α に関する積分を行えば，式④は次式となる．

$$E[n_i n_j] = \frac{N_0}{2}\int_{-\infty}^{\infty}\phi_i(\beta)\phi_j(\beta)\, d\beta \qquad ⑤$$

さらに，

$$\int_{-\infty}^{\infty}\phi_i(t)\phi_j(t)\, dt = \begin{cases} 1, & i = j \\ 0, & i \neq j \end{cases} \qquad 式(4.35)$$

より，式⑤は次式で表される．

$$E[n_i n_j] = \begin{cases} \dfrac{N_0}{2}, & i = j \\ 0, & i \neq j \end{cases} \qquad ⑥$$

式⑥において $i = j$ とすれば，$E[n_i] = 0$ であることから，$E[n_i^2]$ は分散 σ^2 に等しく次式が成立する．

$$\sigma^2 = \frac{N_0}{2}$$

4.4 判定規則

受信機における整合フィルタ出力や相関器出力が判定変数であり，判定基準に基づいて送信情報を判定する．ここでは，**最大事後確率受信機**，**最尤受信機**，**最小自乗距**

離受信機，ならびに，**最大内積受信機**の4つの受信機で用いられる判定基準と相互の関係を示す．いま，情報 "0" の場合に電圧 $x = \alpha_0$ の信号を送信し，情報 "1" の場合に電圧 $x = \alpha_1$ の信号を送信するものとする．受信機は $y = r$ を受信し，これを判定変数として $x = \alpha_0$ または $x = \alpha_1$ の判定を行う．

（1） 最大事後確率受信機：図 4.9 (a)

最大事後確率受信機 (maximum a posteriori probability receiver：MAP receiver) では，判定変数 $y = r$ で条件付けられた送信信号の電圧 $x(= \alpha_0, \alpha_1)$ の事後確率 $P_{X|Y}(x|r)$ が最大となる x を判定結果 $\hat{x}$ とする．

$$\hat{x} = \begin{cases} \alpha_0, & P_{X|Y}(\alpha_0|r) \geq P_{X|Y}(\alpha_1|r) \\ \alpha_1, & P_{X|Y}(\alpha_0|r) < P_{X|Y}(\alpha_1|r) \end{cases} \tag{4.38}$$

$P_{X|Y}(\alpha_0|r) = P_{X|Y}(\alpha_1|r)$ の場合には，任意に α_0 または α_1 を判定結果として良いが，ここでは α_0 としている．事後確率 $P_{X|Y}(x|y)$ に，α_0 と α_1 の判定に関係しない y の確率密度関数 $p_Y(y)$ を乗じて次式を得る．

$$P_{X|Y}(x|y) p_Y(y) = f_{X,Y}(x,y) \tag{4.39}$$

ここで，$f_{X,Y}(x,y)$ は離散的なランダム変数 x と連続的なランダム変数 y が同時に発生する場合の，これらの確率と確率密度の積を表す結合確率密度関数である．$f_{X,Y}(x,y)$ は，2.5 節で述べたベイズ則を用いれば次式で表現することもできる．

$$f_{X,Y}(x,y) = p_{Y|X}(y|x) P_X(x)$$

式 (4.39) より，最大事後確率受信機は，この結合確率密度関数を最大とする受信機と等価であり，この場合に誤り率が最小となる．図 4.9 (a) に結合確率密度関数 $f_{X,Y}(x,y)$ の例を示す．

（2） 最尤（さいゆう）受信機：図 4.9 (b)

最尤受信機 (maximum likelihood receiver：ML receiver) では，送信信号の電圧 $x = (\alpha_0, \alpha_1)$ で条件付けられた判定変数 $y = r$ の条件付確率密度 $p_{Y|X}(r|x)$ が最大となる x を判定結果 $\hat{x}$ とする．

$$\hat{x} = \begin{cases} \alpha_0, & p_{Y|X}(r|\alpha_0) \geq p_{Y|X}(r|\alpha_1) \\ \alpha_1, & p_{Y|X}(r|\alpha_0) < p_{Y|X}(r|\alpha_1) \end{cases} \tag{4.40}$$

図 4.9 (b) に条件付確率密度関数 $p_{Y|X}(r|x)$ の例を示す．

最尤受信機の判定基準 $p_{Y|X}(y|x)$ に，x の発生確率 $P_X(x)$ を乗じて次の結合確率密度関数を得る．

$$p_{Y|X}(y|x) P_X(x) = f_{X,Y}(x,y) \tag{4.41}$$

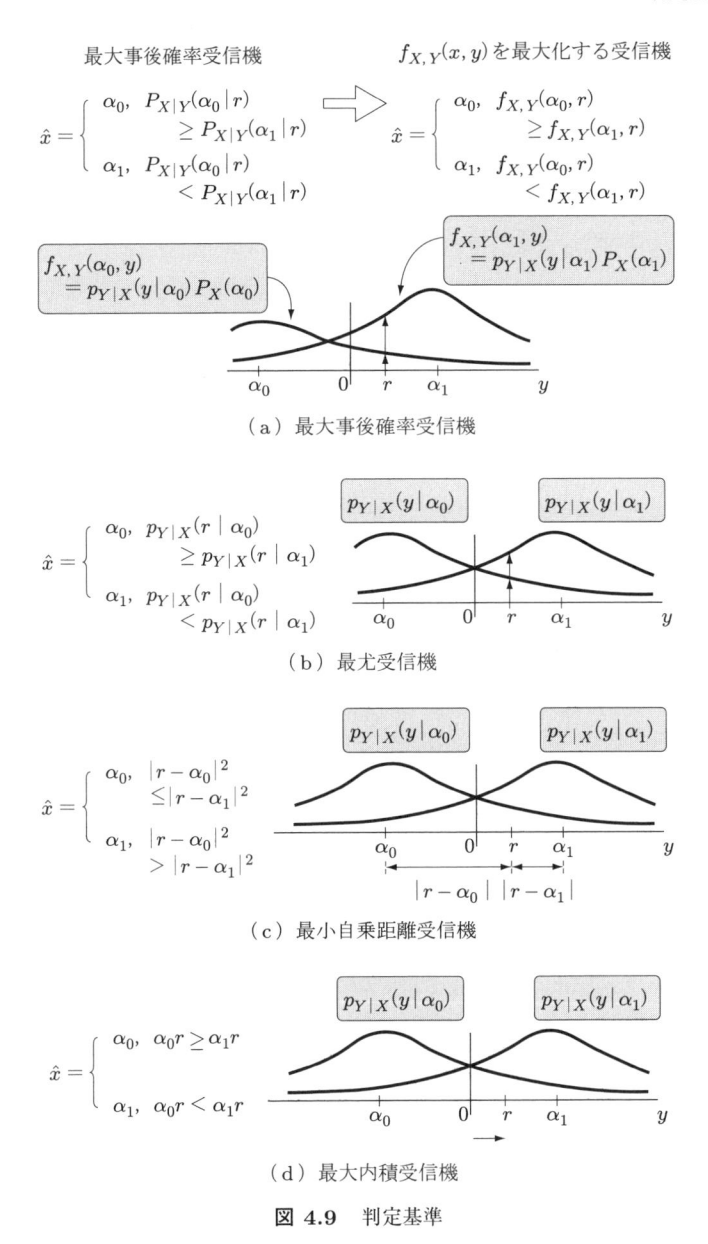

4.4 判定規則　115

最大事後確率受信機　　　　　$f_{X,Y}(x,y)$を最大化する受信機

$$\hat{x} = \begin{cases} \alpha_0, & P_{X|Y}(\alpha_0|r) \\ & \geq P_{X|Y}(\alpha_1|r) \\ \alpha_1, & P_{X|Y}(\alpha_0|r) \\ & < P_{X|Y}(\alpha_1|r) \end{cases} \Rightarrow \hat{x} = \begin{cases} \alpha_0, & f_{X,Y}(\alpha_0,r) \\ & \geq f_{X,Y}(\alpha_1,r) \\ \alpha_1, & f_{X,Y}(\alpha_0,r) \\ & < f_{X,Y}(\alpha_1,r) \end{cases}$$

$f_{X,Y}(\alpha_0, y) = p_{Y|X}(y|\alpha_0) P_X(\alpha_0)$

$f_{X,Y}(\alpha_1, y) = p_{Y|X}(y|\alpha_1) P_X(\alpha_1)$

(a) 最大事後確率受信機

$$\hat{x} = \begin{cases} \alpha_0, & p_{Y|X}(r|\alpha_0) \\ & \geq p_{Y|X}(r|\alpha_1) \\ \alpha_1, & p_{Y|X}(r|\alpha_0) \\ & < p_{Y|X}(r|\alpha_1) \end{cases}$$

$p_{Y|X}(y|\alpha_0)$　　$p_{Y|X}(y|\alpha_1)$

(b) 最尤受信機

$$\hat{x} = \begin{cases} \alpha_0, & |r-\alpha_0|^2 \\ & \leq |r-\alpha_1|^2 \\ \alpha_1, & |r-\alpha_0|^2 \\ & > |r-\alpha_1|^2 \end{cases}$$

$p_{Y|X}(y|\alpha_0)$　　$p_{Y|X}(y|\alpha_1)$

$|r-\alpha_0|$　$|r-\alpha_1|$

(c) 最小自乗距離受信機

$$\hat{x} = \begin{cases} \alpha_0, & \alpha_0 r \geq \alpha_1 r \\ \alpha_1, & \alpha_0 r < \alpha_1 r \end{cases}$$

$p_{Y|X}(y|\alpha_0)$　　$p_{Y|X}(y|\alpha_1)$

(d) 最大内積受信機

図 4.9　判定基準

式 (4.41) は式 (4.39) と等しい．したがって，最尤受信機において，情報 x の発生確率を考慮した場合が最大事後確率受信機であるといえる．また，x の発生確率が**等確率の場合には，最尤受信機の判定基準が最大事後確率受信機の判定基準と等しい**．

(3) 最小自乗距離受信機：図 4.9 (c)

最小自乗距離受信機 (minimum square distance receiver：MSD receiver) では，判定変数 r と α_0 の距離の自乗と，r と α_1 の距離の自乗を比較して小さい方に対応する $x(=\alpha_0, \alpha_1)$ を判定結果 $\hat{x}$ とする．

$$\hat{x} = \begin{cases} \alpha_0, & (r-\alpha_0)^2 \leq (r-\alpha_1)^2 \\ \alpha_1, & (r-\alpha_0)^2 > (r-\alpha_1)^2 \end{cases} \tag{4.42}$$

図 4.9 (c) に距離の例を示す．

さて，通信路において信号 x にガウス雑音が付加されるガウス通信路を考える．ガウス通信路における条件付確率密度関数 $p_{Y|X}(y|x)$ は次式で表される．

$$p_{Y|X}(y|x) = \frac{1}{\sqrt{2\pi}\sigma} \exp\left[-\frac{(y-x)^2}{2\sigma^2}\right] \tag{4.43}$$

最尤受信機では，$y=r$ を受信して，式 (4.43) の大小で $x=\alpha_0$ または $x=\alpha_1$ を判定する．式 (4.43) は自然対数をとっても大小関係が保存される．

$$\log_e p_{Y|X}(y|x) = -A(y-x)^2 + B \tag{4.44}$$

ここで，$A=1/2\sigma^2$，$B=-\log_e\sqrt{2\pi}\sigma$ は定数である．式 (4.44) は自乗距離を表しており，式 (4.44) を大きくすることは自乗距離 $(y-x)^2$ を小さくすることと等価である．したがって，**ガウス通信路の場合には，最小自乗距離受信機の判定基準が最尤受信機の判定基準と等しい**ことがわかる．

(4) 最大内積受信機：図 4.9 (d)

最大内積受信機 (maximum scalar product receiver：MSP receiver) では，判定変数 r と α_0 の内積と，r と α_1 の内積を比較し，大きい方に対応する $x(=\alpha_0, \alpha_1)$ を判定結果 $\hat{x}$ とする．

$$\hat{x} = \begin{cases} \alpha_0, & \alpha_0 r \geq \alpha_1 r \\ \alpha_1, & \alpha_0 r < \alpha_1 r \end{cases} \tag{4.45}$$

ここで，$\alpha_0<0$，$\alpha_1>0$ とすれば，$r\leq 0$ のときに $\hat{x}=\alpha_0$，$r>0$ のときに $\hat{x}=\alpha_1$ と判定することになる．図 4.9 (d) に $\alpha_0<0$，$\alpha_1>0$ とした r の例を示す．

最小自乗誤差受信機の基準である式 (4.44) を展開して次式とする．

$$\log_e p_{Y|X}(y|x) = -A(x^2+y^2-2xy) + B \tag{4.46}$$

式 (4.46) において，y^2 は α_0, α_1 に依存せず，また，$\alpha_0^2 = \alpha_1^2$ の場合には x^2 も判定に影響しないため，内積 xy が大きくなる x を判定結果とする最大内積受信機の基準となる．このため，**ガウス通信路で，かつ，信号振幅の絶対値が一定の場合には，最大**

内積受信機の判定基準が最小自乗距離受信機の判定基準ならびに最尤受信機の判定基準と等価となる．

> **例題 4.5** 最大事後確率受信機
>
> A君は雨が降ると学校に来ないことが多い．天候 X について $X=0$ が晴れ，$X=1$ が雨を表すものとし，A君の出欠 Y について $Y=0$ が出席，$Y=1$ が欠席を表すものとする．教室でA君の出欠を確認して天候を予測する方法を，最大事後確率受信機の基準を用いて説明せよ．ただし，
>
> $$P_X(0)=0.6,\ P_X(1)=0.4,\ P_{Y|X}(0|0)=0.8,\ P_{Y|X}(1|0)=0.2,$$
> $$P_{Y|X}(0|1)=0.1,\ P_{Y|X}(1|1)=0.9$$
>
> とする．

解 この例題は，$x(=0,1)$ を送信し $y(=0,1)$ を受信する2元通信路において，$y=0$ または $y=1$ を受信した場合の送信情報の判定に関するものである．図(a)に2元通信路を示す．

（a）2元通信路　　　（b）事後確率による判定方法

まず，

$$P_X(x_i)P_{Y|X}(y_j|x_i)=P_{X,Y}(x_i,y_j) \quad 式(2.37)$$

の関係を用いて X と Y の結合確率 $P_{X,Y}(x,y)$ を求める．

$$\left.\begin{array}{ll}P_{X,Y}(0,0)=0.48, & P_{X,Y}(0,1)=0.12\\ P_{X,Y}(1,0)=0.04, & P_{X,Y}(1,1)=0.36\end{array}\right\} \quad ①$$

次に，

$$P_Y(y_j)=\sum_i P_{X,Y}(x_i,y_j) \quad 式(2.40)$$

の関係を用いて Y の確率 $P_Y(y)$ を得る.
$$\left.\begin{array}{l} P_Y(0) = 0.52 \\ P_Y(1) = 0.48 \end{array}\right\} \qquad\qquad ②$$

さらに,
$$P_Y(y_j)P_{X|Y}(x_i|y_j) = P_{X,Y}(x_i, y_j) \qquad 式\ (2.38)$$

に式①, ②を代入して, 次の事後確率を得る.
$$P_{X|Y}(0|0) = 12/13, \quad P_{X|Y}(1|0) = 1/13$$
$$P_{X|Y}(0|1) = 1/4, \quad\ P_{X|Y}(1|1) = 3/4$$

図 (b) に事後確率と判定方法を示す.

さて, ここまでは, 単一シンボルの情報の判定を扱った. 次に, シンボル系列の推定について考える. シンボル系列推定は符号間干渉のようにシンボル間に干渉がある場合や, 符号化のように故意にシンボル間に相関をもたせた場合に有効となる. 図 4.10 に, 単一シンボル推定と, 符号化を行った場合のシンボル系列推定の例を示す. 図中, アミがけの領域は送信情報, または, 送信情報系列の例を示す.

図 4.10 (a) の単一シンボル推定では, 1 ビット情報は送信機で変調され送信シンボル X に写像される. 通信路において X に雑音が加算され Y が受信される. Y に判定規則を適用して送信シンボルの判定結果 $\hat{X}$ と判定情報 $\hat{I}$ を得る.

一方, シンボル系列推定として符号化の例を図 4.10 (b) に示す. K ビット情報 I は特定の符号化により N ビットの符号語 $C = (c_1, c_2, \cdots, c_N)$ に写像される. 符号語 C は変調されて送信シンボル系列 $\boldsymbol{X} = (x_1, x_2, \cdots, x_N)$ となる[†3]. 受信機は, 受信シンボル系列 $\boldsymbol{Y} = (y_1, y_2, \cdots, y_N)$ に判定規則を適用し, 符号語 C の中から判定符号語 $\hat{C}$ を推定して K ビットの情報 $\hat{I}$ を得る. ここで, Y を 0 と 1 の 2 値系列 $\hat{X}$ に変換してから判定規則を適用する方法を**硬判定**, Y を実数値, あるいは, 2 値ではない多値に変換して判定する方法を**軟判定**という.

最尤受信機をシンボル系列推定に適用する場合には, 条件付確率密度関数
$$p_{\boldsymbol{Y}|\boldsymbol{X}}(\boldsymbol{Y}|\boldsymbol{X}) = p_{\boldsymbol{Y}|\boldsymbol{X}}(y_1, y_2, \cdots, y_N | x_1, x_2, \cdots, x_N)$$
が最大となる送信シンボル系列 $\hat{\boldsymbol{X}}$ を判定結果とする. ここで, 各シンボルに加算される雑音が統計的に独立であるとすれば, $y_1, y_2, \cdots, y_N$ は**条件付独立**となるため, 条件付確率密度関数 $p_{\boldsymbol{Y}|\boldsymbol{X}}(\boldsymbol{Y}|\boldsymbol{X})$ は次式のように積形式で表現できる.

[†3] ここでは, ±1 の 2 値振幅シフトキーイング変調の例を示している. 一般に, 多値シンボルを用いる場合のシンボル数は N とはならないことに注意する.

4.4 判定規則

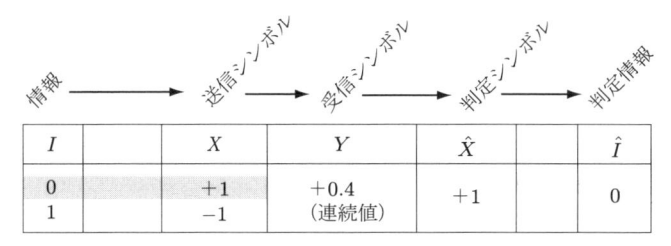

(a) 単一シンボル推定

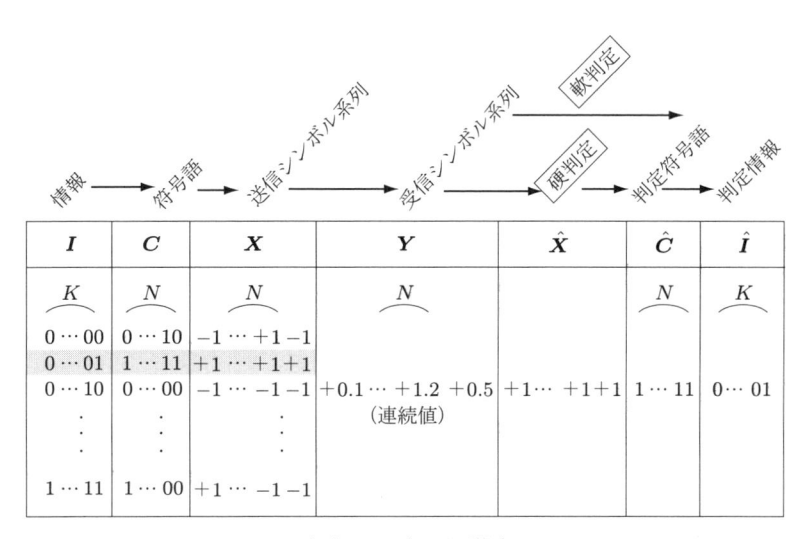

I	X	Y	$\hat{X}$	$\hat{I}$
0	+1	+0.4	+1	0
1	-1	(連続値)		

(b) シンボル系列推定

I	C	X	Y	$\hat{X}$	$\hat{C}$	$\hat{I}$
$\underbrace{}_{K}$	$\underbrace{}_{N}$	$\underbrace{}_{N}$	$\underbrace{}_{N}$		$\underbrace{}_{N}$	$\underbrace{}_{K}$
0 ⋯ 00	0 ⋯ 10	-1 ⋯ +1 -1				
0 ⋯ 01	1 ⋯ 11	+1 ⋯ +1 +1				
0 ⋯ 10	0 ⋯ 00	-1 ⋯ -1 -1	+0.1 ⋯ +1.2 +0.5 (連続値)	+1 ⋯ +1 +1	1 ⋯ 11	0 ⋯ 01
⋮	⋮	⋮				
1 ⋯ 11	1 ⋯ 00	+1 ⋯ -1 -1				

図 4.10 単一シンボル推定とシンボル系列推定

$$p_{\boldsymbol{Y}|\boldsymbol{X}}(\boldsymbol{Y}|\boldsymbol{X}) = \prod_{n=1}^{N} p_{Y_n|\boldsymbol{X}}(y_n|\boldsymbol{X}) \tag{4.47}$$

上式を和形式で表すには，右辺の自然対数をとればよい．

$$\sum_{n=1}^{N} \log_e p_{Y_n|\boldsymbol{X}}(y_n|\boldsymbol{X}) \tag{4.48}$$

確率密度関数の自然対数である和形式に対しては，式 (4.44) に示す最小自乗距離受信機の判定基準が有効である．最大事後確率受信機の場合には式 (4.39) より結合確率密度関数 $f_{X,Y}(\boldsymbol{X}, \boldsymbol{Y})$ が最大となる $\boldsymbol{x}$ を判定結果とする．

$$f_{X,Y}(\boldsymbol{X}, \boldsymbol{Y}) = p_{Y|X}(\boldsymbol{Y}|\boldsymbol{X}) P_X(\boldsymbol{X}) \tag{4.49}$$

シンボル系列推定で最も簡単な判定基準が**ハミング距離**の基準である．まず，2つの符号語を C_0, C_1 とし，C_0 と C_1 のハミング距離を d_H とすれば，d_H は C_0 と C_1

の異なるビット数で定義される．図 4.11 (a) において，C_0 と C_1 は 3 カ所のビットが異なるためハミング距離 d_H は 3 となる．また，ハミング距離は $C_0 + C_1$ の 1 の数に等しい．ここで，加算はガロア体の演算である．符号語における 1 の数は符号語の重みとよばれ，ハミング距離は $C_0 + C_1$ の重みとしても定義できる．図 4.11 (b) において $C_0 + C_1$ の重みは 3 となっている．

C_0 00100110
C_1 01101100
$d_H = 3$

C_0 と C_1 のハミング距離
d_H：異なるビット数
（a）ハミング距離

$C_0 + C_1$ 01001010
$d_H = 3$

C_0 と C_1 のハミング距離
d_H：重み（1 の総数）
（b）符号の重み

符号語　　　　　　　　　　受信語
C_0 00100110 　$d_H = 2$ 　C_r 01101110
C_1 01101100 　$d_H = 1$

受信語とのハミング距離が小さい C_1 が送信されたと判定する
（c）ハミング距離による判定

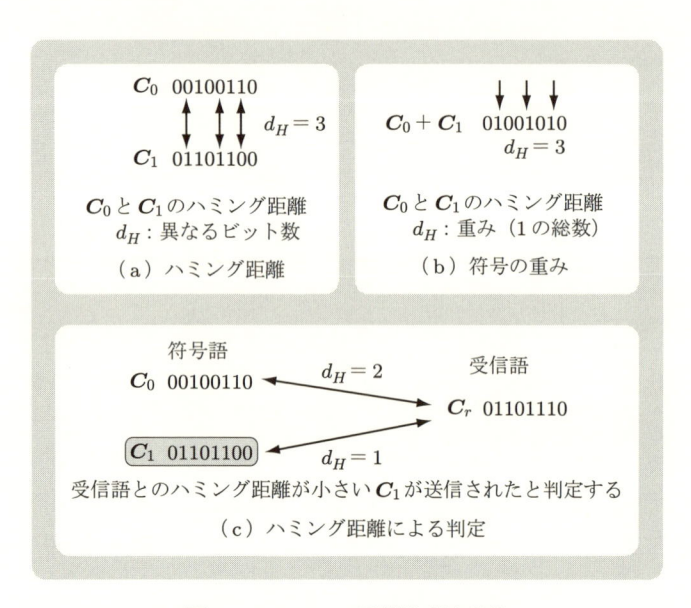

図 4.11 ハミング距離と判定基準

ハミング距離の判定基準では，受信語 C_r とのハミング距離が最も小さい符号語が送信されたと判定する．C_0 ならびに C_1 を符号語の候補として C_r を受信した場合の，ハミング距離の判定基準による判定の例を図 4.11 (c) に示す．C_r と C_0 のハミング距離が 2 であり，C_r と C_1 のハミング距離が 1 であるため，C_1 が判定結果となる．

> **例題 4.6** ハミング距離最小の判定基準と最尤受信機の判定基準
> 次の図に示す誤り率 q の 2 元対称通信路において，N ビットの $(0, 1)$ からなる符号 C_X を ± 1 の系列 X に変換して送信し，± 1 の系列 Y を受信して，$(0, 1)$ からなる符号 C_Y を出力する．ハミング距離の判定基準が最尤受信機の判定基準と等価であることを証明せよ．

$$\begin{aligned}
\boldsymbol{C}_X &= (c_{X1} c_{X2} \cdots c_{XN}) \\
\boldsymbol{X} &= (x_1 x_2 \cdots x_N) \\
\boldsymbol{C}_Y &= (c_{Y1} c_{Y2} \cdots c_{YN}) \\
\boldsymbol{Y} &= (y_1 y_2 \cdots y_N)
\end{aligned}$$

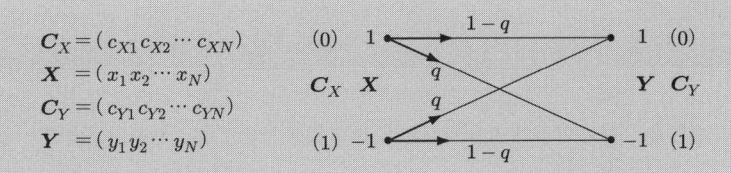

解 最尤受信機では，条件付確率 $P_{Y|X}(\boldsymbol{Y}|\boldsymbol{X})$ を最大とする $\boldsymbol{X}$ を判定結果とする．誤り率 q の 2 元対称通信路では，$n = 1, 2, \cdots, N$ として次式が成立する．

$$P_{y|x}(y_n|x_n) = \begin{cases} 1-q, & x_n = y_n \\ q, & x_n \neq y_n \end{cases} \quad \text{———①}$$

ここで，x_n と y_n の場合分けを取り除いて，式①を次式で表現する．

$$P_{y|x}(y_n|x_n) = \left\{(1-q)^{x_n y_n}(1-q) q^{-x_n y_n} q\right\}^{\frac{1}{2}} = \left\{(1-q)q\right\}^{\frac{1}{2}} \left(\frac{1-q}{q}\right)^{\frac{x_n y_n}{2}} \quad \text{———②}$$

式②を N 個のシンボルに対する条件付確率 $P_{Y|X}(\boldsymbol{Y}|\boldsymbol{X})$ に拡張すれば，次式となる．

$$P_{Y|X}(\boldsymbol{Y}|\boldsymbol{X}) = \left\{(1-q)q\right\}^{\frac{N}{2}} \prod_{n=1}^{N} \left(\frac{1-q}{q}\right)^{\frac{x_n y_n}{2}} \quad \text{———③}$$

さらに，式③において両辺の対数をとっても大小関係が保存されることから，式③の対数を最尤受信機の基準とする．

$$\log P_{Y|X}(\boldsymbol{Y}|\boldsymbol{X}) = A + B \sum_{n=1}^{N} x_n y_n \quad \text{———④}$$

ここで，A, B はそれぞれ定数である．

$$A = \frac{N}{2} \log(1-q)q, \quad B = \frac{1}{2} \log \frac{1-q}{q}$$

式④の右辺において，x_n と y_n が ± 1 であることから，

$$\sum_{n=1}^{N} x_n y_n$$

は，$\boldsymbol{X}$ に対応する符号 $\boldsymbol{C}_X$ と，$\boldsymbol{Y}$ に対応する符号 $\boldsymbol{C}_Y$ のハミング距離が 0 の場合に N となり，ハミング距離が 1 増加するごとに 2 減少する．したがって，$\boldsymbol{C}_X$ と $\boldsymbol{C}_Y$ のハミング距離を d_H として，式④は次式で表される．

$$\log P_{Y|X}(\boldsymbol{Y}|\boldsymbol{X}) = A + B(N - 2d_H) \quad \text{———⑤}$$

式⑤を最大化することは，ハミング距離 d_H を最小化することになり，最尤受信機の判定基準とハミング距離の判定基準は一致することがわかる．

第4章 最適受信

■ **演習問題** ■

4-1 2値伝送において，希望シンボルの振幅 v_1 が 0.8，先行シンボルからの符号間干渉成分の振幅 v_2 が 0.4 の場合に，先行1シンボルからの符号間干渉による誤り率劣化が最悪となる場合の影響を，符号間干渉成分が0の場合を基準とした SN 比劣化に換算してデシベルで表せ．

4-2 2値伝送において，先行シンボルからの符号間干渉成分の振幅 v_2 が 0.4 の場合に，符号間干渉成分の特性関数 $\phi(\xi)$ を求めよ．

4-3 白色雑音の通信路において，次式に示す信号 $s(t)$ に対する整合フィルタのインパルス応答 $h(t)$ と周波数特性 $H(f)$ を求めよ．

$$s(t) = \begin{cases} \exp[-\lambda t], & 0 < t \leq T \\ 0, & その他 \end{cases}$$

ただし，$\lambda > 0$ とする．

4-4 白色雑音の通信路において，次式に示す信号 $s(t)$ に対する整合フィルタのインパルス応答 $h(t)$ と，この信号の整合フィルタ出力 $y(t)$ を求めよ．

$$s(t) = \begin{cases} t, & 0 \leq t \leq T \\ 0, & その他 \end{cases}$$

4-5 2入力3出力通信路において $x(=0,1)$ を送信し，$y(=0,1,2)$ を受信する．$P_X(0) = 0.6$, $P_X(1) = 0.4$, $P_{Y|X}(0|0) = 0.8$, $P_{Y|X}(1|0) = 0.1$, $P_{Y|X}(2|0) = 0.1$, $P_{Y|X}(0|1) = 0.1$, $P_{Y|X}(1|1) = 0.2$, $P_{Y|X}(2|1) = 0.7$ として，$y = 0$, $y = 1$, または，$y = 2$ を受信した場合の最大事後確率受信機の判定結果を求めよ．

4-6 先行1シンボルからの符号間干渉と雑音の存在する通信路において，± 1 の2値シンボル x_1, x_2, x_3 を送信して r_1, r_2, r_3, r_4 を受信した．ここで，r_4 は x_3 の符号間干渉成分を表す．最小自乗誤差受信機の動作を説明せよ．

第5章

ディジタル変調

　情報の伝送や記録媒体への書き込みには，情報をこれらの目的に適した連続波形に変える必要がある．アナログの音声信号や，ディジタル情報を正負の電圧に対応づけた連続波形のような情報を担う基本的な信号を情報信号という．**変調とは，この情報信号を伝送路に整合した形態に変換して変調信号を生成することであり，変調信号から情報信号を復元することを復調という**[14],[15]．送信情報は復調後に，再生した情報信号を判定器に通すことで得られる．ディジタル変調ではディジタル情報から情報信号を生成することも変調であり，また，ブロック変調のように複数シンボルを一括して変調する場合には，ディジタル情報から変調信号生成までが変調であり，その逆の操作が復調となる．

　変調信号の伝送に必要な帯域幅や，干渉，フェージングなどの妨害要因に対する耐性は，変調方式に依存し異なったものとなる．このため，変調方式の決定においては通信路環境とその目的を十分に考慮することが重要である．本章では，主に，無線伝送に適した正弦波を基本とした変調方式を解説する．ディジタル変調に関する文献として[1]～[4],[13],[16]～[18]を挙げておく．

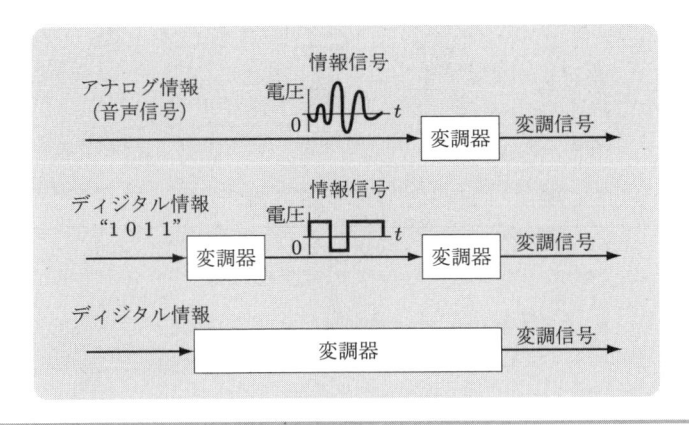

5.1 変調信号と同期検波

変調信号には大きく分けて**帯域信号**と**ベースバンド信号**がある．帯域信号の周波数成分が 0 でない特定の周波数，例えば，f_0 のまわりに存在するのに対し，ベースバンド信号の周波数成分は低域のみに存在する．図 5.1 (a), (b) に帯域信号とベースバンド信号の時間波形と電力スペクトル密度の例を示す．変調では**搬送波**とよばれる変調パラメータをもつ基本波を用いて変調信号を生成する．帯域信号の搬送波としては振幅，周波数，位相の変調パラメータをもつ正弦波が，ベースバンド信号の搬送波としては，パルス振幅，パルス位置，パルス幅，パルス間隔の変調パラメータをもつ周期パルス列が用いられる．図 5.1 (c) に帯域信号とベースバンド信号の搬送波と変調パラメータを示す．

帯域信号の変調信号 $s(t)$ を次式で表現する．

$$s(t) = Re\{\tilde{s}(t) \exp[j2\pi f_0 t]\} \tag{5.1}$$

$$\tilde{s}(t) = \alpha_0 \exp[j\theta_0] g(t) \tag{5.2}$$

ここで，f_0 は**搬送波周波数**あるいは**中心周波数**であり，$\tilde{s}(t)$ は**等価低域信号**，または，**複素包絡線**とよばれる．等価低域信号は，ベースバンド信号と同様に搬送波周波

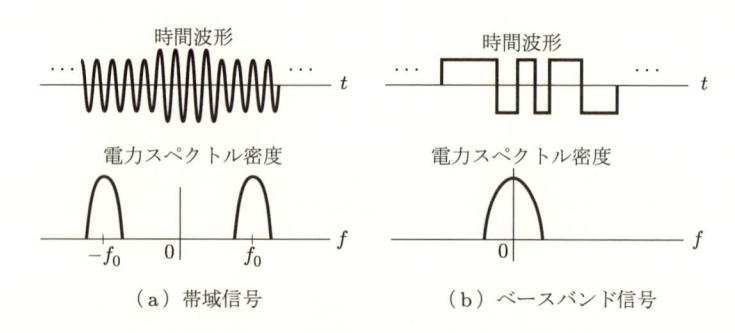

(a) 帯域信号

(b) ベースバンド信号

変調信号	搬送波	変調パラメータ
帯域信号	正弦波	振幅 周波数 位相
ベースバンド信号	周期パルス列	パルス振幅 パルス位置 パルス幅 パルス間隔

(c) 搬送波と変調パラメータ

図 5.1　帯域信号とベースバンド信号

数の成分を含まない低域の周波数成分のみをもつ信号である[†1]．また，$g(t)$ は変調シンボル波形を表し，等価低域信号 $\tilde{s}(t)$ における振幅 α_0 と位相 θ_0 は変調パラメータである．式 (5.2) はシンボル系列における 0 番目のシンボルのみを表している．一般に，シンボル系列を考慮する場合には k をシンボル番号，T をシンボル間隔として次式の等価低域信号を用いる．

$$\tilde{s}(t) = \sum_{k=-\infty}^{\infty} \alpha_k \exp[j\theta_k] g(t-kT) \tag{5.3}$$

図 5.2 にシンボル系列で表した帯域信号 $s(t)$ とその等価低域信号 $\tilde{s}(t)$ の例を示す．等価低域信号 $\tilde{s}(t)$ は帯域信号 $s(t)$ の包絡線成分である．

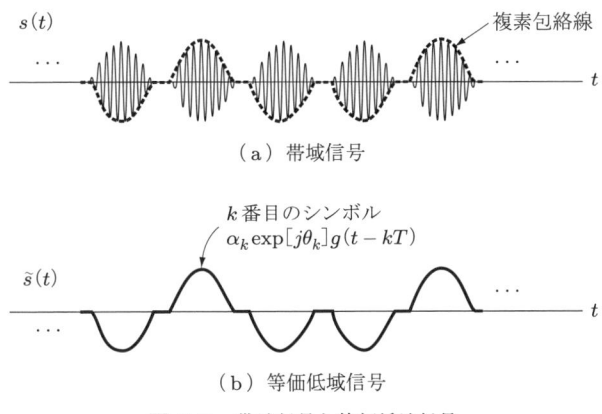

図 5.2　帯域信号と等価低域信号

以下，説明を簡潔にするため，シンボル系列ではなく，0 番目のシンボルについて考える．式 (5.2) を式 (5.1) に代入して次式を得る．

$$s(t) = (\alpha_0 \cos\theta_0 \cos 2\pi f_0 t - \alpha_0 \sin\theta_0 \sin 2\pi f_0 t) g(t) \tag{5.4}$$

ここで，

$$X_0 = \alpha_0 \cos\theta_0, \quad Y_0 = \alpha_0 \sin\theta_0$$

とおいて次式とする．

$$s(t) = \{X_0 \cos 2\pi f_0 t + Y_0(-\sin 2\pi f_0 t)\} g(t) \tag{5.5}$$

また，変調シンボル波形 $g(t)$ として，次式で定義される時間幅 T の**方形関数**を用いる

[†1] 等価低域信号は帯域信号の特徴を表す解析モデルであり複素数の場合には実在しないが，実数部と虚数部に分ければ生成することができる．解析モデルである等価低域信号と実在のベースバンド信号はともに低域の周波数成分のみをもつが，本書では帯域信号に対する等価低域信号とベースバンド信号を区別する．また，信号 $v(t)$ が等価低域系であることを強調する場合には $\tilde{v}(t)$ の表記を用いる．

ことにする[†2].

$$g(t) = \begin{cases} 1, & -\dfrac{T}{2} \leq t < \dfrac{T}{2} \\ 0, & その他 \end{cases} \tag{5.6}$$

第4章の最適受信において，変調シンボル波形をルートナイキストフィルタのインパルス応答に等しくする必要があることを示したが，ここでは例として，方形の変調シンボル波形を仮定している．変調信号 $s(t)$ を図 5.3 (a) の座標 (X_0, Y_0) の信号ベクトル $\boldsymbol{S}$ として表現する．図において，式 (5.5) における $\cos 2\pi f_0 t$ と $-\sin 2\pi f_0 t$ の係数が座標 (X_0, Y_0) である．$\cos 2\pi f_0 t$ 軸は，**同相軸**または I 軸 (inphase component)，$-\sin 2\pi f_0 t$ 軸あるいは $\sin 2\pi f_0 t$ 軸は，**直交軸**または Q 軸 (quadrature component) とよばれる．図 5.3 (a) では $-\sin 2\pi f_0 t$ 軸を用いているが，$I_0 = X_0$, $Q_0 = -Y_0$ として信号ベクトル $\boldsymbol{S} = (I_0, Q_0)$ と $\sin 2\pi f_0 t$ 軸を用いて表現すれば次式となる．

$$s(t) = (I_0 \cos 2\pi f_0 t + Q_0 \sin 2\pi f_0 t)\, g(t) \tag{5.7}$$

図 5.3 (b) に信号ベクトル $\boldsymbol{S} = (I_0, Q_0)$ を示す．このようにしても，信号の $\sin 2\pi f_0 t$ 軸成分の情報の符号が反転するだけで一般性を失わない．なお，信号ベクトルの終点の座標は信号点とよばれる．

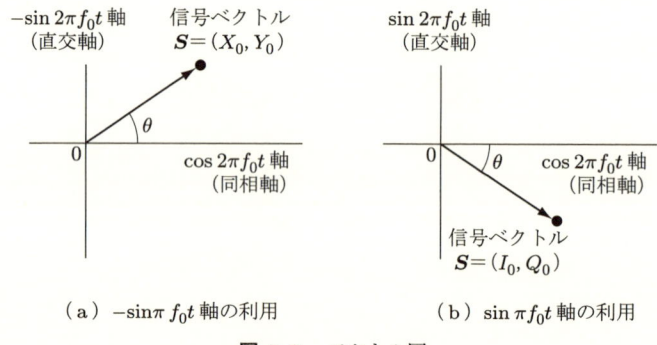

(a) $-\sin \pi f_0 t$ 軸の利用　　(b) $\sin \pi f_0 t$ 軸の利用

図 5.3　ベクトル図

正弦波を搬送波とした変調信号を復調する方法には，**非同期検波**と**同期検波**がある．非同期検波では受信機で搬送波の再生を行わない．一方，同期検波では復調の際に，搬送波の周波数と位相を受信機で再生して**再生搬送波**とし，これを用いて復調する．正弦波と余弦波の直交性を用いて信号成分を分離する同期検波を**直交検波**という．直

[†2] 本章において，$g(t)$ は方形関数を表すが，第 3 章では帯域フィルタのインパルス応答として用いていることに注意する．

交検波器を図 5.4 に示す．一般に，$v(t)$ と $w(t)$ が直交する条件は次式で表せる[†3]．

$$\int_{-\infty}^{\infty} v(t)w(t)\,dt = 0 \tag{5.8}$$

直交検波器の動作を理解するため，仮に雑音がないものとし，図 5.4 (a) の直交検波器において式 (5.7) に示す

$$s(t) = (I_0 \cos 2\pi f_0 t + Q_0 \sin 2\pi f_0 t)\,g(t)$$

が受信されたとする．受信機では**搬送波再生回路**により，送信機で用いた周波数と位相をもつ再生搬送波 $w(t)$ を生成する．

$$w(t) = \cos 2\pi f_0 t \tag{5.9}$$

搬送波の再生方法については 5.7 節で述べる．式 (5.7) の $s(t)$ を $v(t)$ として，式 (5.9) の $w(t)$ とともに，式 (5.8) の左辺に代入して次式を得る．

$$\int_{-\infty}^{\infty} (I_0 \cos 2\pi f_0 t + Q_0 \sin 2\pi f_0 t)g(t) \cos 2\pi f_0 t\,dt$$
$$= \int_{-T/2}^{T/2} \left(I_0 \frac{1+\cos 4\pi f_0 t}{2} + Q_0 \frac{\sin 4\pi f_0 t}{2}\right)dt = \frac{I_0 T}{2} + \varepsilon_I \tag{5.10}$$

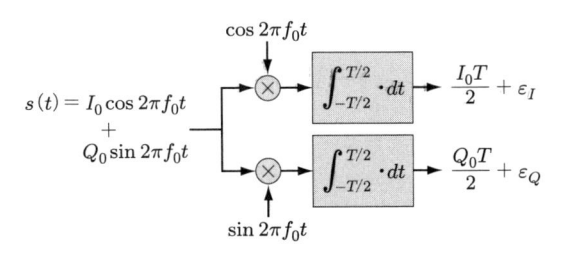

（a）積分器の利用

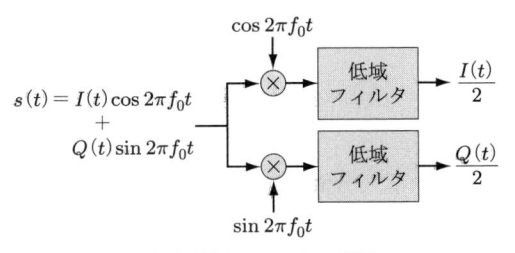

（b）低域フィルタの利用

図 5.4 直交検波器

[†3] $v(t)$ と $w(t)$ が複素数の場合，$w(t)$ の複素共役を $w^*(t)$ で表せば，$\int_{-\infty}^{\infty} v(t)w^*(t)\,dt = 0$ が直交条件となる[3]．

$$\varepsilon_I = \frac{1}{2}\int_{-T/2}^{T/2}(I_0\cos 4\pi f_0 t + Q_0 \sin 4\pi f_0 t)\,dt \tag{5.11}$$

ここで，$g(t)$ を式 (5.6) の方形関数とし，3 角関数の公式

$$\cos^2 A = \frac{1+\cos 2A}{2} \tag{5.12}$$

$$2\sin A \cos A = \sin 2A \tag{5.13}$$

を用いている．また，ε_I は $(1/2)I_0\cos 4\pi f_0 t$ または $(1/2)Q_0\sin 4\pi f_0 t$ の半周期にわたる積分値程度であり，搬送波周波数 f_0 が大きい場合には $I_0 T/2$ と比較して十分に小さいため無視できる．したがって，式 (5.10) における $\sin 2\pi f_0 t\ \cos 2\pi f_0 t$ の項の積分は $\sin 2\pi f_0 t$ と $\cos 2\pi f_0 t$ の直交性より 0 となる．同様に，受信波に $\sin 2\pi f_0 t$ を乗じて積分し，

$$\sin^2 A = \frac{1-\cos 2A}{2} \tag{5.14}$$

の公式を用いれば $Q_0 T/2$ が得られる．このようにして，受信波における $\cos 2\pi f_0 t$ の係数 I_0 と $\sin 2\pi f_0 t$ の係数 Q_0 が分離できる．I_0, Q_0 が時間関数でありそれぞれ $I(t), Q(t)$ で表される場合でも，これらに含まれる周波数成分と比較して搬送波周波数が大きい場合には直交性を満足する．また，積分ではなく，低域フィルタを用いれば時間関数 $I(t), Q(t)$ を容易に分離できる．図 5.4 (b) に低域フィルタを用いた直交成分の分離法を示す．図 5.4 (b) の上方の低域フィルタ入力は

$$I(t)\frac{1+\cos 4\pi f_0 t}{2}+Q(t)\frac{\sin 4\pi f_0 t}{2}$$

であり，低域フィルタにより搬送波周波数 f_0 の 2 倍の周波数 $2f_0$ の成分を除去すれば $I(t)/2$ が得られることがわかる．同様に，図 5.4 (b) の下方の低域フィルタ出力は $Q(t)/2$ となる．以上のように，$\cos 2\pi f_0 t$ と $\sin 2\pi f_0 t$ の直交性を利用することにより $\cos 2\pi f_0 t$ の係数 $I(t)$ と $\sin 2\pi f_0 t$ の係数 $Q(t)$ の両方を独立に復調することができる．

5.2 信号点間距離と誤り率

図 5.5 に受信波 $r(t)$ のベクトル図を示す．図 5.5 では，直交軸として $\sin 2\pi f_0 t$ 軸を用いている．式 (5.7) で表される変調信号

$$s(t)=(I_0\cos 2\pi f_0 t + Q_0\sin 2\pi f_0 t)\,g(t)$$

をベクトル $\boldsymbol{S}$ で表す．信号ベクトル $\boldsymbol{S}$ にガウス雑音 $n(t)$ のベクトル $\boldsymbol{N}$ が加わり受信波 $r(t)$ のベクトル $\boldsymbol{R}$ となる．

$$r(t)=s(t)+n(t) \tag{5.15}$$

5.2 信号点間距離と誤り率

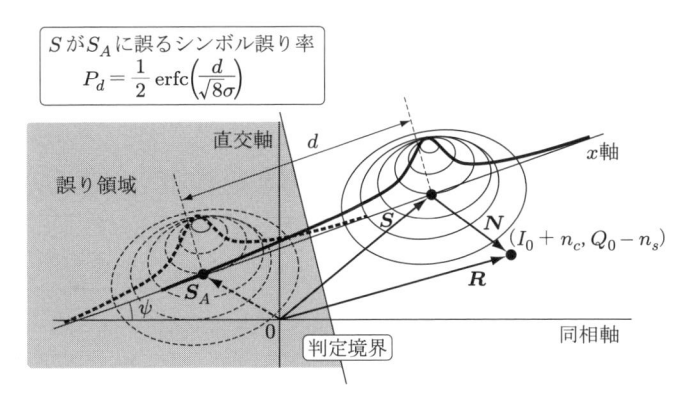

図 5.5 受信波のベクトル図

ガウス雑音 $n(t)$ は次式で表される.

$$n(t) = \eta(t)\cos\{2\pi f_0 t + \phi(t)\} = n_c(t)\cos 2\pi f_0 t - n_s(t)\sin 2\pi f_0 t \quad (5.16)$$

ここで, $\eta(t)$ と $\phi(t)$ は雑音の包絡線と位相を表す. また,

$$n_c(t) = \eta(t)\cos\phi(t)$$
$$n_s(t) = \eta(t)\sin\phi(t)$$

は, それぞれ, 平均が 0, 分散が σ^2 のガウス分布に従うランダム変数である. いま, 式 (5.6) の変調シンボル波形 $g(t)$ で定義されている時間幅 $(-T/2, T/2)$ 内のある時刻 t_0 における信号ベクトル S と雑音ベクトル N を考える. 信号ベクトル S の成分表示は (I_0, Q_0) である. $n_c(t)$ と $n_s(t)$ の標本値を, それぞれ, $n_c(= n_c(t_0))$, $n_s(= n_s(t_0))$ とおけば, 雑音ベクトル N の成分表示は (n_c, n_s) となる. したがって, 図 5.5 において, 受信波ベクトル R の座標は $(I_0 + n_c, Q_0 - n_s)$ で表される.

さて, 信号ベクトル S と, 別の信号ベクトル S_A の 2 つの信号の候補があり, S を送信して受信機で S_A が送信されたと判定するシンボル誤りを考える. 以後, 信号ベクトル S と S_A の, それぞれの座標を信号点とよび, 信号ベクトル S, S_A と同じ表記を用いるものとする. S が雑音とともに受信される場合, 受信波の確率密度関数は図 5.5 に実線で示す山状の 2 次元ガウス分布となる. ここで, 最尤受信機の基準あるいは最小自乗距離の基準を用いて, 信号点 S と S_A を結ぶ線分の垂直 2 等分線を判定境界とすれば, 判定境界より左側が誤り領域であり, 受信波のベクトルの終点がこの領域に入れば誤りとなる. この場合の誤り率を求めるには, 平均が (I_0, Q_0) の 2 次元ガウス分布の確率密度関数を誤り領域にわたって同相軸と直交軸での 2 重積分が必要となる. しかしながら, 誤り事象に関係する雑音成分は, 信号点 S と S_A を結ぶ軸を x 軸とすれば, 雑音の x 軸成分 n_x のみであるため, x 軸に関する積分のみで誤り率を

求めることができる．図 5.5 において信号点 S と S_A を結ぶ x 軸と同相軸のなす角を ψ とすれば，雑音の x 軸成分 n_x は

$$n_x = n_c \cos\psi + n_s \sin\psi \tag{5.17}$$

となる．n_x の平均 μ_x と分散 σ_x^2 は次式で与えられる．

$$\mu_x = \overline{n_c}\cos\psi + \overline{n_s}\sin\psi = 0 \tag{5.18}$$

$$\sigma_x^2 = \overline{(n_c \cos\psi + n_s \sin\psi)^2}$$
$$= \sigma^2(\cos^2\psi + \sin^2\psi) + 2\overline{n_c n_s}\cos\psi\sin\psi = \sigma^2 \tag{5.19}$$

式 (5.18)，(5.19) において，$\overline{n_c^2} = \overline{n_s^2} = \sigma^2$，$\overline{n_c} = \overline{n_s} = 0$ の関係と，n_c と n_s の統計的独立性を用いた．以上より，ガウス雑音の x 軸成分は，平均 0，分散 σ^2 のガウス分布を成すことがわかる．このため，考慮する信号点が S と S_A の 2 つの場合に，S と S_A の信号点間の**ユークリッド距離**[†4] を d とすればシンボル誤り率 P_d は次式で表される．

$$P_d = \int_{-\infty}^{-d/2} \frac{1}{\sqrt{2\pi}\sigma}\exp\left[-\frac{x^2}{2\sigma^2}\right]dx$$
$$= \frac{1}{2}\left\{1 - \text{erf}\left(\frac{d}{\sqrt{8}\sigma}\right)\right\} = \frac{1}{2}\text{erfc}\left(\frac{d}{\sqrt{8}\sigma}\right) \tag{5.20}$$

ここで，**誤差関数** (error function) $\text{erf}(x)$ と**誤差補関数** (complementary error function) $\text{erfc}(x)$ は，

$$\text{erf}(x) = \frac{2}{\sqrt{\pi}}\int_0^x \exp[-t^2]\,dt \tag{5.21}$$

$$\text{erfc}(x) = 1 - \text{erf}(x) = \frac{2}{\sqrt{\pi}}\int_x^\infty \exp[-t^2]\,dt \tag{5.22}$$

で定義される．なお，式 (5.20) の式変形では，$t = x/\sqrt{2}\sigma$ の変数変換を用いている．誤差関数と誤差補関数は

$$\text{erf}(-\infty) = -1, \quad \text{erf}(0) = 0, \quad \text{erf}(\infty) = 1$$
$$\text{erfc}(-\infty) = 2, \quad \text{erfc}(0) = 1, \quad \text{erfc}(\infty) = 0$$

の関係を満足する．

妨害要因としてガウス雑音のみを考慮する場合には，式 (5.20) で表されるように 2 つの信号点のシンボル誤り率が，信号点間距離 d とガウス雑音の標準偏差 σ のみで表現できることは有用である．

[†4] 2 次元座標 (x_1, y_1) と (x_2, y_2) で表される 2 つの信号点間のユークリッド距離は $\sqrt{(x_1-x_2)^2 + (y_1-y_2)^2}$ である．一般に，N 次元空間において N 次元のベクトル $(v_1, v_2, \cdots, v_N)$ と $(w_1, w_2, \cdots, w_N)$ のユークリッド距離は $\sqrt{(v_1-w_1)^2 + (v_2-w_2)^2 + \cdots + (v_N-w_N)^2}$ となる (1.3 節参照)．

誤差関数 erf(x) は次式で良く近似される[8].

$$\text{erf}(x) = \frac{2}{\sqrt{\pi}} \exp[-x^2] \sum_{n=0}^{\infty} \frac{2^n x^{2n+1}}{(2n+1)!!} \tag{5.23}$$

ここで,$(2n+1)!! = (2n+1)(2n-1)\cdots 3\cdot 1$ である.また,x が大きい領域で式 (5.23) の収束が悪くなる場合には

$$\text{erf}(x) \approx 1 - \frac{1}{\sqrt{\pi}x} \exp[-x^2] \tag{5.24}$$

の近似式を用いればよい[1],[4].図 5.6 に誤差関数と誤差補関数の例を示す.ガウス分布の積分の表現では,誤差関数,誤差補関数とともにガウス分布の積分形式

$$Q(x) = \int_{-\infty}^{x} \frac{1}{\sqrt{2\pi}} \exp\left[-\frac{x^2}{2}\right] dx \tag{5.25}$$

もよく用いられる.

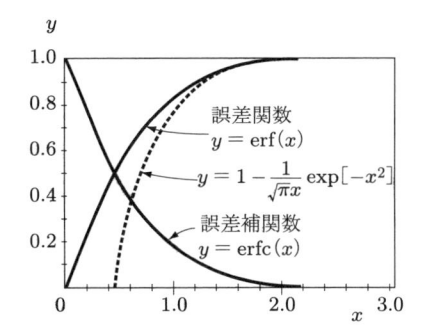

図 5.6 誤差関数,誤差補関数とその近似

次に,信号点 $\boldsymbol{S}, \boldsymbol{S}_A$ に加え,$\boldsymbol{S}_B, \boldsymbol{S}_C, \cdots$ のように 3 つ以上の信号点が存在する場合のシンボル誤り率 P_s について考える.$P[\alpha]$ が事象 α の発生確率を表し,$\boldsymbol{S} \to \boldsymbol{S}_A$ が $\boldsymbol{S}$ を送信して受信機で $\boldsymbol{S}_A$ と判定される事象を,$\alpha \cup \beta \cup \gamma$ が事象 α,事象 β,事象 γ のいずれか,あるいは,複数の事象が発生する和事象を表すものとする.3 つ以上の信号点が存在する場合のシンボル誤り率 P_s は

$$P_s = P[(\boldsymbol{S} \to \boldsymbol{S}_A) \cup (\boldsymbol{S} \to \boldsymbol{S}_B) \cup (\boldsymbol{S} \to \boldsymbol{S}_C) \cup \cdots]$$

で表され,$P[\boldsymbol{S} \to \boldsymbol{S}_A], P[\boldsymbol{S} \to \boldsymbol{S}_B], P[\boldsymbol{S} \to \boldsymbol{S}_C], \cdots$ のいずれか 1 つを用いるとシンボル誤り率 P_s の下界が得られる.

$$P_s > P[\boldsymbol{S} \to \boldsymbol{S}_X] \tag{5.26}$$

ここで,$\boldsymbol{S}_X$ ($X = A, B, C, \cdots$) は誤りとなる信号点の候補を表す.図 5.7 (a) は,$\cos 2\pi f_0 t$ と $\sin 2\pi f_0 t$ を軸とした 2 次元平面に,$\boldsymbol{S}, \boldsymbol{S}_A, \boldsymbol{S}_B, \boldsymbol{S}_C$ の 4 つの信号点を配

置した例である．4.4 節 (c) の最小自乗距離受信機の基準では，図 5.7 (a) 上のどこか
の 1 点を受信すれば，その受信点からの自乗距離が最も小さくなる信号点が送信され
たと判定する．この判定を行うための判定境界を図中の破線で示す．送信信号点 S に
対しては図 5.7(a) 下部の白抜きの領域が正しく受信される領域であり，灰色の領域が
誤り領域である．$P[S \to S_A]$ は，図 5.7 (a) において灰色で示される誤り領域全体の
うち S と S_A の垂直 2 等分線による上半平面のみを用いてシンボル誤り率を求めるこ
とになるため，シンボル誤り率 P_s の下界となる．

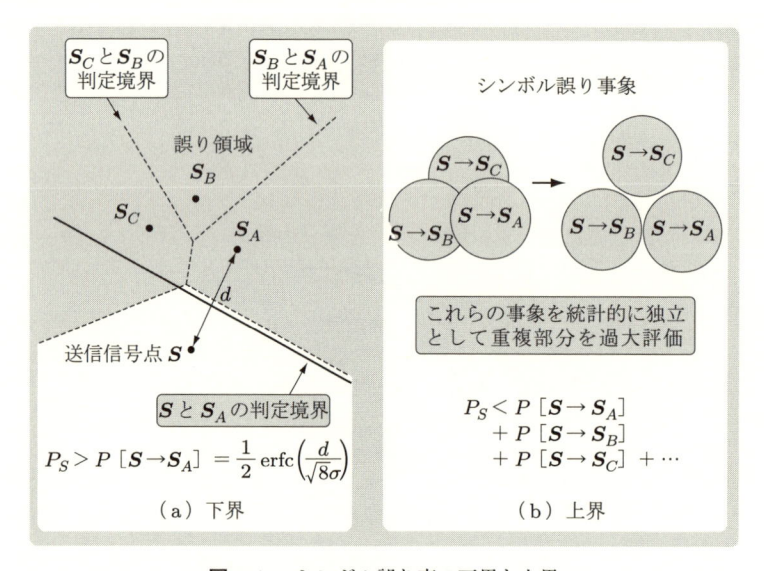

図 5.7 シンボル誤り率の下界と上界

また，S が他の信号点に誤る事象の確率の和をとれば，シンボル誤り率の上界が得
られる．

$$P_s < P[S \to S_A] + P[S \to S_B] + P[S \to S_C] + \cdots \tag{5.27}$$

この上界は図 5.7 (b) に示すように $S \to S_A$, $S \to S_B$, $S \to S_C, \cdots$ の事象を統計的
に独立であると仮定して，これらの誤り率の重複部分を過大評価したものである．

5.3 振幅シフトキーイング

振幅シフトキーイング (amplitude shift keying：**ASK**) は，情報により搬送波の振幅
を変化させる変調方式で，ディジタル振幅変調ともよばれる．M 値 ASK 信号 (M-ary
ASK：MASK) の等価低域信号を次式で表現する．

$$\tilde{s}(t) = Ca_0 g(t) \tag{5.28}$$

(a) 信号波形

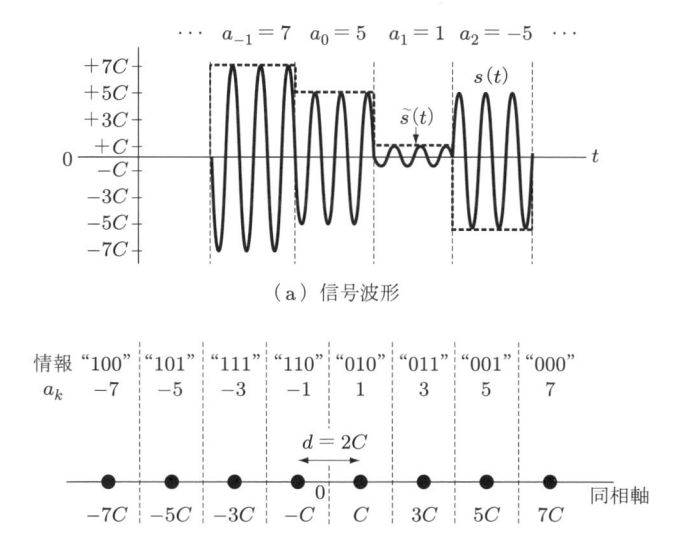

(b) 信号点配置

図 5.8　8ASK 信号波形と信号点配置

ここで，C は振幅係数，$g(t)$ はシンボル波形，$a_0(=\pm 1, \pm 3, \cdots, \pm(M-1))$ は $\log_2 M$ ビット情報を担う 0 番目の M 値情報シンボルである．図 5.8 に 8ASK の信号波形と信号点配置を示す．図 5.8 (a) は，k 番目の情報シンボルを a_k で表し，シンボル系列が $a_{-1}=7, a_0=5, a_1=1, a_2=-5$ の場合の信号波形を表している．図におけるシンボル a_1 と a_2 の間では，シンボルの符号が反転するため，搬送波の位相も反転している．また，ここでは，a_k と 3 ビット情報の写像には，隣接する符号のハミング距離が 1 となるグレイ符号を用いている．シンボル誤りが発生する場合，隣接する信号点に誤ることが多い．このため，グレイ符号を用いればシンボル誤りが発生しても，情報ビットの誤りを 1 ビットに抑えることができる．なお，自然 2 進符号[†5]を用いて，送信シンボル 011 が隣接する 100 に誤った場合には，一度に 3 ビットの誤りが発生することになる．

等価低域系における 8ASK の信号電力 P_{AV-BB} は，図 5.8 (b) の各信号点の電力を平均して得られる．

$$P_{AV-BB} = \frac{(-7)^2 + (-5)^2 + \cdots + 5^2 + 7^2}{8} C^2 = 21 C^2 \tag{5.29}$$

帯域信号としての 8ASK の平均電力 P_{AV-BP} は，等価低域系における平均電力の半

[†5] 2 進数において，000 から，001, 010, $\cdots$, 111 のように 1 ずつ増加するように並べた符号を自然 2 進符号という．

分であり，$21C^2/2$ となる (付録 C 参照)．

ASK のシンボル誤り率は送信シンボルに依存する．図 5.8 (b) において，端の信号点は中央の信号点と比較して隣接する信号点が少ないため，シンボル誤り率も小さくなる．本節では ASK のシンボル誤り率 P_s の下界を示す．図 5.8 (b) より，8ASK の信号点間距離 d が $2C$ となることから，式 (5.20) ならびに式 (5.26) を用いて次式を得る[6]．

$$P_s > \frac{1}{2}\mathrm{erfc}\left(\frac{d}{\sqrt{8}\sigma}\right) = \frac{1}{2}\mathrm{erfc}\left(\frac{2C}{\sqrt{8}\sigma}\right) = \frac{1}{2}\mathrm{erfc}\left(\sqrt{\frac{\gamma}{21}}\right) \tag{5.30}$$

ここで，$\gamma = 21C^2/2\sigma^2$ は信号対雑音電力比 (SN 比) である．付録 A に多値変調方式のシンボル誤り率 P_s とビット誤り率 P_b の関係を示す．多値変調方式のビット誤り率の近似解は

$$P_b \approx \frac{1}{2}P_s \tag{5.31}$$

で与えられる．なお，ASK のビット誤り率の厳密解については 5.6 節で述べる．

5.4 位相シフトキーイング

位相シフトキーイング (phase shift keying：**PSK**) は，情報により搬送波の位相を変化させる変調方式で，ディジタル位相変調ともよばれる．M 相 PSK (M-ary PSK：**MPSK**) 信号の等価低域信号 $\tilde{s}(t)$ を次式で表現する．

$$\tilde{s}(t) = A\exp[j\theta_0]\,g(t) \tag{5.32}$$

ここで，A は振幅，$g(t)$ は変調シンボル波形であり，$\theta_0\,(= 0, 1\cdot 2\pi/M, 2\cdot 2\pi/M, \cdots, (M-1)\cdot 2\pi/M)$ は 0 番目のシンボルの位相を表しており，$\log_2 M$ ビット情報を担っている．

2 相 PSK (binary PSK：**BPSK**) では，$\theta_0(= 0, \pi)$ が 2 値情報に対応する．また，θ_0 の変化を 2 値情報シンボル $a_0(= \exp[j\theta_0] = \pm 1)$ の振幅変化として表せば，BPSK 信号は 2 値 ASK 信号としても表現できる．

$$\tilde{s}(t) = Aa_0 g(t) \tag{5.33}$$

図 5.9 に BPSK 信号波形と信号点配置を示す．図において，a_{-1}, a_0, a_1 は，それぞれ先行シンボル，着目シンボル，および，後続シンボルの 2 値情報を表し，a_{-1}, a_0, a_1 に応じて位相角が変化している．BPSK のシンボル誤り率 P_s は多値数が 2 値であるためビット誤り率 P_b と等しい．図 5.9(b) において BPSK の信号点間距離 d が $2A$ となることから式 (5.20) より次式を得る．

$$P_s = \frac{1}{2}\mathrm{erfc}\left(\frac{d}{\sqrt{8}\sigma}\right) = \frac{1}{2}\mathrm{erfc}\left(\frac{2A}{\sqrt{8}\sigma}\right) = \frac{1}{2}\mathrm{erfc}\left(\sqrt{\gamma}\right) \tag{5.34}$$

---

[6] 4.2 節で述べた最適受信では，整合フィルタ出力での信号点間距離を用いる．

（a）信号波形　　　　　　　　　（b）信号点配置

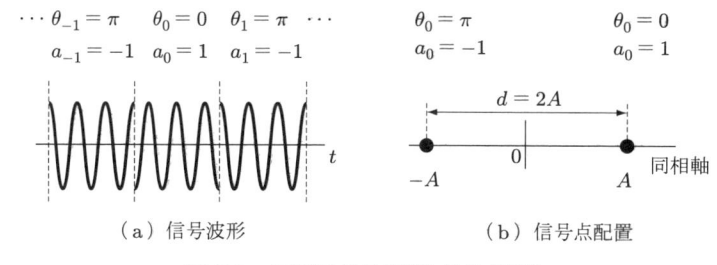

図 5.9　BPSK 信号波形と信号点配置

ここで，$\gamma = A^2/2\sigma^2$ は搬送波対雑音電力比 (carrier to noise power ratio：CN 比) であり，$A^2/2$ が搬送波電力を，σ^2 が雑音電力を表している (付録 C 参照)．図 5.10 に同期検波を用いる BPSK のビット誤り率を示す．

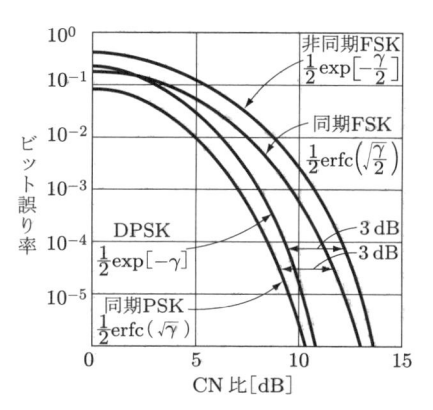

図 5.10　2 値変調信号のビット誤り率特性

直交位相シフトキーイング (quadrature phase shift keying：**QPSK**) は，一般に**直交位相変調**とよばれる．QPSK の等価低域信号を次式で表す．

$$\tilde{s}(t) = \frac{A}{\sqrt{2}}(a_0 + jb_0)g(t) \tag{5.35}$$

ここで，$a_0, b_0 (= \pm 1)$ はそれぞれ 2 値の情報シンボルであり，搬送波電力は $A^2/2$ である．QPSK を式 (5.33) の BPSK と比較すれば，QPSK が $\cos 2\pi f_0 t$ の同相軸と $\sin 2\pi f_0 t$ の直交軸で独立に BPSK 変調し，振幅をそれぞれ $A/\sqrt{2}$ とした上で加算したものであることがわかる．図 5.11 (a) に同相軸の BPSK と直交軸の BPSK の合成を示す．QPSK の受信機では同相軸と直交軸を独立に復調する．図 5.11 (b) において同相軸ならびに直交軸における信号点間距離 d は等しく $\sqrt{2}A$ である．したがって，QPSK の各軸のビット誤り率 P_b は式 (5.20) より，

(a) 信号波形

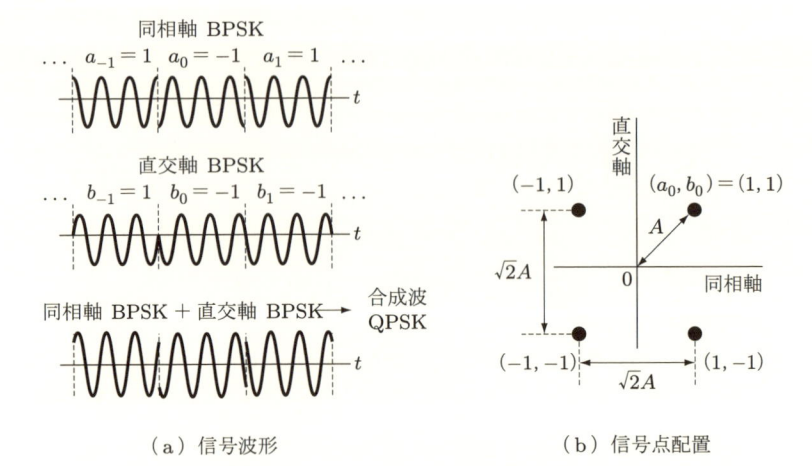

(b) 信号点配置

図 5.11　QPSK 信号波形と信号点配置

$$P_b = \frac{1}{2}\mathrm{erfc}\left(\frac{d}{\sqrt{8}\sigma}\right) = \frac{1}{2}\mathrm{erfc}\left(\frac{\sqrt{2}A}{\sqrt{8}\sigma}\right) = \frac{1}{2}\mathrm{erfc}\left(\sqrt{\frac{\gamma}{2}}\right) \tag{5.36}$$

となる．QPSK を BPSK と等しい電力とすれば，QPSK の各軸の電力が BPSK の電力の半分となるためビット誤り率は CN 比で 3 dB 劣化するが，BPSK と同じ帯域幅で 2 倍の情報を伝送できる利点がある．

PSK 信号を整合フィルタを用いて復調すれば，整合フィルタ出力の SN 比が，エネルギーコントラスト比を E_b/N_0 として，$2E_b/N_0$ で表される (4.2 節，式 (4.27)，および付録 C 参照)．ここで，E_b はビットエネルギー，$N_0/2$ は雑音の電力スペクトル密度である．一方，整合フィルタ出力におけるベースバンド信号の振幅を A，雑音の分散を σ^2 とすれば，その SN 比は A^2/σ^2 である．したがって，次式が成立する．

$$\frac{A^2}{\sigma^2} = 2\frac{E_b}{N_0} \tag{5.37}$$

式 (5.37) を式 (5.36) に代入すれば BPSK のビット誤り率として次式を得る．

$$P_b = \frac{1}{2}\mathrm{erfc}\left(\sqrt{\frac{E_b}{N_0}}\right) \tag{5.38}$$

QPSK においても，直交軸と同相軸を独立に考えれば，それぞれの変調信号が 1 ビット情報を担っている BPSK であることから，E_b/N_0 で表現した QPSK のビット誤り率は BPSK のビット誤り率と等しく式 (5.38) となる．

さて，QPSK を位相と指数関数を用いて表現すると次式となる．

$$\tilde{s}(t) = A\exp[j\theta_0]\,g(t) \tag{5.39}$$

ここで，位相 θ_0 は $\pi/4, 3\pi/4, 5\pi/4, 7\pi/4$ の 4 値をとる．復調器において 4 つの位相の 1 つが送信されたとして 4 値シンボルの判定を行う場合には，QPSK でも quadrature (直交) PSK ではなく，多相 PSK の一種である quarternary (4 相) PSK とみるべきである．4 相 PSK のシンボル誤り率 P_s は次式で表される (例題 5.1 参照)．

$$P_s = \mathrm{erfc}\left(\sqrt{\frac{\gamma}{2}}\right) - \frac{1}{4}\mathrm{erfc}^2\left(\sqrt{\frac{\gamma}{2}}\right) \tag{5.40}$$

また，8 相以上の多値数をもつ M 相 PSK (MPSK) 信号において，$\theta_0\,(=0, 1\cdot 2\pi/M, 2\cdot 2\pi/M, \cdots, (M-1)\cdot 2\pi/M)$ を送信した場合には，受信信号の位相 $\hat{\theta}_0$ が

$$\theta_0 - \frac{\pi}{M} < \hat{\theta}_0 < \theta_0 + \frac{\pi}{M} \tag{5.41}$$

を満足すれば正しく復調され，満足しないときに誤りが発生する．

> **例題 5.1** **4 相 PSK のシンボル誤り率**
> 信号点間距離が d の場合の誤り率 $P_d = (1/2)\mathrm{erfc}(d/\sqrt{8}\sigma)$ を用いて，4 相 PSK (4PSK) のシンボル誤り率の厳密解 P_s を CN 比 γ を用いて表せ．

解 4PSK の信号点配置を下図に示す．4 つの信号点は対称であるため，どのシンボルを送信してもシンボル誤り率は等しい．このため，信号点 (1, 1) のシンボル誤り率を求める．下図において，信号点 (1, 1) を送信した場合，受信信号ベクトルが下図の斜線部に入るとシンボル誤りが発生する．受信信号ベクトルが左半平面に入る確率は，信号点が (1, 1) と (−1, 1) の 2 つのみである場合に，(1, 1) を送信して (−1, 1) を受信する誤り率 $P[(1, 1) \to (-1, 1)]$ に等しい．4PSK の信号振幅を A とすれば，信号点間距離 d は $\sqrt{2}A$ であり，これを P_d に代入して次式が得られる．

$$P[(1, 1) \to (-1, 1)] = \frac{1}{2}\mathrm{erfc}\left(\frac{A}{2\sigma}\right) = \frac{1}{2}\mathrm{erfc}\left(\sqrt{\frac{\gamma}{2}}\right) \quad\text{──①}$$

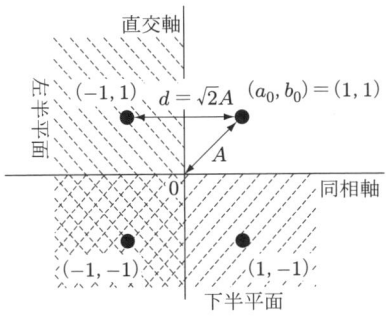

信号点配置

ここで，$\gamma(=A^2/2\sigma^2)$ は CN 比である．同様に，受信信号ベクトルが下半平面に入る確率は，信号点が (1, 1) と (1, −1) の 2 つの場合の誤り率であり，次式となる．

$$P[(1,\ 1) \to (1,\ -1)] = \frac{1}{2}\operatorname{erfc}\left(\sqrt{\frac{\gamma}{2}}\right) \qquad\qquad ②$$

さて，受信信号ベクトルが，信号点 $(-1, -1)$ が存在する第 3 象限に入る確率は，雑音の同相成分と直交成分が統計的に独立であるため，式①と式②の積で与えられる．

$$P[(1,\ 1) \to (-1,\ 1)] \cdot P[(1,\ 1) \to (1,\ -1)] = \frac{1}{4}\operatorname{erfc}^2\left(\sqrt{\frac{\gamma}{2}}\right) \qquad ③$$

したがって，4PSK のシンボル誤り率 P_s の厳密解は，式①の左半平面に入る確率と式②の下半平面に入る確率の和をとり，式③の重複部分の確率を減じて得られる．

$$P_s = \operatorname{erfc}\left(\sqrt{\frac{\gamma}{2}}\right) - \frac{1}{4}\operatorname{erfc}^2\left(\sqrt{\frac{\gamma}{2}}\right)$$

例題 5.2　8 相 PSK のシンボル誤り率

信号点間距離が d の場合の誤り率 $P_d = (1/2)\operatorname{erfc}(d/\sqrt{8}\sigma)$ を用いて，8 相 PSK (8PSK) のシンボル誤り率 P_s の上界を CN 比 γ を用いて表せ．

解　グレイ符号を写像した 8PSK の信号点を図 (a) に示す．信号点が対称であり，どのシンボルを送信してもシンボル誤り率は等しい．このため，信号点 (000) のシンボル誤り率の上界を求める．図 (a) において信号点 (000) を送信した場合，受信信号ベクトルが図 (a) の斜線部に入るとシンボル誤りが発生する．受信信号ベクトルが半平面 1 に入る確率は，信号点が 2 つのみの場合の図 (b) において，(000) を送信して (001) を受信する誤り率 $P[(000) \to (001)]$ に等しい．

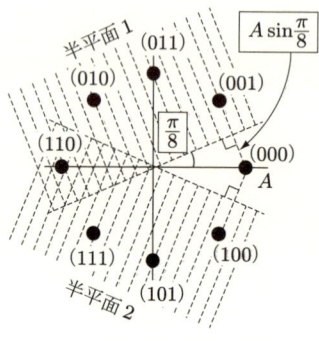

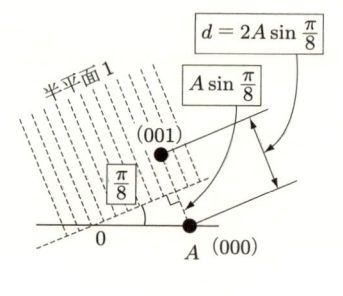

（a）8PSK の誤り領域　　　　　（b）信号点間距離

$$P[(000) \to (001)] = \frac{1}{2}\operatorname{erfc}\left(\frac{d}{\sqrt{8}\sigma}\right) = \frac{1}{2}\operatorname{erfc}\left(\sqrt{\gamma \sin^2\frac{\pi}{8}}\right)$$

ここで，(000) と (001) の信号点間距離 $d = 2A\sin(\pi/8)$ を P_d に代入して用いている．また，$\gamma\ (= A^2/2\sigma^2)$ は CN 比である．同様に，受信信号ベクトルが半平面 2 に入る確

率は，信号点が (000) と (100) の 2 つのみの場合の誤り率であり，次式となる．
$$P[(000) \to (100)] = \frac{1}{2}\operatorname{erfc}\left(\sqrt{\gamma \sin^2 \frac{\pi}{8}}\right)$$

$P[(000) \to (001)]$ と $P[(000) \to (100)]$ を加算すれば，図 (a) の斜線部における信号点 (110) 付近の確率を 2 重に加算することになり，シンボル誤り率 P_s の上界が得られる．
$$P_s < \operatorname{erfc}\left(\sqrt{\gamma \sin^2 \frac{\pi}{8}}\right)$$

5.5　周波数シフトキーイング

周波数シフトキーイング (frequency shift keying：**FSK**) では，情報に応じて周波数の異なる 2 つの搬送波を切り替える．FSK はディジタル周波数変調ともよばれる．図 5.12 (a) に FSK 信号波形の例を示す．2 値 FSK (binary FSK：**BFSK**)，あるいは，2 周波 FSK の変調信号 $s(t)$ と等価低域信号 $\tilde{s}(t)$ は次式で表される．

$$s(t) = \begin{cases} A\cos 2\pi f_1 t\ g(t), & a_0 = -1 \\ A\cos 2\pi f_2 t\ g(t), & a_0 = 1 \end{cases} \tag{5.42}$$

$$\tilde{s}(t) = \exp\left[j2\pi a_0 \frac{f_2 - f_1}{2}\right] g(t) \tag{5.43}$$

ここで，f_1 と f_2 は 2 値情報シンボル $a_0 (= \pm 1)$ に応じて切り替えて使用する周波数

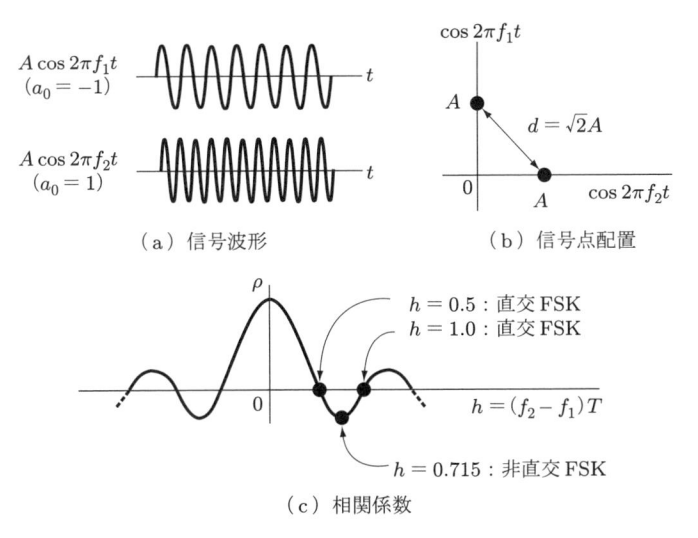

（a）信号波形

（b）信号点配置

（c）相関係数

図 **5.12**　同期 FSK

であり，中心周波数は $f_0 = (f_2 + f_1)/2$, $(f_2 > f_1)$ である．また，変調信号の起点を時刻 0 とするため，変調シンボル波形として $(0, 1)$ で定義される方形関数

$$g(t) = \begin{cases} 1, & 0 \leq t < T \\ 0, & その他 \end{cases} \tag{5.44}$$

を仮定する．2 つの変調信号の相関係数 ρ は次式で表される．

$$\begin{aligned}\rho &= \frac{1}{E_b} \int_0^T A\cos 2\pi f_1 t \; A\cos 2\pi f_2 t \, dt \\ &= \frac{\sin 2\pi(f_2 - f_1)T}{2\pi(f_2 - f_1)T} + \frac{\sin 2\pi(f_2 + f_1)T}{2\pi(f_2 + f_1)T}\end{aligned} \tag{5.45}$$

ここで，$E_b = A^2 T/2$ は変調信号のビットエネルギーであり，また，式変形では

$$\cos A \cos B = \frac{1}{2}\{\cos(A+B) + \cos(A-B)\} \tag{5.46}$$

の公式を用いている．$f_1 + f_2$ が十分大きいとして式 (5.45) の第 2 項を無視し，第 1 項のみから求めた相関係数 ρ を図 5.12 (c) に示す．相関係数 ρ が 0 となるとき，$s_1(t)$ と $s_2(t)$ は式 (5.8) の直交条件を満足する．FSK の変調指数 h は

$$h = (f_2 - f_1)T$$

で定義される．図 5.12 (c) において変調指数 h が $0.5, 1.0, 1.5, \cdots$ の場合に相関係数 ρ が 0 となり，**直交 FSK** を表すことがわかる．直交 FSK の中で最も周波数間隔が狭い変調指数 $h = 0.5$ の FSK で，シンボルの変化点で位相が連続となる変調方式を**最小シフトキーイング** (minimum shift keying : **MSK**) という．MSK は，シンボル間隔が $2T$ の QPSK において，同相軸波形と直交軸波形に T 秒のオフセットを用いて**オフセット QPSK(OQPSK)** とし，さらに，シンボル波形 $g(t)$ として正弦波の半周期を用いた変調方式として表現することができる．図 5.13 (a)〜(c) に QPSK，OQPSK，ならびに MSK の等価低域信号波形の例を示す．図 5.13 (c) において同相軸と直交軸の情報はそれぞれ $2T$ の幅をもつ正弦波の半周期波形 $g(t)$ の正負により伝送される．MSK は QPSK と同様に同期検波できるが，同相軸と直交軸で独立に伝送される情報は FSK で用いる情報 a_0 とは異なる．図 5.13 (d) に MSK の直交軸表現 $S_{IQ}(t)$ と FSK 表現 $S_{FSK}(t)$ の関係を示す．

2 値直交 FSK を同期検波する場合には，図 5.12 (b) の信号点配置より信号点間距離 d が $\sqrt{2}A$ となることから，そのシンボル誤り率 P_s はビット誤り率 P_b と等しく式 (5.20) を用いて，

$$P_s = \frac{1}{2}\operatorname{erfc}\left(\frac{d}{\sqrt{8}\sigma}\right) = \frac{1}{2}\operatorname{erfc}\left(\frac{\sqrt{2}A}{\sqrt{8}\sigma}\right) = \frac{1}{2}\operatorname{erfc}\left(\sqrt{\frac{\gamma}{2}}\right) \tag{5.47}$$

(a) QPSK

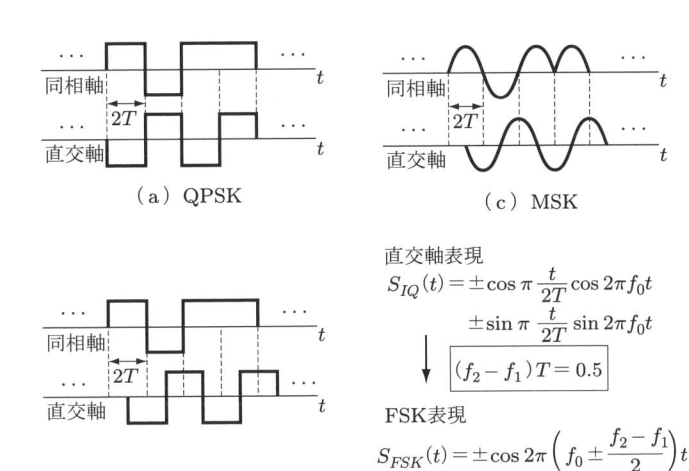

(c) MSK

(b) OQPSK

(d) 直交軸表現と FSK 表現

直交軸表現
$$S_{IQ}(t) = \pm\cos\pi\frac{t}{2T}\cos 2\pi f_0 t$$
$$\pm\sin\pi\frac{t}{2T}\sin 2\pi f_0 t$$
$$\downarrow$$
$$\boxed{(f_2 - f_1)T = 0.5}$$

FSK表現
$$S_{FSK}(t) = \pm\cos 2\pi\left(f_0 \pm \frac{f_2 - f_1}{2}\right)t$$

図 5.13　MSK の直交軸表現

で表される．同期検波を用いる直交 FSK は，単に同期 FSK ともよばれる．図 5.10 に 2 値同期 FSK の誤り率を示す．なお，シンボル誤り率を最小とするのは直交 FSK ではなく，図 5.12 (c) で相関係数 ρ が最小となる $h = 0.715$ の場合であることに注意を要する．多値数が大きな M 値 FSK (**MFSK**) の場合には，1 シンボルで $\log_2 M$ ビットの情報を伝送できるが，伝送に必要な帯域幅も増加する．

5.6　直交振幅変調

直交振幅変調 (quadrature amplitude modulation：**QAM**) は，同相軸と直交軸の両方に ASK を適用した変調方式である．M 値 QAM (MQAM) の等価低域信号 $\tilde{s}(t)$ は次式で表される．

$$\tilde{s}(t) = C(a_0 + jb_0)\,g(t) \tag{5.48}$$

ここで，C は振幅係数，$g(t)$ は変調シンボル波形，$a_0, b_0 (= \pm 1, \pm 3, \cdots, \pm(\sqrt{M} - 1))$ はそれぞれ $(1/2)\log_2 M$ ビット情報を担う情報シンボルである．16QAM の信号点配置を図 5.14 (a) に示す．

等価低域系における 16QAM の信号電力 P_{AV-BB} は，図 5.14 (a) の各信号点の電力を平均して得られる．

$$P_{AV-BB} = 2\frac{1^2 + 3^2 + (-1)^2 + (-3)^2}{4}C^2 = 10C^2 \tag{5.49}$$

ここでは，図 5.14 (b) に示す同相軸の ASK の平均電力を求め，2 倍して QAM の平均電力としている．帯域信号としての QAM の平均電力 P_{AV-BP} は，等価低域系に

（a）2次元信号点配置

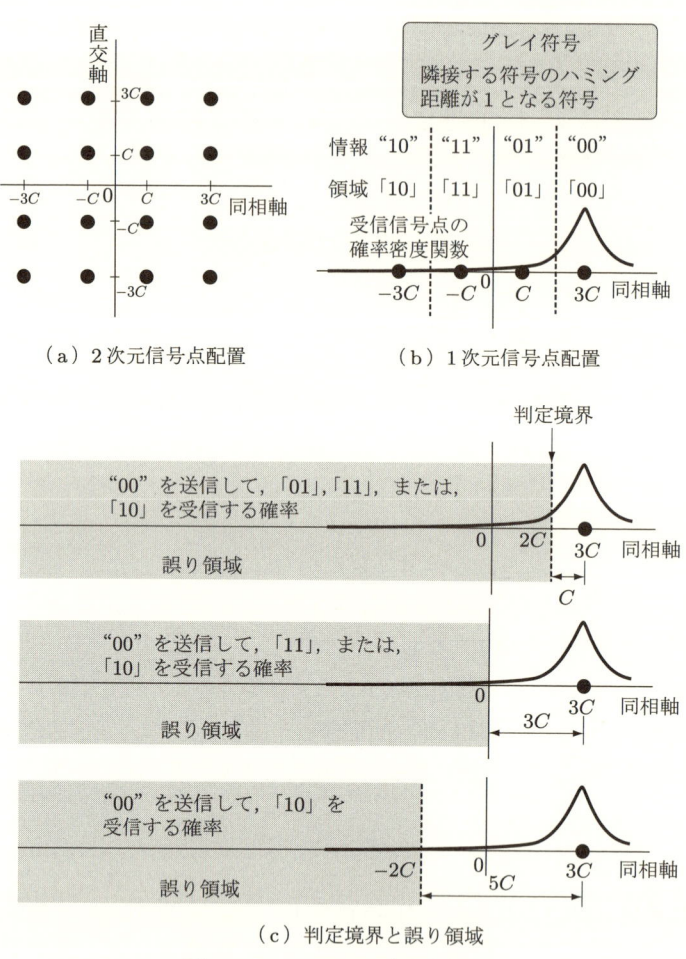

（b）1次元信号点配置

（c）判定境界と誤り領域

図 5.14 16QAM の信号点配置

おける平均電力の半分であり $5C^2$ となる (付録 C 参照).

QAM のシンボル誤り率は送信シンボルに依存する．例えば，図 5.14 (a) の信号点配置の端の信号点では，原点に近い信号点と比較して隣接する信号点が少ないためシンボル誤り率も小さくなる．このような場合でも，信号点間距離を用いた誤り率はシンボル誤り率の下界として有効である．図 5.14 (b) において信号点間距離 d は $2C$ であり，式 (5.20) ならびに式 (5.26) より次式を得る．

$$P_s > \frac{1}{2}\operatorname{erfc}\left(\frac{d}{\sqrt{8}\sigma}\right) = \frac{1}{2}\operatorname{erfc}\left(\frac{2C}{\sqrt{8}\sigma}\right) = \frac{1}{2}\operatorname{erfc}\left(\sqrt{\frac{\gamma}{10}}\right) \quad (5.50)$$

ここで，$\gamma = 5C^2/\sigma^2$ は帯域信号の信号対雑音電力比 (SN 比) である．

5.6 直交振幅変調

　QAM のビット誤り率の厳密解を求めるには，誤り事象の発生確率とその事象に含まれる誤りビット数が必要となる．QAM の復調では同相軸と直交軸で独立に判定が行われる．同相軸の信号点配置と直交軸の信号点配置の対称性より，これらのビット誤り率は等しい．このため，例として 16QAM の同相軸のビット誤り率を導出する．まず，同相軸での 2 ビット情報と 4 つの信号点，ならびに，領域にグレイ符号による写像を適用する．図 5.14 (b) に同相軸の 1 次元信号点配置とこの写像を示す．

　いま，図 5.14 (b) において，情報 "00" の信号点 $3C$ を送信して，受信点が「01」，「11」，「10」の各領域内に入る確率を式 (5.20)

$$P_d = \frac{1}{2}\mathrm{erfc}\left(\frac{d}{\sqrt{8}\sigma}\right)$$

を用いて求める．式 (5.20) の P_d は，信号点が 2 つの場合に，一方の信号点を送信して他方の信号点に誤る確率を信号点間距離 d とガウス雑音の標準偏差 σ で表しており，送信信号点から判定境界までの距離が $d/2$ の場合の誤り率に等しい．事象 ε の発生確率を $P[\varepsilon]$ で表すものとし，図 5.14 (c) において，送信信号点の座標 $3C$ と判定境界との距離を 2 倍して d を求め，式 (5.20) の P_d に適用して次式を得る．

$$\begin{aligned}&P[\text{"00"を送信して，「01」，「11」，または，「10」を受信する事象}]\\ &= P[\text{送信信号点の座標が }3C\text{, 判定境界が }2C\text{ の場合の誤り事象}]\\ &= \frac{1}{2}\mathrm{erfc}\left(\frac{2C}{\sqrt{8}\sigma}\right) = \frac{1}{2}\mathrm{erfc}\left(\sqrt{\frac{\gamma}{10}}\right)\end{aligned} \quad (5.51)$$

$$\begin{aligned}&P[\text{"00"を送信して，「11」，または，「10」を受信する事象}]\\ &= P[\text{送信信号点の座標が }3C\text{, 判定境界が }0\text{ の場合の誤り事象}]\\ &= \frac{1}{2}\mathrm{erfc}\left(\frac{6C}{\sqrt{8}\sigma}\right) = \frac{1}{2}\mathrm{erfc}\left(\sqrt{\frac{9}{10}\gamma}\right)\end{aligned} \quad (5.52)$$

$$\begin{aligned}&P[\text{"00"を送信して，「10」を受信する事象}]\\ &= P[\text{送信信号点の座標が }3C\text{, 判定境界が }-2C\text{ の場合の誤り事象}]\\ &= \frac{1}{2}\mathrm{erfc}\left(\frac{10C}{\sqrt{8}\sigma}\right) = \frac{1}{2}\mathrm{erfc}\left(\sqrt{\frac{5}{2}\gamma}\right)\end{aligned} \quad (5.53)$$

ここで，式 (5.51)～(5.53) における信号点間距離は，それぞれ $2C$, $6C$, $10C$ となっている．情報 "00" を送信した場合の条件付ビット誤り率 $P_{b|00}$ は，各誤り領域「01」，「11」，「10」内に受信点が存在する確率と，その場合の誤りビット数の積を用いて表すことができ，式 (5.51)～(5.53) より次式を得る．

$$\begin{aligned}
P_{b|00} &= 1 \cdot P[\text{``00''を送信して, 「01」を受信する事象}] \\
&\quad + 2 \cdot P[\text{``00''を送信して, 「11」を受信する事象}] \\
&\quad + 1 \cdot P[\text{``00''を送信して, 「10」を受信する事象}] \\
&= 1 \cdot \{P[\text{``00''を送信して, 「01」, 「11」, または, 「10」を受信する事象}] \\
&\quad - P[\text{``00''を送信して, 「11」, または, 「10」を受信する事象}]\} \\
&\quad + 2 \cdot \{P[\text{``00''を送信して, 「11」, または, 「10」を受信する事象}] \\
&\quad - P[\text{``00''を送信して, 「10」を受信する事象}]\} \\
&\quad + 1 \cdot P[\text{``00''を送信して, 「10」を受信する事象}]
\end{aligned}$$

$$= \frac{1}{2}\left\{\mathrm{erfc}\left(\sqrt{\frac{\gamma}{10}}\right) + \mathrm{erfc}\left(\sqrt{\frac{9}{10}\gamma}\right) - \mathrm{erfc}\left(\sqrt{\frac{5}{2}\gamma}\right)\right\} \tag{5.54}$$

同様に，情報 "01" を送信した場合の条件付ビット誤り率 $P_{b|01}$ は次式となる．

$$P_{b|01} = \mathrm{erfc}\left(\sqrt{\frac{\gamma}{10}}\right) + \frac{1}{2}\mathrm{erfc}\left(\sqrt{\frac{9}{10}\gamma}\right) \tag{5.55}$$

また，対称性より $P_{b|11} = P_{b|01}$ と $P_{b|10} = P_{b|00}$ が成立する．したがって，平均ビット誤り率 P_b は次式となる．

$$\begin{aligned}
P_b &= \frac{P_{b|00} + P_{b|01} + P_{b|11} + P_{b|10}}{4} \\
&= \frac{3}{4}\mathrm{erfc}\left(\sqrt{\frac{\gamma}{10}}\right) + \frac{1}{2}\mathrm{erfc}\left(\sqrt{\frac{9}{10}\gamma}\right) - \frac{1}{4}\mathrm{erfc}\left(\sqrt{\frac{5}{2}\gamma}\right)
\end{aligned} \tag{5.56}$$

QAM において，1 シンボルあたりの情報を増加させるには，多値数を指数的に増大する必要がある．平均電力を一定とした上で多値数を増大すれば，信号点間距離が減少して誤り率が劣化するため，送信電力の増加が避けられず多値数の増大には限界がある．

例題 5.3　QAM の多値化と必要な電力

QAM において最小信号点間距離を一定にして，1 シンボルあたりの情報量を 2 ビット増加させるために必要な平均電力の増加量を求めよ．ただし，多値数は十分に大きいものとする．

解　1 シンボルが情報 m ビットを担う多値数 $M\,(=2^m)$ の ASK を考える．
信号点間隔を $2C$ として，図 (a) に ASK の信号点配置を示す．

$$-(M-1)C \quad -5C \quad -3C \quad -C \quad C \quad 3C \quad 5C \quad (M-1)C \qquad \text{同相軸}$$

(a) ASK の信号点配置

M 個の信号点の平均電力を $P_{av}(M)$ とすれば，$P_{av}(M)$ は次式で表される．

$$P_{av}(M) = \frac{2}{M} \sum_{k=1}^{M/2} (2k-1)^2 C^2 \approx \frac{2}{M} \sum_{k=1}^{M/2} 4k^2 C^2$$

ここで，数列の関係式

$$\sum_{k=1}^{N} k^2 = \frac{N(N+1)(2N+1)}{6}$$

を用いて次式を得る．

$$P_{av}(M) = \frac{8}{M} \frac{\frac{M}{2}\left(\frac{M}{2}+1\right)(M+1)}{6} C^2 \approx \frac{1}{3} M^2 C^2$$

したがって，次の関係が成立する．

$$P_{av}(2M) = 4 P_{av}(M)$$

ASK の場合，多値数 M を 2 倍とするには 4 倍の電力 $P_{av}(M)$ が必要となることがわかる．QAM は同相軸と直交軸で ASK となっており，各軸の多値数を 2 倍とすれば，全体では多値数が 4 倍となる．

以上より，QAM の 1 シンボルあたりの情報量を 2 ビット増加させるには図 (b) に示すように 4 倍の電力が必要である．

	信号点数 M	情報ビット数 m	必要な電力 P_{av}
ASK	2 倍 ⟶	1 ビット増加 ⟶	4 倍 (6 dB)
QAM	4 倍 ⟶	2 ビット増加 ⟶	4 倍 (6 dB)

（b）ASK と QAM における情報ビットの増加と電力の増加

5.7 搬送波再生

同期検波では，受信機において搬送波の正確な周波数と位相が必要となるため，**搬送波再生回路**を用いて搬送波を生成する．**搬送波再生**が困難な場合には搬送波のみを別チャネルを用いてパイロット信号として伝送する場合もある．本節では例として，BPSK の搬送波再生について述べる．

図 5.15 に BPSK の搬送波再生のブロック図を示す．式 (5.1), (5.3), (5.32) を用いて，BPSK 信号をシンボル系列として

$$s(t) = \sum_{k=-\infty}^{\infty} A \cos(2\pi f_0 t + \theta_k) g(t - kT) \tag{5.57}$$

で表す．ここで，θ_k は 2 値情報を担っており $0, \pi$ の位相変化を伴う．受信波には雑音による振幅変動が存在するため，まず，帯域フィルタで雑音電力を制限するとともに，

図 5.15 に示す流れ図：帯域フィルタ：f_0 → リミタ → 2乗：$2(\cdot)^2$ → 帯域フィルタ：$2f_0$ → 分周器：$\dfrac{f}{2}$

BPSK 信号
$$s(t) = \sum_{k=-\infty}^{\infty} A\cos(2\pi f_0 t + \theta_k)\, g(t-kT),\quad \theta_k = 0, \pi$$

$1 + \cos 4\pi f_0 t$

分周後，位相の不確定性が残る．
$\cos 2\pi f_0 t$ または $\cos(2\pi f_0 t + \pi)$

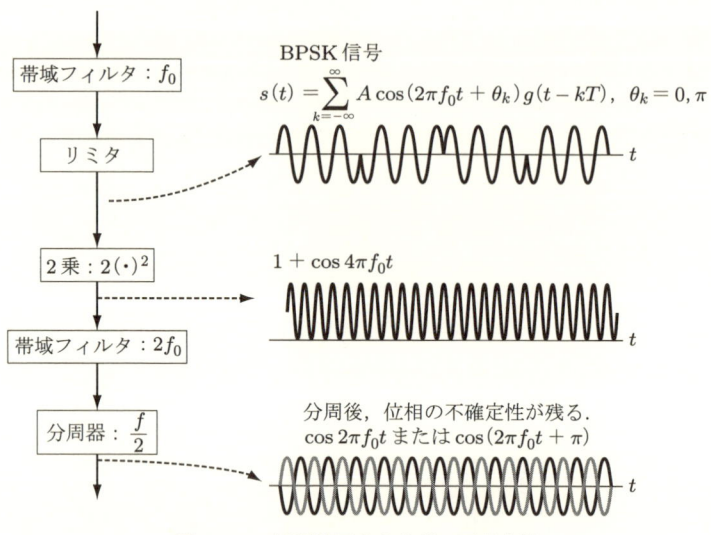

図 5.15 搬送波再生と位相の不確定性

リミタにより振幅を 1 にした後に 2 乗し，さらに，2 倍して次式を得る．

$$\sum_{k=-\infty}^{\infty} 2\cos^2(2\pi f_0 t + \theta_k)\, g^2(t-kT) = 1 + \cos 4\pi f_0 t \tag{5.58}$$

ここでは，説明を簡単にするため，雑音の影響を無視している．また，

$$\cos^2 A = \frac{1 + \cos 2A}{2}$$

の公式を用いるとともに，$g(t)$ として式 (5.6) の方形関数を仮定している．次に，周波数 $2f_0$ の帯域フィルタを通して式 (5.58) の直流成分を除去し，分周器を用いて周波数を半分とする分周を行えば $\cos 2\pi f_0 t$ が得られる．

図 5.15 に示すように，分周においては $\cos 2\pi f_0 t$，または，$\cos(2\pi f_0 t + \pi)$ の位相 π の不確定性が残る．この不確定性の影響を除去するには，**信号バースト**の先頭に既知の系列である**ユニークワード**を挿入する方法と，送信機において**差動符号化**を用いる方法がある．図 5.16 に差動符号化を示す．差動符号化は，符号器入力系列を $\{b_k\}$，出力系列を $\{d_k\}$ とすれば，

$$d_k = d_{k-1} + b_k \tag{5.59}$$

で表される．ここで，加算はガロア体の演算である．式 (5.59) より，情報 b_k は

$$b_k = d_{k-1} + d_k \tag{5.60}$$

となるため，d_{k-1} と d_k が位相 π の不確定性によりともに反転している場合，あるいは，ともに誤った場合には，b_k に誤りは発生しない．差動符号化を行った場合のシン

5.7 搬送波再生

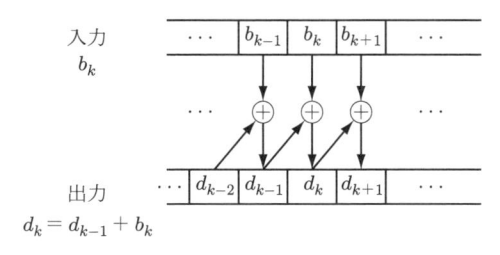

図 5.16 差動符号化

ボル誤り率 $P_{s|diff}$ は，差動符号化を行わない場合のシンボル誤り率を P_s とすれば，連続した 2 シンボルのうち一方が正しく他方が誤りとなる場合であり，

$$P_{s|diff} = 2P_s(1 - P_s) \tag{5.61}$$

で表される．

搬送波再生回路の装置化では，分周器を用いない**コスタスループ**が用いられる[19]．図 5.17 に，コスタスループによる BPSK の搬送波再生回路を示す．図において，BPSK の受信波は正負の振幅で 2 値情報を表しており，その初期位相を ϕ としている．受信波に再生搬送波を乗じて低域フィルタを通すことにより，位相誤差の同相成分と直交成分を取り出す．図 5.17 において，

$$\cos A \cos B = \frac{1}{2}\{\cos(A+B) + \cos(A-B)\}$$

$$\cos A \sin B = \frac{1}{2}\{\sin(A+B) - \sin(A-B)\}$$

の公式を用いれば，$\pm\cos(\phi - \hat{\phi})$ と $\pm\sin(\phi - \hat{\phi})$ が得られる．これらは送信情報に依存する正負の影響が残っているが，積をとることによりこの影響を除去して**電圧制御発振器** (voltage controlled oscillator：**VCO**) により再生搬送波を生成する．

搬送波再生が不完全で，ε の位相オフセットがある場合の再生搬送波 $w(t)$ は

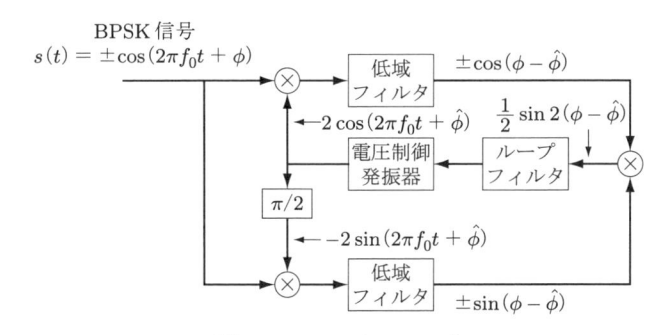

図 5.17 コスタスループ

$$w(t) = \cos(2\pi f_0 t + \varepsilon) \tag{5.62}$$

となり，信号ベクトル図で同相軸と直交軸の基準軸が ε 回転することになる．相対的にみれば信号ベクトルが $-\varepsilon$ 回転することと等価であり，誤り率が劣化する．

5.8 非同期周波数シフトキーイング

非同期周波数シフトキーイング (非同期 FSK) は式 (5.42) の同期 FSK と同じ変調信号

$$s(t) = \begin{cases} A\cos 2\pi f_1 t\ g(t), & a_0 = -1 \\ A\cos 2\pi f_2 t\ g(t), & a_0 = 1 \end{cases} \tag{5.63}$$

を用い，2 値情報 $a_0(=\pm 1)$ により送信周波数 f_1, f_2 を切り替えて送信するが，受信機では非同期検波を行うため再生搬送波を用いない．図 5.18 に FSK の非同期検波のブロック図を示す．FSK 信号 $s(t)$ にガウス雑音 $n(t)$ が加わり受信波 $r(t)$ となる．受信波 $r(t)$ は，中心周波数がそれぞれ f_1, f_2 の帯域フィルタを介した後に包絡線検波され，包絡線検波器出力の大小により送信情報を判定する．

$$s(t) = \begin{cases} A\cos 2\pi f_1 t\ g(t), & a_0 = -1 \\ A\cos 2\pi f_2 t\ g(t), & a_0 = 1 \end{cases} \text{を送信したと仮定する}$$

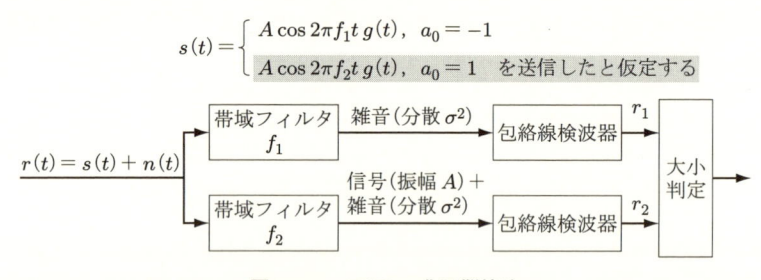

図 5.18 FSK の非同期検波

いま，$a_0 = 1$ で周波数 f_2 の変調信号が送信されたとしてシンボル誤り率 P_s を求める．$a_0 = -1$ に対しても同様に解析することができ，$a_0 = 1$ の場合と等しいシンボル誤り率となる．図 5.18 において，周波数 f_1 の帯域フィルタに続く包絡線検波器出力を r_1，周波数 f_2 の帯域フィルタに続く包絡線検波器出力を r_2 とする．

まず，r_1 は信号を含んでおらず，ガウス雑音のみの包絡線となる．したがって，包絡線 r_1 の確率密度関数 $f_1(r_1)$ は例題 2.8 に示すレイリー分布となる．

$$f_1(r_1) = \begin{cases} \dfrac{r_1}{\sigma^2}\exp\left[-\dfrac{r_1^2}{2\sigma^2}\right], & r_1 \geq 0 \\ 0, & r_1 < 0 \end{cases} \tag{5.64}$$

ここで，σ^2 はガウス雑音の分散である．一方，r_2 は振幅 A の変調信号とガウス雑音の合成波の包絡線であり，その確率密度関数は例題 2.9 に表される仲上-ライス分布

となる.

$$f_2(r_2) = \begin{cases} \dfrac{r_2}{\sigma^2} \exp\left[-\dfrac{r_2^2 + A^2}{2\sigma^2}\right] I_0\left(\dfrac{Ar_2}{\sigma^2}\right), & r_2 \geq 0 \\ 0, & r_2 < 0 \end{cases} \quad (5.65)$$

ここで，$I_0(x)$ は 0 次の第 1 種変形ベッセル関数である[13].

$$I_0(z) = \frac{1}{2\pi} \int_0^{2\pi} \exp[z\cos\theta] \, d\theta$$

シンボル誤り率 P_s は，信号を含まない r_1 が，信号を含む r_2 より大きくなる確率として次式で表される.

$$P_s = P[r_1 > r_2] = \int_0^\infty f_2(r_2) \left\{ \int_{r_2}^\infty f_1(r_1) \, dr_1 \right\} dr_2 \quad (5.66)$$

ここで，$P[r_1 > r_2]$ は $r_1 > r_2$ となる確率である．式 (5.64)，(5.65) を式 (5.66) に代入して r_1 に関する積分を行い，次式を得る.

$$P_s = \int_0^\infty \frac{r_2}{\sigma^2} \exp\left[-\frac{2r_2^2 + A^2}{2\sigma^2}\right] I_0\left(\frac{Ar_2}{\sigma^2}\right) dr_2 \quad (5.67)$$

次に，$z = \sqrt{2}r_2$ の変数変換を行えば，式 (5.67) は次式となる.

$$P_s = \frac{1}{2} \exp\left[-\frac{A^2}{4\sigma^2}\right] \int_0^\infty \frac{z}{\sigma^2} \exp\left[-\frac{z^2 + (A/\sqrt{2})^2}{2\sigma^2}\right] I_0\left(\frac{Az}{\sqrt{2}\sigma^2}\right) dz \quad (5.68)$$

上式の積分項は，振幅 $A/\sqrt{2}$ の正弦波と分散 σ^2 のガウス雑音からなる仲上-ライス分布 (例題 2.9) を全領域で積分したものであり，1 となる．したがって，シンボル誤り率 P_s は次式で表される.

$$P_s = P_b = \frac{1}{2} \exp\left[-\frac{A^2}{4\sigma^2}\right] = \frac{1}{2} \exp\left[-\frac{\gamma}{2}\right] \quad (5.69)$$

ここで，$\gamma = A^2/2\sigma^2$ は CN 比であり，また，2 値変調であるためビット誤り率とシンボル誤り率は等しい．図 5.10 に 2 値非同期 FSK の誤り率を示す.

例題 5.4 同期 FSK と非同期 FSK の誤り率の比較

CN 比が高い場合の 2 値同期 FSK の誤り率を，式 (5.24) を用いて近似することにより，2 値同期 FSK と 2 値非同期 FSK の誤り率を比較して論じよ.

解 2 値同期 FSK の誤り率 P_s は，CN 比を γ として次式で与えられる.

$$P_s = \frac{1}{2} \mathrm{erfc}\left(\sqrt{\frac{\gamma}{2}}\right) \qquad \text{式 (5.47)}$$

ここで，誤差補関数を次式

$$\mathrm{erfc}(x) = 1 - \mathrm{erf}(x) \qquad \text{式 (5.22)}$$

を用いて誤差関数で表し，x が大きい場合の近似式

$$\mathrm{erf}(x) \approx 1 - \frac{1}{\sqrt{\pi}x}\exp[-x^2] \qquad 式(5.24)$$

を適用すれば次式が得られる．

$$P_s \approx \frac{1}{\sqrt{2\gamma\pi}}\exp\left[-\frac{\gamma}{2}\right]$$

これを 2 値非同期 FSK の誤り率

$$P_s = \frac{1}{2}\exp\left[-\frac{\gamma}{2}\right]$$

と比較すれば，右図に示すように 2 値非同期 FSK の誤り率は 2 値同期 FSK の誤り率の $\sqrt{\gamma\pi/2}$ 倍となるが，CN 比が大きくなるに従い，同じ誤り率を達成する 2 値非同期 FSK の CN 比と 2 値同期 FSK の CN 比の差は小さくなる．

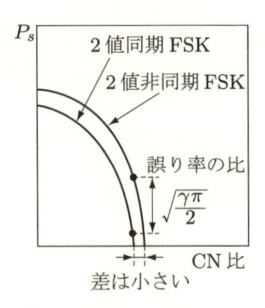

5.9 差動同期位相シフトキーイング

差動同期位相シフトキーイング (differential PSK：**DPSK**) では，再生搬送波に代わり，着目変調シンボル $s_1(t)$ の 1 つ前の変調シンボル $s_0(t)$ が用いられる．等価低域系において，M 相 DPSK の連続する 2 つの変調シンボル $\tilde{s}_0(t), \tilde{s}_1(t)$ を次式で表す．

$$\tilde{s}_0(t) = A\exp[j\theta_0]\,g(t) \tag{5.70}$$

$$\tilde{s}_1(t) = A\exp[j\theta_1]\,g(t-T) \tag{5.71}$$

ここで，$g(t)$ は変調シンボル波形であり，θ_0, θ_1 は，それぞれ，$\tilde{s}_0(t)$ と $\tilde{s}_1(t)$ の位相を表す．$\tilde{s}_0(t)$ を送信の後，M 値情報 $a_1(= 0, 1, \cdots, M-1)$ を用いて $\tilde{s}_0(t)$ と $\tilde{s}_1(t)$ の位相差

$$\Delta\theta = \frac{a_1}{M}2\pi$$

が決定され，位相 θ_1 をもつ $\tilde{s}_1(t)$ が送信される．

$$\theta_1 = \theta_0 + \Delta\theta \tag{5.72}$$

通信路において，$\tilde{s}_0(t)$ と $\tilde{s}_1(t)$ に雑音が加わり，それぞれの位相が $\hat{\theta}_0$ と $\hat{\theta}_1$ になるものとすれば，受信機において DPSK の復調器は，これらの位相差

$$\Delta\hat{\theta} = \hat{\theta}_1 - \hat{\theta}_0$$

を出力する．ここで，

$$|\Delta\hat{\theta} - \Delta\theta| > \frac{\pi}{M} \tag{5.73}$$

の場合にシンボル誤りが発生する.

次に，具体的に 2 相 DPSK のシンボル誤りについて考える．$k(=1,2)$ 番目のシンボルに対応する受信波ベクトル $\boldsymbol{R}_k$ を，変調信号ベクトル $\boldsymbol{S}_k$ と雑音ベクトル $\boldsymbol{N}_k$ を用いて次式で表す．

$$\boldsymbol{R}_k = \boldsymbol{S}_k + \boldsymbol{N}_k \tag{5.74}$$

いま，情報 $a_1 = 0$ ($\theta_1 = \theta_0$) とし，式 (5.73) に $M = 2$ を代入すれば 2 相 DPSK のシンボル誤りの条件は次式となる.

$$|\Delta\hat{\theta} - 0| = |\hat{\theta}_1 - \hat{\theta}_0| > \frac{\pi}{2} \tag{5.75}$$

図 5.19 に 2 相 DPSK のベクトル図を示す．DPSK では受信機において搬送波を再生しないことから同相軸，直交軸は不明であるが，参考として ϕ の位相誤差を含む $\cos(2\pi f_0 t + \phi)$ 軸ならびに $\sin(2\pi f_0 t + \phi)$ 軸を記載している．図 5.19 において，式 (5.75) のシンボル誤りの条件は

$$|\boldsymbol{R}_1 + \boldsymbol{R}_0| < |\boldsymbol{R}_1 - \boldsymbol{R}_0| \tag{5.76}$$

と等価であることから，シンボル誤り率 P_s は次式で表される.

$$P_s = P\bigl[|\boldsymbol{R}_1 + \boldsymbol{R}_0| < |\boldsymbol{R}_1 - \boldsymbol{R}_0|\bigr] \tag{5.77}$$

式 (5.74) を式 (5.77) に代入して次式を得る．

$$P_s = P\bigl[|2\boldsymbol{S}_0 + \boldsymbol{N}_1 + \boldsymbol{N}_0| < |\boldsymbol{N}_1 - \boldsymbol{N}_0|\bigr] \tag{5.78}$$

ここで，雑音 $\boldsymbol{N}_0, \boldsymbol{N}_1$ の分散はそれぞれ σ^2 であり，また，$\theta_1 = \theta_0$ のため $\boldsymbol{S}_1 = \boldsymbol{S}_0$ である．式 (5.78) における 2 つの雑音の項 $\boldsymbol{N}_1 + \boldsymbol{N}_0$ と $\boldsymbol{N}_1 - \boldsymbol{N}_0$ は，それぞれ統計的に独

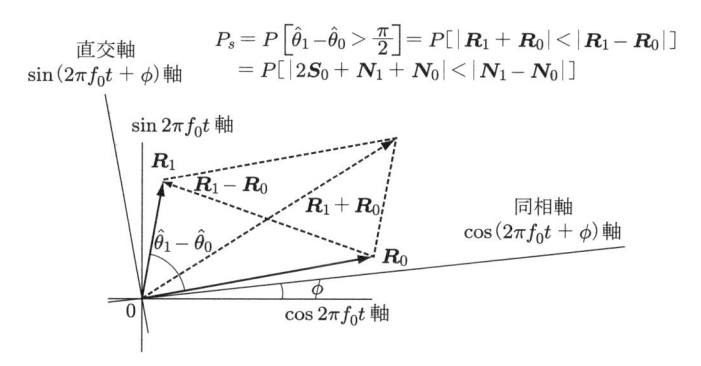

図 5.19 2 相 DPSK のベクトル図

立なガウスランダム変数の和と差であることから，これらの項の分散は等しく $2\sigma^2$ となる．また，N_1+N_0 と N_1-N_0 の相関をとれば 0 となるため，N_1+N_0 と N_1-N_0 は統計的に独立であることがわかる (例題 5.5 参照)．式 (5.78) は，振幅が $2A$ の変調信号に $2\sigma^2$ の分散をもつガウス雑音が加わった合成波の包絡線が，別の $2\sigma^2$ の分散をもつガウス雑音の包絡線より小さくなる事象が誤り事象であることを表している．この誤り事象は 2 値非同期 FSK の誤り事象に対応している．**非同期 FSK では，信号振幅が A，雑音電力が σ^2，CN 比が $A^2/2\sigma^2$ であるのに対して，式 (5.78) より DPSK では，信号振幅が $2A$，雑音電力が $2\sigma^2$，CN 比が $(2A)^2/(2\cdot 2\sigma^2)(=A^2/\sigma^2)$ となっている．**このため，DPSK の誤り率は非同期 FSK の誤り率より CN 比では 3 dB，または，信号電力で 2 倍良くなる．したがって，非同期 FSK の誤り率を表す式 (5.69) より，2 相 DPSK のシンボル誤り率 P_s は次式となる．

$$P_s = \frac{1}{2}\exp[-\gamma] \tag{5.79}$$

図 5.10 に 2 相 DPSK の誤り率を示す．

さて，CN 比が高い場合の DPSK の誤り率について考える．図 5.20 に，0 番目の受信波ベクトル $\boldsymbol{R}_0$ の位相 $\hat{\theta}_0$ を基準軸とした 2 相 DPSK シンボル $\boldsymbol{S}_1$ のベクトル図と誤り領域を示す．DPSK 受信機では 0 番目の受信シンボルの位相 $\hat{\theta}_0$ を基準位相とするため，1 番目のシンボルを判定する際の同相軸と直交軸はそれぞれ $\cos(2\pi f_0 t + \hat{\theta}_0)$ と $\sin(2\pi f_0 t + \hat{\theta}_0)$ となる．いま，2 値情報を $a_1 = 0$ とすれば，1 番目の送信シンボルの位相 θ_1 と 0 番目の送信シンボルの位相 θ_0 は等しく，$\theta_1 = \theta_0$ である．この場合，1 番目の送信シンボル $\boldsymbol{S}_1$ の同相軸成分 S は $|\boldsymbol{S}_1|\cos(\hat{\theta}_0 - \theta_0)$ であり，1 番目の受信シンボル $\boldsymbol{R}_1$ の終点が図 5.20 の斜線で示す領域に入ると誤りが発生する．ここで，$\cos(\hat{\theta}_0 - \theta_0)$ が基準軸の誤差による信号成分の劣化を表すが，CN 比が高い場合には，$\cos(\hat{\theta}_0 - \theta_0) \approx 1$ となり，ほとんど劣化しない．このため，CN 比が高くなれば，同期検波を用いる BPSK と 2 相 DPSK が同じ誤り率を達成するのに必要な CN 比の差は

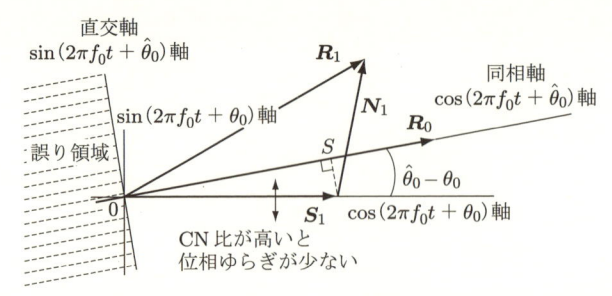

図 5.20 先行シンボルの受信波ベクトルを基準軸としたベクトル図と誤り領域

小さくなる．

DPSK の検波器は 1 シンボル前の変調シンボルの位相を利用するため**差動同期検波**あるいは**遅延検波**とよばれる．図 5.21 に DPSK の検波器を示す．図 5.21 (a) は帯域信号の遅延検波であり，図 5.21 (b) は，ベースバンド信号の遅延検波である．

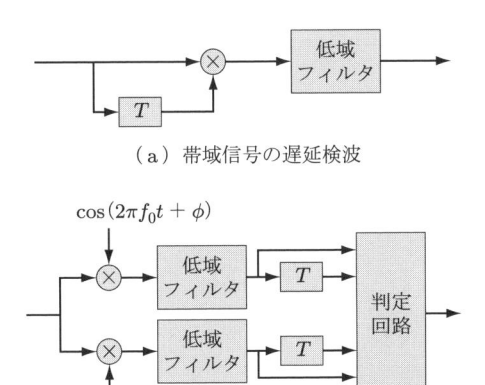

（a）帯域信号の遅延検波

（b）ベースバンド信号の遅延検波

図 **5.21** DPSK の差動同期検波

同期検波を用いる PSK を DPSK と対比して用いる場合には，用語として**同期 PSK** (coherent PSK：**CPSK**) が用いられる．

例題 5.5 ガウス雑音の相関と独立性

雑音ベクトル $N_1 = (n_{1c}, n_{1s})$ と $N_0 = (n_{0c}, n_{0s})$ において，各成分が分散 σ^2，平均が 0 の統計的に独立なガウス分布に従うランダム変数である場合に，$N_1 + N_0$ と $N_1 - N_0$ が統計的に独立であることを示せ．

解 $N_1 + N_0$ と $N_1 - N_0$ を成分表示する．

$$N_1 + N_0 = (n_{1c} + n_{0c}, n_{1s} + n_{0s})$$
$$N_1 - N_0 = (n_{1c} - n_{0c}, n_{1s} - n_{0s})$$

ここで，$N_1 + N_0$ と $N_1 - N_0$ の各成分の相関を求めれば，

$$\overline{(n_{1c} + n_{0c})(n_{1s} + n_{0s})} = \overline{n_{1c}n_{1s}} + \overline{n_{1c}n_{0s}} + \overline{n_{0c}n_{1s}} + \overline{n_{0c}n_{0s}}$$
$$= \overline{n_{1c}} \cdot \overline{n_{1s}} + \overline{n_{1c}} \cdot \overline{n_{0s}} + \overline{n_{0c}} \cdot \overline{n_{1s}} + \overline{n_{0c}} \cdot \overline{n_{0s}} = 0$$
$$\overline{(n_{1c} + n_{0c})(n_{1c} - n_{0c})} = \overline{n_{1c}}^2 - \overline{n_{0c}}^2 = \sigma^2 - \sigma^2 = 0$$
$$\overline{(n_{1c} + n_{0c})(n_{1s} - n_{0s})} = 0$$

$$\overline{(n_{1s} + n_{0s})(n_{1c} - n_{0c})} = 0$$

$$\overline{(n_{1s} + n_{0s})(n_{1s} - n_{0s})} = 0$$

$$\overline{(n_{1c} - n_{0c})(n_{1s} - n_{0s})} = 0$$

となり，すべての成分間の相関が 0 となる．ガウス分布の場合には相関が 0 であれば統計的に独立となる (2.5 節参照)．なお，n_{1c}, n_{1s}, n_{0c}, n_{0s} が統計的に独立であるため，これらで定義されるベクトルの表現には 4 次元座標が必要となる．

例題 5.6　直交信号としての 2 相 DPSK と 2 値 FSK の比較

2 相 DPSK の連続した 2 つのシンボルを 1 つの信号と考えれば，2 相 DPSK は直交信号となることを示し，その誤り率を FSK の誤り率と比較して論じよ．

[解]　2 相 DPSK を用いて情報 $a_1 = 0$ を送信するには，連続した 2 つのシンボルの位相 θ_0 と θ_1 の位相差を 0 とする．情報 $a_1 = 1$ を送信するには，この位相差を π とする．0 番目のシンボルの位相を $\alpha(=0,\pi)$ とし，1 番目のシンボルの位相を $\beta(=0,\pi)$ として，連続した 2 シンボルからなる DPSK 信号を $s_{\alpha\beta}(t)$ で表す．ここで，搬送波は $A\cos 2\pi f_0 t$ であり，f_0 は搬送波周波数，A は信号振幅を表すものとする．下の表に $s_{\alpha\beta}(t)$ を示す．

直交信号としての DPSK

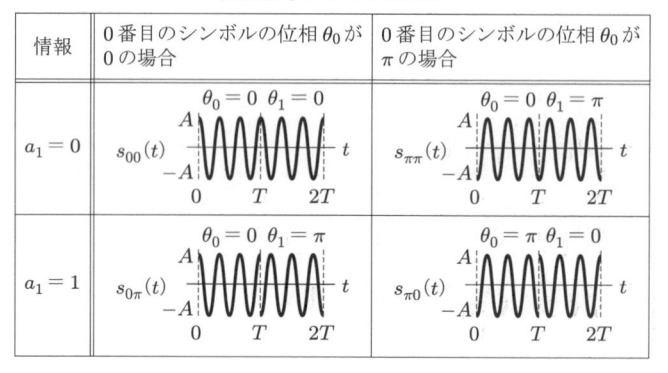

情報	0 番目のシンボルの位相 θ_0 が 0 の場合	0 番目のシンボルの位相 θ_0 が π の場合
$a_1 = 0$	$s_{00}(t)$, $\theta_0 = 0$, $\theta_1 = 0$	$s_{\pi\pi}(t)$, $\theta_0 = \pi$, $\theta_1 = \pi$
$a_1 = 1$	$s_{0\pi}(t)$, $\theta_0 = 0$, $\theta_1 = \pi$	$s_{\pi 0}(t)$, $\theta_0 = \pi$, $\theta_1 = 0$

まず，$\alpha = 0$ の場合，$s_{\alpha\beta}(t)$ に関して次式が成立する．

$$\int_{-\infty}^{\infty} s_{00}(t) s_{0\pi}(t)\, dt = \int_{0}^{T} A^2 \cos^2 2\pi f_0 t\, dt - \int_{T}^{2T} A^2 \cos^2 2\pi f_0 t\, dt = 0 \quad \text{―①}$$

ここで，T はシンボル幅である．式①は，T が $1/f_0$ の整数倍でない場合には，厳密には 0 にならないが，f_0 が十分に大きければ無視できる程度の小さな値となる．同様に，$\alpha = \pi$ の場合には，

$$\int_{-\infty}^{\infty} s_{\pi 0}(t) s_{\pi\pi}(t)\, dt = 0 \qquad\qquad ②$$

となる．したがって，情報 $a_1 = 0$ の信号を $v(t)$，情報 $a_1 = 1$ の信号を $w(t)$ とすれば，式①，②より 0 番目のシンボルの位相 θ_0 に関わらず，$v(t)$ と $w(t)$ は次式の直交条件を満足する．

$$\int_{-\infty}^{\infty} v(t) w(t)\, dt = 0 \qquad 式(5.8)$$

2 値 FSK では 1 シンボルで直交関係を保つが，2 相 DPSK では 2 シンボルを用いて直交性を維持する直交信号となる．このため，2 値 FSK と比較して，2 相 DPSK はシンボルエネルギーが 2 倍となり，誤り率特性は CN 比で 3 dB 良くなる．2 値非同期 FSK の誤り率と 2 相 DPSK の誤り率を次式に示す．

2 値非同期 FSK $\quad P_s = \dfrac{1}{2} \exp\left[-\dfrac{\gamma}{2}\right] \qquad 式(5.69)$

2 相 DPSK $\quad P_s = \dfrac{1}{2} \exp[-\gamma] \qquad 式(5.79)$

5.10 電力スペクトル密度

変調信号の電力スペクトル密度を求めるには，変調信号 $s(t)$，または，その等価低域信号 $\tilde{s}(t)$ の自己相関関数を導出してフーリエ変換すればよいが，一般に，その計算は煩雑となる．本節では，変調信号の情報信号をインパルス系列で表現し，その自己相関関数をフーリエ変換することで，簡潔に変調信号の電力スペクトル密度を導く．

まず，等価低域信号 $\tilde{s}(t)$ を，式 (5.3) に示すシンボル系列として次式で表す．

$$\tilde{s}(t) = \sum_{k=-\infty}^{\infty} \alpha_k \exp[j\theta_k] g(t - kT)$$

ここで，α_k, θ_k は変調パラメータである．$\tilde{s}(t)$ は送信機出力における変調信号であり，変調シンボル波形 $g(t)$ は送信フィルタの等価低域インパルス応答 $h_{TX}(t)$ に等しい．

$$\tilde{s}(t) = \sum_{k=-\infty}^{\infty} \alpha_k \exp[j\theta_k] h_{TX}(t - kT) \tag{5.80}$$

次に，変調信号が式 (5.80) のように一般的に表現されたとして，これをインパルス関数の情報信号を用いて生成するための変調システムモデルを導く．式 (5.80) の $h_{TX}(t - kT)$ を，インパルス関数 $\delta(t)$ と $h_{TX}(t)$ の畳込み積分で表して次式を得る．

$$\tilde{s}(t) = \sum_{k=-\infty}^{\infty} \alpha_k \exp[j\theta_k] \delta(t - kT) \circledast h_{TX}(t) \tag{5.81}$$

ここで，⊛は畳込み積分を示す．このように，等価低域信号 $\tilde{s}(t)$ は，インパルス関数のシンボル系列

$$x(t) = \sum_{k=-\infty}^{\infty} \alpha_k \exp[j\theta_k]\delta(t - kT) \tag{5.82}$$

をインパルス応答 $h_{TX}(t)$ をもつ送信フィルタに入力した場合の出力信号としてモデル化できる．図 5.22 に変調システムモデルを示す．ここで，$x(t)$ は変調の定義で用いた情報信号である．

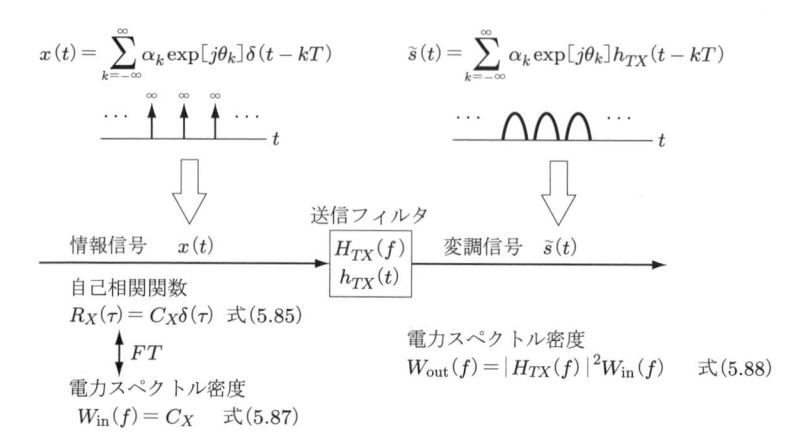

図 5.22 変調システムモデル

いま，情報信号 $x(t)$ が等価低域信号で周期定常であれば，その自己相関関数 $R_X(\tau)$ は，式 (3.71) と同様に次式のように導出できる．

$$R_X(\tau) = \frac{1}{T} \int_{-T/2}^{T/2} \frac{1}{2} E[x^*(t)x(t+\tau)] \, dt \tag{5.83}$$

ここでは，$x(t)$ の表記に ~ を用いていないが，$x(t)$ は等価低域信号であることに注意する．また，$E[\cdot]$ は送信情報による集合平均を表す．電力スペクトル密度を図示する場合には，変調信号の中心周波数の電力スペクトル密度を基準としてデシベルで表示する．このため，式 (5.83) の係数 1/2 はあまり重要ではない．

BPSK の情報信号

$$x(t) = \sum_{k=-\infty}^{\infty} a_k \delta(t - kT), \quad a_k = \pm 1 \tag{5.84}$$

に対して，例題 3.8 を参考にして，その自己相関関数 $R_X(\tau)$ を求めれば，次式に示すインパルス関数となる．

$$R_X(\tau) = C_X \delta(\tau) \tag{5.85}$$

ただし，$C_X = 1/2T$ である．また，$x(t)$ が多値変調で複素数となっても，$x(t)$ がインパルス系列であるため，$\tau = kT$ ($k = 1, 2, 3, \cdots$) の点以外の τ の領域においては $R_X(\tau) = 0$ となる．$\tau = 0$ 以外の $\tau = kT$ のこれらの点においても，変調シンボルが正と負で対称に発生する場合には変調シンボルによる平均が 0 となり，C_X を定数として式 (5.85) が成立する．

$$E[\alpha_k \exp(j\theta_k)\alpha_m \exp(j\theta_m)] = 0, \quad k \neq m \tag{5.86}$$

情報信号 $x(t)$ の電力スペクトル密度 $W_{\mathrm{in}}(f)$ は，式 (5.85) をフーリエ変換することで得られ，次式となる．

$$W_{\mathrm{in}}(f) = C_X \tag{5.87}$$

したがって，等価低域信号 $\tilde{s}(t)$ の電力スペクトル密度 $W_{\mathrm{out}}(f)$ は，式 (3.78)

$$W_{\tilde{Y}}(f) = |H(f)|^2 W_{\tilde{X}}(f)$$

の関係において，送信フィルタの等価低域周波数特性 $H(f)$ を $H_{TX}(f)$ とし，送信フィルタ入力の電力スペクトル密度 $W_{\tilde{X}}(f)$ を $W_{\mathrm{in}}(f)$ とすれば，次式で与えられる．

$$W_{\mathrm{out}}(f) = |H_{TX}(f)|^2 W_{\mathrm{in}}(f) \tag{5.88}$$

ここで，式 (5.87) より $W_{\mathrm{in}}(f)$ が定数 C_X であるため，等価低域信号 $\tilde{s}(t)$ の電力スペクトル密度 $W(f)$ は

$$W(f) = C_X |H_{TX}(f)|^2 \tag{5.89}$$

となる．図 5.22 に，情報信号の自己相関関数がインパルス関数となる変調信号の電力スペクトル密度の関係をまとめる．送信フィルタの等価低域インパルス応答 $h_{TX}(t)$ を式 (5.6) の方形関数 $g(t)$ とした場合，BPSK，QPSK，QAM の電力スペクトル密度 $W(f)$ は，

$$W(f) = C_X T^2 \frac{\sin^2 \pi f T}{(\pi f T)^2} \tag{5.90}$$

となる．図 5.23 に電力スペクトル密度の例をデシベルを用いて示す．なお，図の MSK の電力スペクトル密度の導出では，MSK の情報伝送速度を QPSK と等しくするため，長さ T の正弦波の半周期を $h_{TX}(t)$ として用いている．

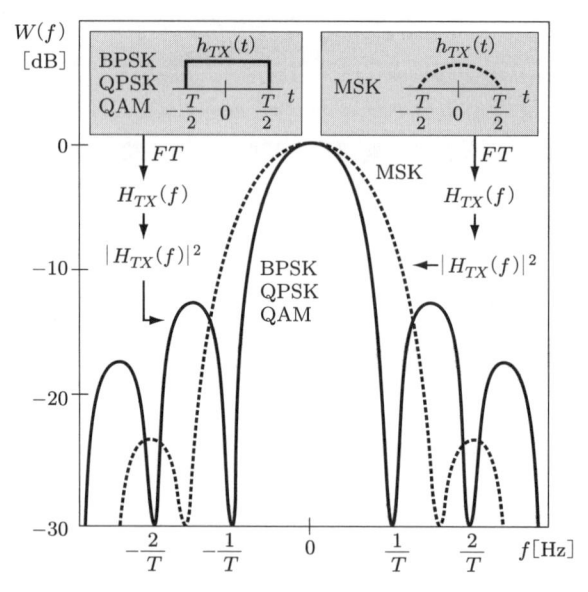

図 5.23　電力スペクトル密度

5.11　帯域制限とアイパターン

送信フィルタ，通信路，受信フィルタの通信路全体の等価低域インパルス応答を $g(t)$ として，受信フィルタ出力における等価低域信号 $\tilde{s}(t)$ を式 (5.3)

$$\tilde{s}(t) = \sum_{k=-\infty}^{\infty} \alpha_k \exp[j\theta_k]\, g(t-kT)$$

を変形して次式で表す．

$$\tilde{s}(t) = \sum_{k=-\infty}^{\infty} (I_k + jQ_k)\, g(t-kT) \tag{5.91}$$

ここで，$I_k = \alpha_k \cos\theta_k$，$Q_k = \alpha_k \sin\theta_k$ である．図 5.24 に BPSK 信号 $s(t)$ とその等価低域信号

$$\tilde{s}(t) = \sum_{k=-\infty}^{\infty} I_k g(t-kT)$$

の例を示す．方形関数 $g(t)$ をシンボル波形として用い，符号間干渉がないとすれば，その信号波形 $s(t)$ は図 5.24 (a) に示す不連続点を含む波形となり，また，その等価低域信号 $\tilde{s}(t)$ は図 5.24 (b) に示す方形パルス列となる．方形パルス列には無限に高い周波数成分が存在するが，実際の受信信号は，送信フィルタ，受信フィルタや通信路における帯域制限を受け符号間干渉を伴う．このため，帯域信号 $s(t)$ は図 5.24 (d) のよう

5.11 帯域制限とアイパターン

符号間干渉がない場合

（a）帯域信号波形

（b）等価低域信号波形

（c）アイパターン

符号間干渉がある場合

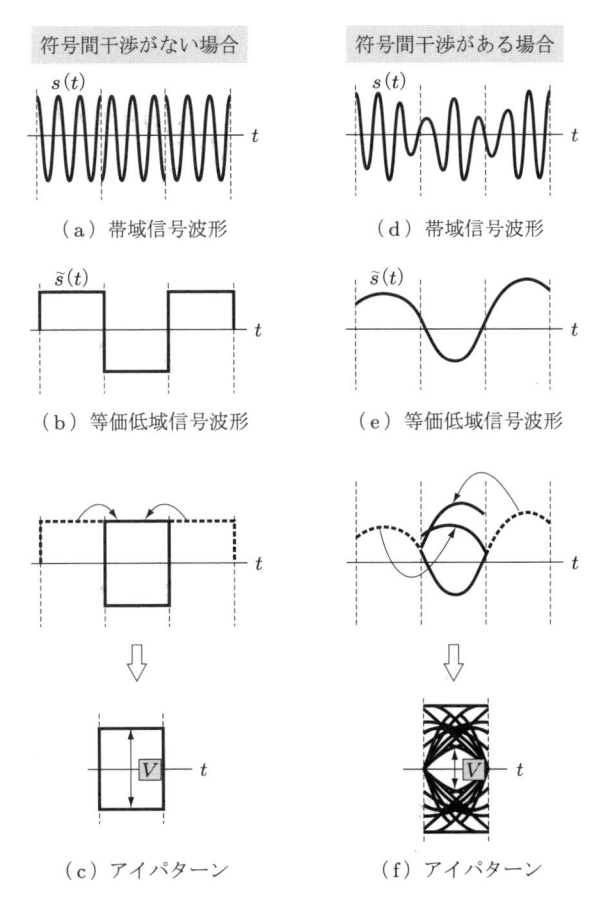

（d）帯域信号波形

（e）等価低域信号波形

（f）アイパターン

図 5.24 帯域制限とアイパターン

な連続波形となり，その等価低域信号 $\tilde{s}(t)$ は図 5.24 (e) のように滑らかな波形となる．

符号間干渉の程度を表す目安として**アイパターン**が用いられる．図 5.24 (c), (f) のように発生時刻の異なる各シンボルを中央のシンボル位置に重ね描きすればアイパターンが得られる．図 5.24 (c) において帯域制限がなく符号間干渉が発生しない場合には，パルスの中央点において正負の電圧差は V で一定である．一方，帯域制限がある場合に同様の重ね描きすれば図 5.24 (f) となり，電圧差 V が小さくなる．このように目（アイ）のように見える部分が開いていると符号間干渉の影響が小さいことになる．アイパターンはオシロスコープで容易に観測できる．

■ 演習問題 ■

5-1 MPSK ($M > 8$) を整合フィルタを用いて復調する場合のシンボル誤り率の上界を E_b/N_0 で表せ.

5-2 同期 4ASK についてビット誤り率の厳密解を SN 比 γ を用いて導出せよ.

5-3 64QAM のシンボル誤り率の下界を SN 比 γ を用いて導出せよ.

5-4 再生搬送波に ε の位相オフセットがある場合の同期 BPSK の誤り率を求めよ.

5-5 非同期 M 値 FSK のシンボル誤り率の上界を求めよ.

5-6 CN 比が高い場合の同期 BPSK の誤り率を式 (5.22), (5.24) を用いて近似することにより, 同期 BPSK と 2 相 DPSK の誤り率を比較して論じよ.

5-7 送信フィルタと受信フィルタの合成フィルタの周波数特性が方形である場合のアイパターンを図示せよ. ただし, シンボル同期のずれはないものとする.

5-8 MSK の電力スペクトル密度を導出せよ. ただし, シンボル間隔を T とする.

第6章

ブロック変調

シンボルごとに変調するのではなく，複数シンボルをまとめて変調すればブロック変調となる．ブロック変調は離散フーリエ変換のような信号処理を用いる変調信号生成に適している．本章では，まず，ブロック変調を理解するための基礎理論として標本化定理[1],[13]と離散フーリエ変換[20],[21]を述べる．続いて，直交周波数分割多重 (orthogonal frequency division multiplexing：OFDM)[17],[22],[23]，符号分割多元接続 (code division multiple access：CDMA)[3],[16],[24] と，これらを含む一般的な変調としてブロック直交変調[25]を解説する．

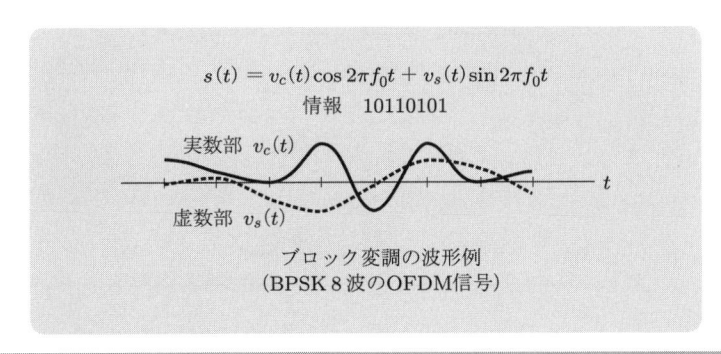

$$s(t) = v_c(t)\cos 2\pi f_0 t + v_s(t)\sin 2\pi f_0 t$$
情報　10110101

実数部 $v_c(t)$
虚数部 $v_s(t)$

ブロック変調の波形例
（BPSK 8波のOFDM信号）

6.1　標本化定理と次元数

時間波形 $x(t)$ の代表点を決定し，その電圧値を得ることが**標本化**であり代表点が**標本点**である．図 6.1 (a) に標本化の例を示す．標本点間隔を等しく τ とすれば標本化周波数 f_s は $1/\tau$ で定義される．

> [標本化定理]　時間波形 $x(t)$ の最大周波数が $B/2$ である場合に，最大周波数の2倍である B より高い標本化周波数 f_s で標本化すれば，標本点の系列より元の波形 $x(t)$ をひずみなく再生できる．

この定理は**ナイキストの定理**としてよく知られている．標本化定理は周波数軸で容易に証明することができる．図 6.1(a) において，原波形 $x(t)$ の標本化について考え

(a) 原波形

(b) 無限インパルス系列

標本化定理

$\frac{1}{\tau} > B$ であれば標本化波形 $x_\delta(t)$ から $x(t)$ をひずみなく再生できる

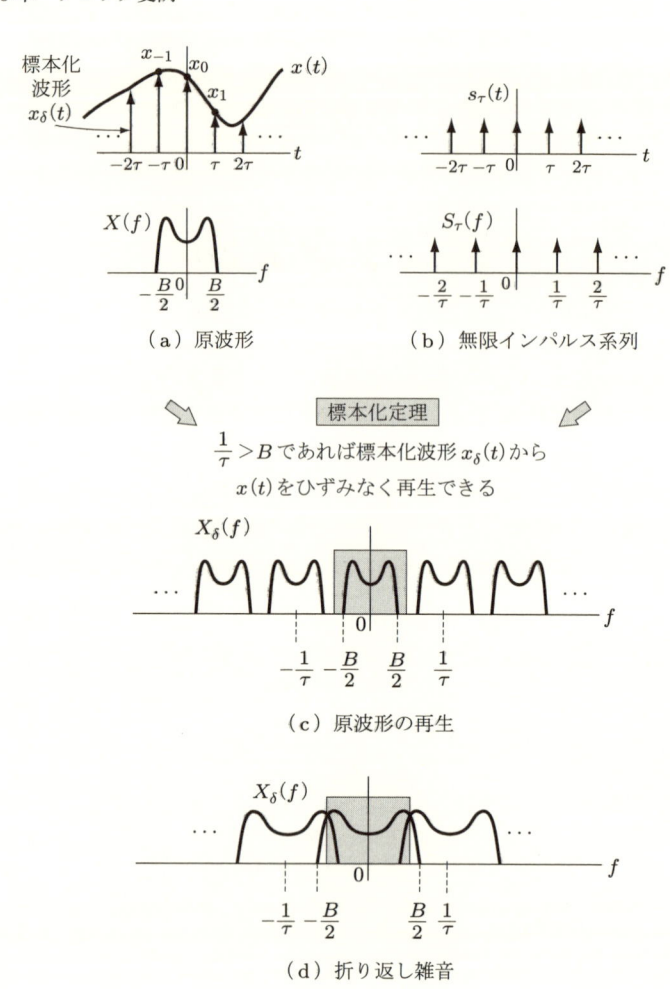

(c) 原波形の再生

(d) 折り返し雑音

図 6.1 標本化と波形再生

る．図において，標本化波形とは標本点の系列を波形として表現したものである．**標本化波形 $x_\delta(t)$ を，標本点の振幅 x_k を面積とするインパルス関数を用いて表せば**

$$x_\delta(t) = \sum_{k=-\infty}^{\infty} x_k \delta(t - k\tau) \tag{6.1}$$

となる．ここで，τ は標本点間隔である．標本化波形 $x_\delta(t)$ は，原波形 $x(t)$ と，図 6.1(b) に示す周期 τ の無限インパルス系列

$$s_\tau(t) = \sum_{k=-\infty}^{\infty} \delta(t - k\tau) \tag{6.2}$$

の積

$$x_\delta(t) = x(t)s_\tau(t) \tag{6.3}$$

で表せる．式 (6.3) において $x_\delta(t)$, $x(t)$, $s_\tau(t)$ のフーリエ変換を，それぞれ $X_\delta(f)$, $X(f)$, $S_\tau(f)$ として周波数軸で表せば，次式の畳込み積分の関係が成立する．

$$X_\delta(f) = \int_{-\infty}^{\infty} X(z) S_\tau(f-z)\, dz \tag{6.4}$$

ここで，式 (3.30)

$$y(t) = \int_{-\infty}^{\infty} x(\tau)g(t-\tau)\, d\tau \quad \xleftrightarrow{FT} \quad Y(f) = G(f)X(f)$$

における時間 t と周波数 f を交換して用いている．$X(f)$ の例を図 6.1 (a) に示す．無限インパルス系列 $s_\tau(t)$ の周波数スペクトル密度 $S_\tau(f)$ を求めるため，まず，$s_\tau(t)$ をフーリエ級数で表す．

$$s_\tau(t) = \sum_{n=-\infty}^{\infty} S_n \exp\left[j2\pi \frac{n}{\tau} t\right] \tag{6.5}$$

$$S_n = \frac{1}{\tau} \int_{-T/2}^{T/2} s_\tau(t) \exp\left[-j2\pi \frac{n}{\tau} t\right] dt = \frac{1}{\tau} \tag{6.6}$$

式 (6.6) を式 (6.5) に代入してフーリエ変換すれば，$s_\tau(t)$ の周波数スペクトル密度 $S_\tau(f)$ として次式が得られる．

$$S_\tau(f) = \frac{1}{\tau} \sum_{n=-\infty}^{\infty} \delta\left(f - \frac{n}{\tau}\right) \tag{6.7}$$

ここで，式 (3.21) の関係

$$s(t) = 1 \quad \xleftrightarrow{FT} \quad S(f) = \delta(f)$$

と，図 3.8 に示す周波数偏移の関係

$$S(f - f_0) \quad \xleftrightarrow{FT} \quad s(t) \exp[j2\pi f_0 t]$$

を用いている．$S_\tau(f)$ の例を図 6.1 (b) に示す．標本化波形 $x_\delta(t)$ の周波数スペクトル密度 $X_\delta(f)$ は，式 (6.4) で表される $X(f)$ と $S_\tau(f)$ の畳込み積分で与えられる．例題 2.10 を参考にして，この畳込み積分を行えば，図 6.1 (c) に示すように周波数軸において $X(f)$ を基本波形とした周期波形が得られる．図 6.1(c) より，原波形 $x(t)$ を再生するには，標本化波形 $x_\delta(t)$ から低域フィルタを用いて $X(f)$ の成分のみを取り出せば良いことがわかる．図 6.2 に $B = 1/\tau$ として，最大周波数 $B/2$ の低域フィルタにより $x(t)$ を再生する様子を示す．再生した $x(t)$ は次式で表される．

$$x(t) = \sum_{k=-\infty}^{\infty} x_k \frac{\sin \pi B(t - k\tau)}{\pi B(t - k\tau)} \tag{6.8}$$

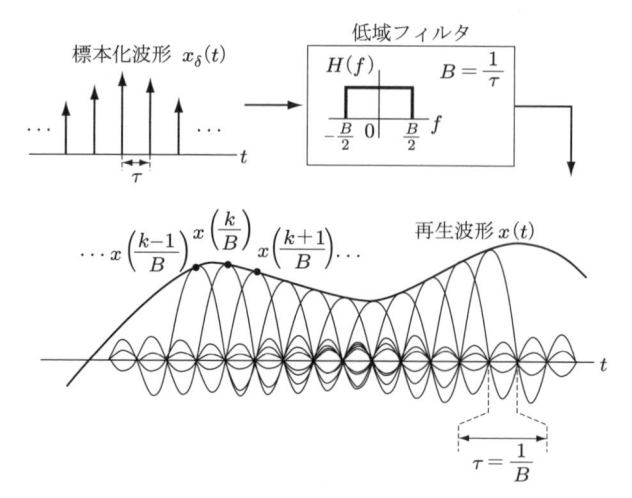

図 6.2 標本化波形と再生波形

ここで，$x(t)$ は低域フィルタのインパルス応答の重み付きの和となっている．図 6.2 において，それぞれのインパルス応答波形がピークとなる $\tau (= 1/B)$ ごとの時刻においては，他の標本点の影響を受けないことがわかる．したがって，$x(k/B)$, $(k = 0, \pm 1, \pm 2, \cdots)$ は互いに統計的に独立である．このような統計的に独立な点は 1 秒に B 個存在し，T 秒では BT 個となる．この BT 個が，0 から $B/2$ の周波数幅 $B/2$ と時間幅 T の空間に存在する次元数である．

図 6.1 (c) は $B < 1/\tau$ として $X_\delta(f)$ を表示しているが，$B > 1/\tau$ の場合には図 6.1(d) のように隣接した $X(f)$ の周波数スペクトル密度に重なりが生じ，標本化波形を低域フィルタに通してもひずみが残る．このひずみのことを**折り返し雑音**という．折り返し雑音の発生しない条件が，標本化定理における「最大周波数の 2 倍である B より高い標本化周波数 f_s で標本化する」ことに相当する．

さて，帯域信号において，帯域幅 B と時間幅 T が与えられた場合の伝送可能なシンボル数について考える．このシンボル数は帯域幅 B と時間幅 T で規定される多次元空間の次元数となる．**ブロック変調**では，各シンボルの振幅を直交座標に写像して，変調信号を多次元空間の信号点として表現する．例えば，図 6.3 において，3 シンボルからなる変調信号は ξ_1 軸，ξ_2 軸，ξ_3 軸を用いて 3 次元座標の 1 点で表される．したがって，ブロック変調の設計は**多次元空間**にどのように信号点を配置するかという問題に帰着する．

図 6.4 (a) に帯域信号 $s(t)$ の周波数スペクトル密度 $S(f)$ の例を示す．$s(t)$ は $(f_0 - B/2, f_0 + B/2)$ に帯域制限されており，次式で表される．

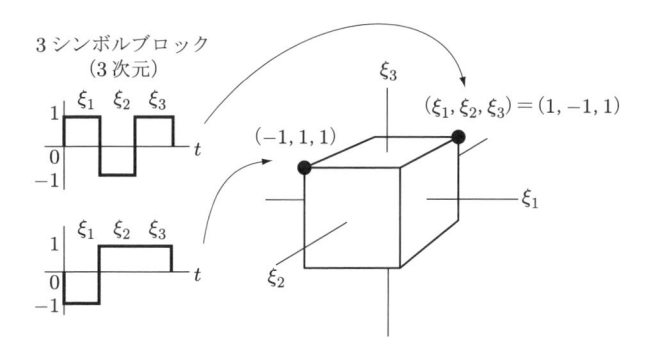

図 6.3 3次元信号

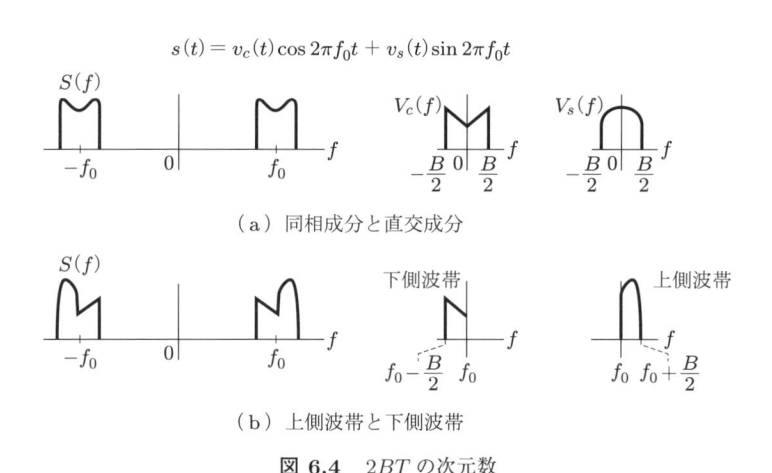

図 6.4 $2BT$ の次元数

(a) 同相成分と直交成分

(b) 上側波帯と下側波帯

$$s(t) = v_c(t)\cos 2\pi f_0 t + v_s(t)\sin 2\pi f_0 t \tag{6.9}$$

ここで，f_0 が中心周波数，$v_c(t)$ と $v_s(t)$ は，$s(t)$ の同相成分と直交成分である．$v_c(t)$ と $v_s(t)$ の周波数スペクトル密度 $V_c(f)$ と $V_s(f)$ の例を図 6.4 (a) に示す．$V_c(f)$ と $V_s(f)$ の最大周波数はともに $B/2$ であるので，標本化定理より $v_c(t)$ と $v_s(t)$ の1秒間に存在する独立な点数，すなわち，次元数はともに B 個となる．このことから，帯域幅 B と時間幅 T で規定される多次元空間に存在する独立な次元数は，$v_c(t)$ に存在する BT 個と $v_s(t)$ に存在する BT 個の合わせて $2BT$ 個となることがわかる．

一方，**単側波帯** (single side band：**SSB**) の考え方から，帯域信号に存在する $2BT$ 個の次元数を理解することもできる．周波数スペクトル密度において中心周波数 f_0 より高い周波数成分を**上側波帯** (upper side band：**USB**)，低い周波数成分を**下側波帯** (lower side band：**LSB**) とよぶ．$v_c(t)$ を上側波帯に，$v_s(t)$ を下側波帯に割り当てた場合には，図 6.4 (b) のような周波数スペクトル密度となる．この場合に利用でき

る次元数は上側波帯，下側波帯にそれぞれ BT 個であり合わせて $2BT$ 個となる．

$2BT$ 個の次元を複数個単位で，時間軸，周波数軸，あるいは，符号軸で分割配置すると，1.8 節で述べた多重化や多元接続となる．ここでは，$2BT$ 個の次元で定義される時間幅 T の波形を，ブロック変調の 1 シンボルとみなす．図 6.5 (a) は時間軸のシンボル系列が情報を担うブロック変調，図 6.5 (b) は周波数軸のシンボル系列が情報を担うブロック変調，ならびに，図 6.5 (c) は符号軸のシンボル系列が情報を担うブロック変調を表している．もちろん，これら以外にも $2BT$ 個の次元の分割法とそれに対応するブロック変調が存在するが，これについては 6.4 節のブロック直交変調で述べる．

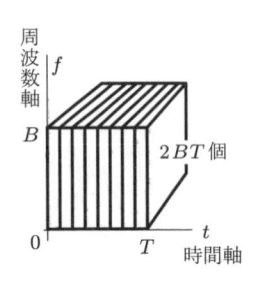

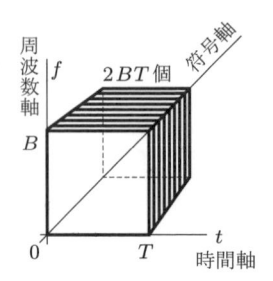

(a) 時間軸の
シンボル系列

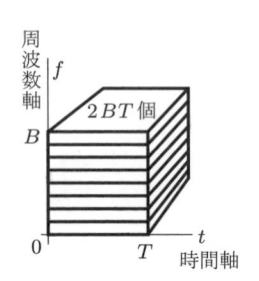

(b) 周波数軸の
シンボル系列

(c) 符号軸の
シンボル系列

図 6.5 ブロック変調

例題 6.1 方形パルスを用いた標本化

インパルス系列の標本化波形ではなく，パルス幅 D の方形パルス系列の標本化波形を用いる場合に，再生波形に発生するひずみについて論じよ．

解 幅 D，高さ $1/D$ の方形パルス $g(t)$ を用いる場合，標本化波形 $x_D(t)$ は，インパルス系列を用いた標本化波形 $x_\delta(t)$ と，方形パルス，

$$g(t) = \begin{cases} \dfrac{1}{D}, & -\dfrac{D}{2} \leq t \leq \dfrac{D}{2} \\ 0, & \text{その他} \end{cases}$$

の畳込み積分で表される．

$$x_D(t) = x_\delta(t) \circledast g(t)$$

ここで，$\circledast$ は畳込み積分を表す．図 (a) に $x_\delta(t)$ と $x_D(t)$ の例を示す．

畳込み積分では次の関係

$$y(t) = \int_{-\infty}^{\infty} x(\tau) g(t-\tau)\, d\tau \quad \overset{FT}{\longleftrightarrow} \quad Y(f) = G(f) X(f) \qquad \text{式 (3.30)}$$

が成立するため，$x_D(t)$ のフーリエ変換 $X_D(f)$ は，$x_\delta(t)$ のフーリエ変換 $X_\delta(f)$ と，$g(t)$ のフーリエ変換 $G(f)$ の積となる．

$$X_D(f) = X_\delta(f)G(f)$$

ここで，$G(f)$ の導出法については例題 3.4 を参照されたい．したがって，$X_D(f)$ を再生した場合には $G(f)$ の重みに起因するひずみが発生する．$X_\delta(f)$ と $G(f)$ の例を図 (b) に示す．なお，図 (b) に示すように，D を 0 に近づけると $G(f)$ が f 軸と 0 交差する点 $f = \pm 1/D$ が正の無限大ならびに負の無限大となるため，$f = 0$ の近傍で $G(f)$ が定数 1 に近づき，ひずみが小さくなる．

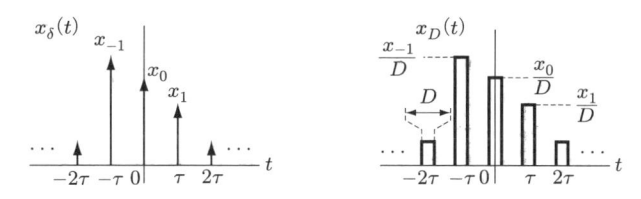

（a）標本化波形

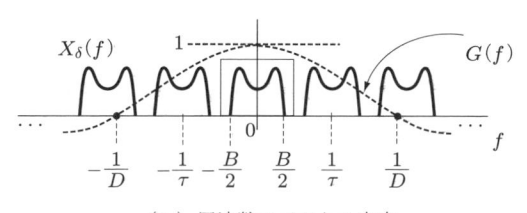

（b）周波数スペクトル密度

6.2 離散フーリエ変換

周期 T の離散的な時間関数 $x_T(t)$ は

$$x_T(t) = x_T(t + kT), \quad k = \pm 1, \pm 2, \pm 3, \cdots \tag{6.10}$$

を満足する．$x_T(t)$ を，離散的な基本波形 $x_\delta(t)$ を用いて次式で表す．

$$x_T(t) = \sum_{k=-\infty}^{\infty} x_\delta(t - kT) \tag{6.11}$$

$$x_\delta(t) = \sum_{n=0}^{N-1} x_n \delta(t - n\tau)\tau \tag{6.12}$$

ここで，$x_\delta(t)$ が，図 6.1 (a) に示す標本化波形 $x_\delta(t)$ の一部であり，その時間幅を T とすれば，T における標本点の総数を N，標本点の間隔を τ として，$T = N\tau$ が成立する．また，式 (6.12) 右辺の τ は**離散フーリエ変換**の表現に時間の変数 τ が残らないように設定している．図 6.6 に $x_T(t)$, $x_\delta(t)$, x_n の例を示す．いま，式 (6.12) の添字 n を l としてフーリエ級数を表す式 (3.10) に代入し，さらに，積分範囲を $(-\varepsilon, T - \varepsilon)$

に変更すれば次式を得る.

$$X_n = \frac{1}{T}\int_{-T/2}^{T/2} x_T(t)\exp\left[-j2\pi\frac{n}{T}t\right]dt = \frac{1}{T}\int_{-\varepsilon}^{T-\varepsilon} x_\delta(t)\exp\left[-j2\pi\frac{n}{T}t\right]dt$$

$$= \frac{1}{N}\sum_{l=0}^{N-1} x_l \exp\left[-j2\pi\frac{nl}{N}\right] \tag{6.13}$$

ここで, $\varepsilon(\ll 1)$ は積分範囲に $t=0$ を含めるための正の実数であり, また, $T=N\tau$ の関係を用いた. X_n の例を図 6.6 に示す. X_n は

$$X_n = X_{n\pm kN}, \quad k=0,\pm 1, \pm 2, \cdots \tag{6.14}$$

を満足する. $x_T(t)$ の周期が T であることから, X_n と X_{n+1} の周波数間隔は $1/T$ である. 式 (6.14) より, 離散的な周波数スペクトル密度 $X_T(f)$ は, 周波数軸において周期波形となることがわかる.

$$X_T(f) = \sum_{n=-\infty}^{\infty} X_n \delta\left(f - \frac{n}{T}\right) = \sum_{k=-\infty}^{\infty} X_\delta\left(f - \frac{k}{\tau}\right) \tag{6.15}$$

$$X_\delta(f) = \sum_{n=0}^{N-1} X_n \delta\left(f - \frac{n}{T}\right) \tag{6.16}$$

ここで, $X_\delta(f)$ は周期波形 $X_T(f)$ の基本波形である.

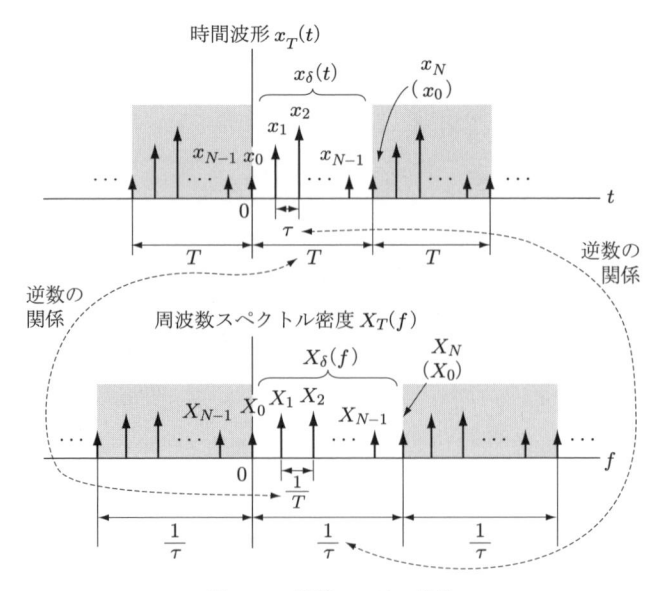

図 6.6 離散フーリエ級数

さて, X_n に $\exp[j2\pi(nm/N)]$ を乗じて n に関する和をとり次式を得る.

$$\sum_{n=0}^{N-1} X_n \exp\left[j2\pi \frac{nm}{N}\right] = \sum_{n=0}^{N-1} \frac{1}{N} \sum_{l=0}^{N-1} x_l \exp\left[j2\pi \frac{n(m-l)}{N}\right] \tag{6.17}$$

ここで，

$$\sum_{n=0}^{N-1} \exp\left[j2\pi \frac{n(m-l)}{N}\right] = \begin{cases} 0 & (l \neq m) \\ N & (l = m) \end{cases} \tag{6.18}$$

の関係を用いれば，式 (6.17) は次式となる．

$$\sum_{n=0}^{N-1} X_n \exp\left[j2\pi \frac{nl}{N}\right] = x_l \tag{6.19}$$

式 (6.13)，(6.19) より，式 (6.20) の**離散フーリエ変換** (discrete fourier transform：DFT) と式 (6.21) の**逆離散フーリエ変換** (inverse DFT：IDFT) を得る[†1]．

$$X_l = \frac{1}{N} \sum_{n=0}^{N-1} x_n \exp\left[-j2\pi \frac{nl}{N}\right] \tag{6.20}$$

$$x_l = \sum_{n=0}^{N-1} X_n \exp\left[j2\pi \frac{nl}{N}\right] \tag{6.21}$$

高速に DFT を行うアルゴリズムとしては**高速フーリエ変換** (fast fourier transform：FFT) がある．

例題 6.2 方形パルスの離散フーリエ変換

次の図に示す方形パルス $g(t)$ に対して，観測時間を T として，N 点離散フーリエ変換 (DFT) を適用する．標本点 $x_0, x_1, \cdots, x_{N-1}$ の標本時刻を示せ．また，DFT の出力 $X_0, X_1, \cdots, X_{N-1}$ において，観測可能な周波数幅と，標本点の周波数間隔を求めよ．ただし，$T = 4$ [秒]，$N = 8$，パルス幅 $D = 1.5$ [秒] とし，$g(t)$ を偶関数として標本化するものとする．

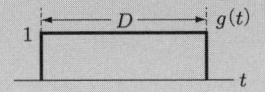

解 図 (a) に観測時間における方形パルス $g(t)$ を示す．$g(t)$ を偶関数とするため，観測時間の中央を $t = 0$ として $g(t)$ を配置する．まず，標本点間隔 τ は，観測時間 $T (= 4)$ と標本点数 $N (= 8)$ を用いて

$$\tau = \frac{T}{N} = 0.5 \quad [秒]$$

[†1] 非周期関数の周波数スペクトル密度を求める方法をフーリエ変換，周期関数の周波数スペクトルを求める方法をフーリエ級数とすれば，離散的な周期関数の周波数スペクトルを求める方法は，厳密には離散フーリエ級数とよぶべきであるが，一般に離散フーリエ変換が多用されており，本書でも用語として離散フーリエ変換を用いる．

で与えられる．次に，時刻 0 より正の方向に τ ごとに，$N/2+1\,(=5)$ [個] の標本点 $x_0, x_1, \cdots, x_{N/2}$ をとる．続いて，時刻 $-\tau\,(=-0.5)$ より負の方向に $\tau\,(=0.5)$ ごとに $x_N, x_{N-1}, \cdots, x_{N/2+1}$ をとれば，偶関数の条件を満足する．参考として，図 (b) に DFT の出力系列 $X_0, X_1, \cdots, X_{N-1}$ を示す．観測できる周波数幅は $1/\tau\,(=2)$ [Hz] であり，標本点の周波数間隔は $1/T\,(=0.25)$ [Hz] となる．ここで，$1/T$ は周波数分解能とよばれる．なお，時間領域の実数偶関数を離散フーリエ変換したため，周波数領域でも実数偶関数となる．

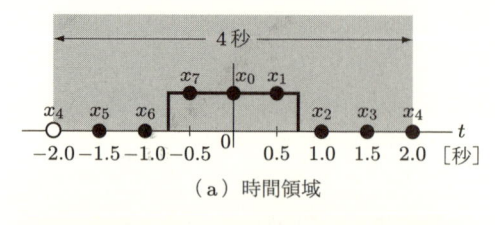

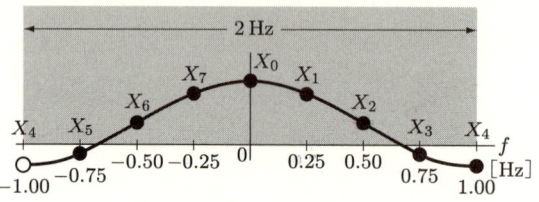

（a）時間領域

（b）周波数領域

6.3 直交周波数分割多重

直交周波数分割多重 (orthogonal frequency division multiplexing：**OFDM**) は多数の**サブキャリア** (subcarrier) を用いる**マルチキャリア**方式の一種である．サブキャリアは**副搬送波**ともよばれる．N 波のサブキャリアを用いる OFDM 信号の，0 番目のシンボルの複素包絡線 $\tilde{s}(t)$ を次式で表す．

$$\tilde{s}(t) = A \sum_{n=0}^{N-1} X_n \exp[j2\pi f_n t]\, g(t) \tag{6.22}$$

$$f_n = n\Delta - \frac{N-1}{2}\Delta \tag{6.23}$$

ここで，A は振幅係数，Δ はサブキャリアの周波数間隔，X_n は各サブキャリアの変調を表す複素係数，T が OFDM 信号のシンボル幅，$g(t)$ は幅 T の方形関数を表す．

$$g(t) = \begin{cases} 1, & -\dfrac{T}{2} \le t < \dfrac{T}{2} \\ 0, & \text{その他} \end{cases} \tag{6.24}$$

式 (6.22) をフーリエ変換して周波数スペクトル密度 $\tilde{S}(f)$ を得る．

$$\tilde{S}(f) = AT \sum_{n=0}^{N-1} X_n \frac{\sin \pi(f-f_n)T}{\pi(f-f_n)T} \tag{6.25}$$

ここで，例題 3.4 と同様に $g(t)$ のフーリエ変換を行い，図 3.8 の周波数偏移の性質を用いている．式 (6.25) においてサブキャリアの周波数間隔 $\Delta(=f_n - f_{n-1})$ が $1/T$ であれば，図 6.7 に示すように各サブキャリアのピークにおいてサブキャリア間の干渉が発生しないことがわかる．

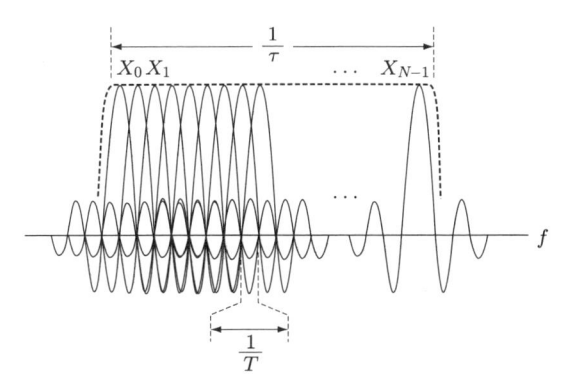

図 6.7 OFDM 信号の周波数スペクトル密度

OFDM は各サブキャリアを独立に変調するのではなく，周波数軸上で変調を表す複素係数 $X_0, X_1, \cdots, X_{N-1}$ に逆離散フーリエ変換を適用することにより，一括してマルチキャリア信号を生成する．等価低域系における OFDM 信号伝送モデルを図 6.8 に示す．まず，周波数軸において，M 値変調の N 個の複素係数 $\{X_n\}$ を逆離散フーリエ変換を用いて時間軸の N 個の複素数の離散値 $\{x_n\}$ に変換する．次に，x_n を係数とする間隔 τ のインパルス系列 $x_\delta(t)$ を発生する．

$$x_\delta(t) = A \sum_{n=0}^{N-1} x_n \delta(t-n\tau) \tag{6.26}$$

ここで，図 6.2 と同様に，$x_\delta(t)$ を最大周波数 $1/2\tau$ の低域フィルタに通せば等価低域における複素数の OFDM 信号 $x(t)$ となる．なお，帯域信号としての OFDM の帯域幅は $1/\tau$ 程度である．受信機では，受信信号の標本値 $\hat{x}_0, \hat{x}_1, \cdots, \hat{x}_{N-1}$ に離散フーリエ変換を適用して M 値変調の複素係数 $\hat{X}_0, \hat{X}_1, \cdots, \hat{X}_{N-1}$ を出力して復調を行う．なお，ここでは，説明を簡単にするため，雑音の影響を無視している．

OFDM では離散フーリエ変換と逆変換を用いるため，変調信号が図 6.6 に示すように離散的で周期的であると仮定することになる．通信路において周波数選択性フェー

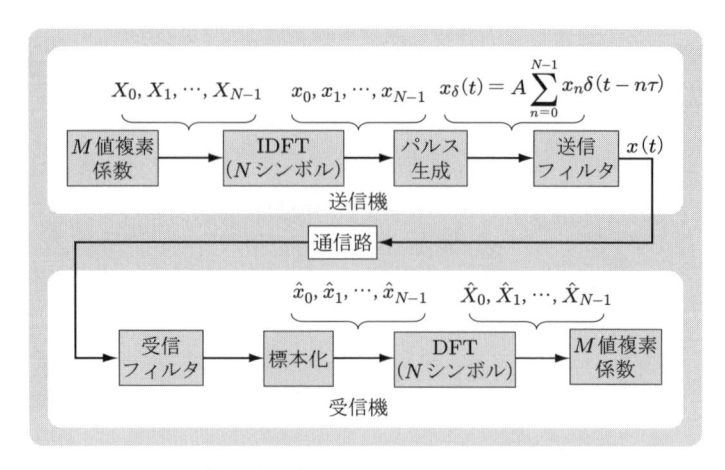

図 6.8 等価低域系における OFDM 信号伝送モデル

ジングなどに起因する符号間干渉が発生した場合には周期性が成立しなくなり，離散フーリエ変換の際にひずみが発生する．このため，OFDM では**サイクリックプリフィックス**とよばれる方法により周期性を保持している．図 6.9 にサイクリックプリフィックスの例を示す．サイクリックプリフィックスでは，N 個のシンボルからなる系列 $x_0, x_1, x_2, \cdots, x_{N-1}$ のうち，末尾の $x_{N-L}, \cdots, x_{N-2}, x_{N-1}$ の L 個のシンボルをコピーして系列の先頭に付加する．これにより伝送するシンボル数が増加するが，符号間干渉の遅延がプリフィックスの時間幅 $L\tau$ より小さければ周期性が保存される．

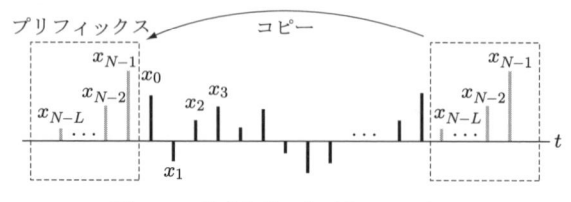

図 6.9 サイクリックプリフィックス

また，OFDM では各サブキャリアに割り当てるビット数を最適化することにより，周波数選択性フェージングの影響を軽減することができる．式 (6.22) におけるサブキャリアの変調を表す複素係数 X_n として BPSK，QPSK，16QAM，64QAM，256QAM を用いれば，そのサブキャリアの 1 シンボルが担う情報ビット数は 1, 2, 4, 6, 8 となる．そこで，通信路状態の悪いサブキャリアでは BPSK のように情報ビット数が少なく妨害に強い方式を採用し，通信路の状態の良いサブキャリアには多値 QAM を用いて伝

送できる情報ビット数の増加を図る．

> **例題 6.3** OFDM における符号間干渉の影響
>
> 時間軸の $N+1$ 個のシンボル系列 $x_{-1}, x_0, x_1, \cdots, x_{N-1}$ が，OFDM シンボルを構成している．いま，符号間干渉の影響を受け，希望シンボルの振幅が h_0 倍となり，先行シンボルの振幅が h_1 倍となって加算され，$r_{-1}, r_0, r_1, \cdots, r_{N-1}$ を受信した．受信機では r_{-1} を除く $r_0, r_1, \cdots, r_{N-1}$ に N 点離散フーリエ変換 (DFT) を施す．DFT 後の周波数軸における k 番目のシンボル R_k を求めよ．ただし，OFDM は $x_{-1} = x_{N-1}$ となるサイクリックプリフィックスを用いており，雑音の影響はないものとする．

解 符号間干渉の影響を受けた受信波の標本点 $r_0, r_1, \cdots, r_{N-1}$ は次式で表される．

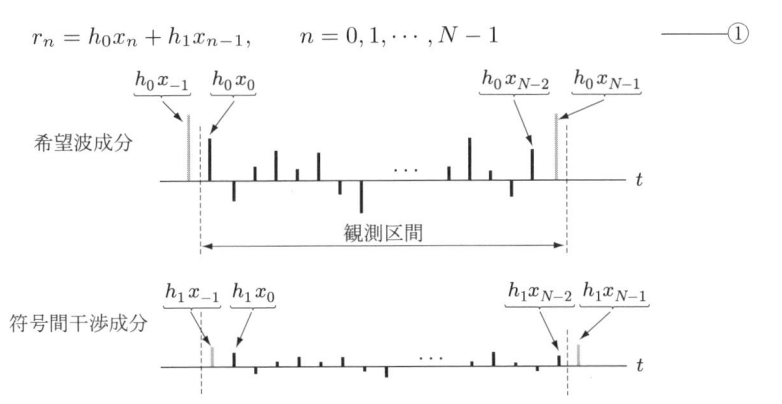

$$r_n = h_0 x_n + h_1 x_{n-1}, \quad n = 0, 1, \cdots, N-1 \quad\text{①}$$

ここで，サイクリックプリフィックスを用いているため，$x_{-1} = x_{N-1}$ である．上図に希望波成分と符号間干渉成分の例を示す．r_n の離散フーリエ変換 $R_k (k = 0, 1, \cdots, N-1)$ は，次式の離散フーリエ変換の関係

$$X_l = \frac{1}{N} \sum_{n=0}^{N-1} x_n \exp\left[-j2\pi \frac{nl}{N}\right] \quad\text{式 (6.20)}$$

において，X_l に R_k を，x_n に式①の r_n を代入し，変数 l を k に変更することにより次式で表される．

$$R_k = \frac{1}{N} \sum_{n=0}^{N-1} (h_0 x_n + h_1 x_{n-1}) \exp\left[-j2\pi \frac{nk}{N}\right] \quad\text{②}$$

ここで，式②の右辺第 1 項は離散フーリエ変換の定義より

$$\frac{1}{N} \sum_{n=0}^{N-1} h_0 x_n \exp\left[-j2\pi \frac{nk}{N}\right] = h_0 X_k \quad\text{③}$$

となる．次に，式②の右辺第 2 項を次式のように変形する．

$$\frac{1}{N} \sum_{n=0}^{N-1} h_1 x_{n-1} \exp\left[-j2\pi \frac{nk}{N}\right]$$

$$= \exp\left[-j2\pi \frac{k}{N}\right] \frac{1}{N} \sum_{n=0}^{N-1} h_1 x_{n-1} \exp\left[-j2\pi \frac{(n-1)k}{N}\right]$$

$$= \exp\left[-j2\pi \frac{k}{N}\right] \frac{1}{N} \left\{ \sum_{n=0}^{N-2} h_1 x_n \exp\left[-j2\pi \frac{nk}{N}\right] + h_1 x_1 \exp\left[-j2\pi \frac{(-1)k}{N}\right] \right\}$$

$$= \exp\left[-j2\pi \frac{k}{N}\right] h_1 X_k \qquad\qquad ④$$

ここで，$x_{-1} = x_{N-1}$ の関係，ならびに，

$$\exp\left[-j2\pi \frac{(-1)k}{N}\right] = \exp\left[-j2\pi \frac{(N-1)k}{N}\right]$$

の関係を用いた．式②，③，④より次式を得る．

$$R_k = \left(h_0 + h_1 \exp\left[-j2\pi \frac{k}{N}\right] \right) X_k \qquad\qquad ⑤$$

式⑤より，R_k は X_k の定数倍となっていることがわかる．

6.4 符号分割多元接続

符号分割多元接続 (code division multiple access：**CDMA**) は，各ユーザが周波数と時間を同時に利用する方式であり，任意の時刻に任意のユーザ宛に信号を送信することができる．CDMA では，各ユーザが異なる拡散符号を用いることによりユーザ間の干渉を除去，または，抑圧することができる．拡散符号には，直交符号と擬似直交符号の2つがあり，本節ではユーザ数 N のこれらの符号を用いる CDMA について等価低域系で解説する．

まず，直交符号を用いる CDMA では，符号長 N の直交符号の集合から1つを選択してユーザ i の拡散符号 $\boldsymbol{C}_i = (c_{i1} c_{i2} \cdots c_{iN})$ とする．ここで，$c_{in}(= \pm 1)$, $(n = 1, 2, \cdots, N)$ は拡散符号 $\boldsymbol{C}_i$ の要素である．N 個の c_{in} のそれぞれを幅が τ の方形パルスに写像して拡散波形とする．図 6.10 にユーザ i の拡散波形 $c_i(t)$ の例を示す．

$$c_i(t) = \sum_{n=1}^{N} c_{in} g_\tau(t - n\tau) \tag{6.27}$$

ここで，τ はチップ幅，$1/\tau$ はチップレートとよばれ，また，

$$g_\tau(t) = \begin{cases} 1, & 0 \leq t < \tau \\ 0, & その他 \end{cases} \tag{6.28}$$

は幅 τ の方形関数である．ユーザ i の拡散波形 $c_i(t)$ とユーザ j の拡散波形 $c_j(t)$ は式

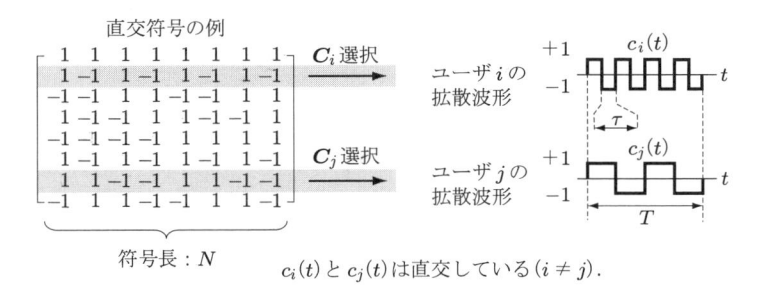

図 6.10　拡散波形

(5.8) の直交条件

$$\int_{-\infty}^{\infty} v(t)w(t)\,dt = 0$$

を満足する．なお，$i = j$ の場合には $N\tau(= T)$ となる．

$$\int_{-\infty}^{\infty} c_i(t)c_j(t)\,dt = \begin{cases} N\tau, & i = j \\ 0, & i \neq j \end{cases} \tag{6.29}$$

直交 CDMA では，この直交性を用いて各ユーザの情報信号を分離する．

図 6.11 にユーザ i の CDMA 伝送モデルを示す．いま，説明を簡単にするため，ユーザ i の情報信号の 0 番目のシンボルのみについて考える．ユーザ i の情報信号 $x_i(t)$ を次式で表す．

$$x_i(t) = a^{(i)} g_T(t) \tag{6.30}$$

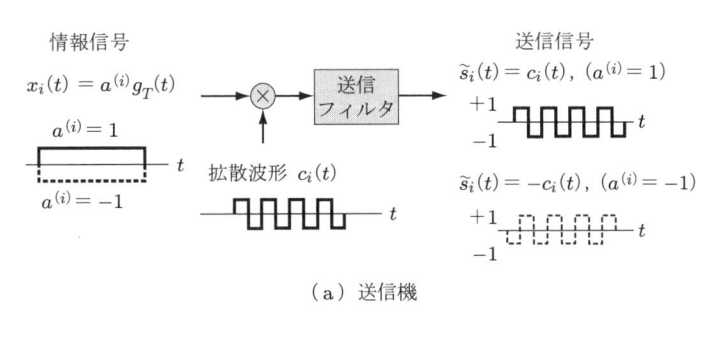

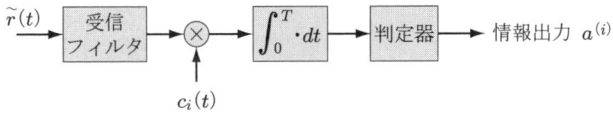

（a）送信機

（b）受信機

図 6.11　CDMA 伝送モデル

ここで，$a^{(i)}(=\pm 1)$ はユーザ i の 2 値の情報シンボルであり[†2]，また，

$$g_T(t) = \begin{cases} 1, & 0 \leq t < T \\ 0, & その他 \end{cases} \tag{6.31}$$

は幅 $T(=N\tau)$ の方形関数であり，変調シンボル波形を表す．図 6.11 (a) のユーザ i の送信機においては，ユーザ i に固有の拡散波形 $c_i(t)$ を生成し，式 (6.30) の情報信号 $x_i(t)$ に乗じる．いま，送信フィルタによる波形整形の影響を無視すれば，送信信号 $s_i(t)$ の等価低域信号 $\tilde{s}_i(t)$ は次式となる．

$$\tilde{s}_i(t) = x_i(t)c_i(t) = a^{(i)}g_T(t)c_i(t) = a^{(i)}c_i(t) \tag{6.32}$$

したがって，2 値変調信号を用いる CDMA は情報 $a^{(i)}$ に応じて拡散波形の符号を反転させて送信することがわかる．図 6.11 (a) に，ユーザ i の情報 $a^{(i)}$ に対応する送信信号 $\tilde{s}_i(t)$ を示す．図 6.11 (b) の受信機では，送信機で用いた拡散波形と同じ $c_i(t)$ を，式 (6.32) の $\tilde{s}_i(t)$ に乗じて元の情報信号を再生する．ここで，雑音の影響を無視すれば，

$$\tilde{s}_i(t)c_i(t) = a^{(i)}c_i(t)c_i(t) = a^{(i)}g_T(t) \tag{6.33}$$

となり，情報信号は $(0, T)$ で積分され判定器の入力となる．情報 $a^{(i)}$ に対する積分器の出力は，式 (6.29) より $a^{(i)}T(=a^{(i)}N\tau)$ となり，その正負で $a^{(i)}(=\pm 1)$ を判定する．ユーザ i の受信機において，$\pm c_j(t)$ $(i \neq j)$ で表現されるユーザ j の信号成分は，ユーザ i の拡散波形 $c_i(t)$ を乗じて積分すれば式 (6.29) の直交条件を満足して 0 となる．CDMA では情報 $a^{(i)}$ による変調を **1 次変調**，$c_i(t)$ を乗じることを **2 次変調** という．

次に，拡散符号として直交符号ではなく**擬似ランダム系列**を用いる場合について考える．擬似ランダム系列は，確定的に生成されるため厳密にはランダムではないが，その周期が大きいことから擬似的にランダムとみなす系列である．擬似ランダム系列を用いる CDMA の伝送モデルは，拡散符号が擬似ランダム系列となることを除けば図 6.11 の直交 CDMA の伝送モデルと同じである．送信機では，ユーザ i の情報信号 $x_i(t)$ に拡散波形 $c_i(t)$ を乗じて $\tilde{s}_i(t)$ を送信する．図 6.12 に，受信機におけるユーザ i の送信信号 $\tilde{s}_i(t)$ による希望波成分とユーザ j の送信信号 $\tilde{s}_j(t)$ による干渉波成分の例を示す．希望波成分は受信波にユーザ i の拡散波形 $c_i(t)$ を乗じて元の情報信号となるが，干渉波成分は拡散波形 $c_i(t)$ を乗じても擬似的にランダムな波形となる．希望波成分のシンボル間隔が T であり，干渉波成分のチップ間隔が τ であるため，希望波成分の周波数スペクトル密度の幅は $2/T$ 程度であるのに対して，干渉波成分の周波数スペクトル密度の幅は $2/\tau$ 程度となる．したがって，図 6.12 に示すように，希望波成分の存在する $(-1/T, 1/T)$ の周波数成分をフィルタで抽出すれば，ほとんどの干渉成分

[†2] 第 5 章では，シンボル番号を k として a_k を情報シンボルとした．ここでは，k を省略して，ユーザ番号を表すため記号 (i) を用いている．

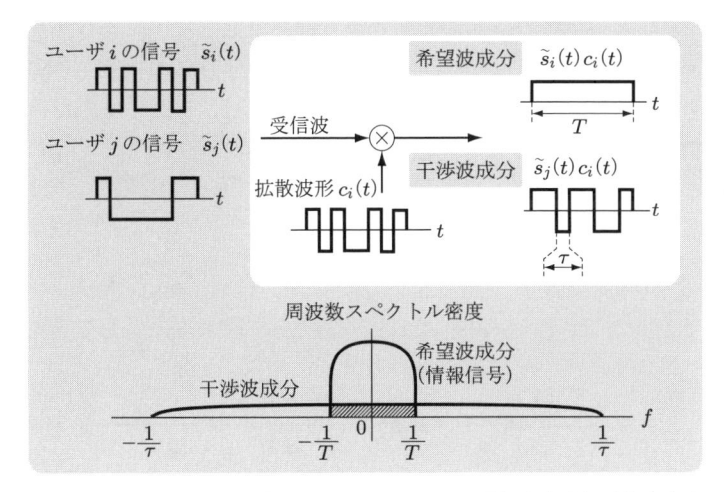

図 6.12 疑似ランダム系列を用いた CDMA の希望波成分と干渉波成分

はフィルタで除去されて図の斜線部に存在する干渉波成分のみが残存する．この干渉波成分を抑圧する係数 T/τ は**処理利得**とよばれる．

　情報信号と擬似ランダム波形の積を用いる CDMA は，送信信号 $\tilde{s}_i(t)$ の周波数スペクトル密度の幅が情報信号の周波数スペクトル密度の幅の T/τ 倍となることから周波数拡散方式とよばれるが，基本波形である拡散波形の符号で情報を伝送すると考えれば基本波形と送信機出力信号の周波数帯域は等しい．

6.5　ブロック直交変調

　直交軸に情報シンボルを割り当てる変調を直交変調という．QPSK では搬送波周波数 f_0 の $\cos 2\pi f_0 t$ と $\sin 2\pi f_0 t$ が信号点を表す直交軸として用いられている．OFDM では各サブキャリアの周波数 f_i の $\cos 2\pi f_i t$ と $\sin 2\pi f_i t$ が直交軸である．一方，直交 CDMA ではそれぞれのユーザの拡散波形が直交軸となる．これらの異なった変調方式はすべて直交変調の一種であり，複数シンボルをまとめて直交変調とすればブロック直交変調となる．本節では，**多次元空間の回転**を用いることにより，OFDM や直交 CDMA を含み，すべての直交変調を表現することが可能な**一般化直交変調**[25] について述べる．

　帯域幅 B と時間幅 T が与えられた場合には，6.1 節で述べたように $2BT$ 個の次元を利用することができる．式 (6.9) の帯域信号

$$s(t) = v_c(t)\cos 2\pi f_0 t + v_s(t)\sin 2\pi f_0 t$$

を例として，図 6.13 に時間軸における $2BT$ の各次元の概念図を示す．一般化直交変

調は，この $2BT$ 次元空間の回転により変調方式を規定する．変調パラメータは**回転平面**と**回転角**である．連続した複数回の回転により OFDM や直交 CDMA を表現することができるとともに，変調パラメータを変更すれば，これまでにない特徴を有する新たな変調方式を表すことができる．

$$s(t) = v_c(t)\cos 2\pi f_0 t + v_s(t)\sin 2\pi f_0 t$$

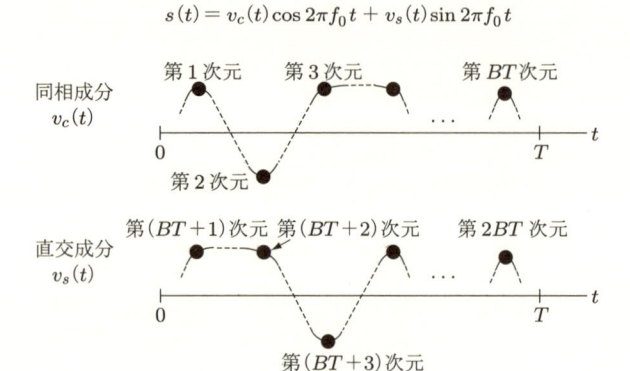

図 6.13 帯域信号における独立な次元

$N(=2BT)$ 次元の一般化直交変調は，1 ブロックが N 個の実数シンボルからなるブロック変調である．一般化直交変調の伝送モデルを図 6.14 に示す．情報ベクトル $\boldsymbol{A} = [a_1, a_2, \cdots, a_N]$ は，M 値シンボル $a_n (=\pm C, \pm 3C, \cdots, \pm(M-1)C)$ からなる．ここで，C は振幅係数である．まず，初期の**伝達行列**を単位行列 $\boldsymbol{E}$ とする．

$$\boldsymbol{E} = \begin{bmatrix} \boldsymbol{e}_1 \\ \boldsymbol{e}_2 \\ \vdots \\ \boldsymbol{e}_N \end{bmatrix} = \begin{bmatrix} 1 & 0 & 0 & \cdots & 0 \\ 0 & 1 & 0 & \cdots & 0 \\ & & & \vdots & \\ 0 & 0 & 0 & \cdots & 1 \end{bmatrix} \tag{6.34}$$

正規直交行ベクトル $\boldsymbol{e}_1, \boldsymbol{e}_2, \cdots, \boldsymbol{e}_N$ は，**回転行列** $\boldsymbol{R}$ を用いて同じく正規直交行ベクトル $\boldsymbol{h}_1, \boldsymbol{h}_2, \cdots, \boldsymbol{h}_N$ に変換される．

$$\boldsymbol{H} = \boldsymbol{R}\boldsymbol{E} = \begin{bmatrix} \boldsymbol{h}_1 \\ \boldsymbol{h}_2 \\ \vdots \\ \boldsymbol{h}_N \end{bmatrix} = \begin{bmatrix} h_{11} & h_{12} & \cdots & h_{1N} \\ h_{21} & h_{22} & \cdots & h_{2N} \\ & & \vdots & \\ h_{N1} & h_{N2} & \cdots & h_{NN} \end{bmatrix} \tag{6.35}$$

第 i 次元と第 j 次元で決定される平面における回転角 θ_{ij} の回転行列 $\boldsymbol{R}$ の要素 r_{mn} $(m, n = 1, 2, \cdots, N)$ は，$r_{ii} = r_{jj} = \cos\theta_{ij}$, $r_{kk} = 1$ $(k \neq i, j)$, $r_{ij} = \sin\theta_{ij}$ $(i < j)$, $r_{ji} = -\sin\theta_{ij}$ を満足し，その他の要素は 0 となる．例として，第 2 次元と第 4 次元で決定される平面を θ_{24} ラジアン回転する回転行列を次式に示す．

6.5 ブロック直交変調

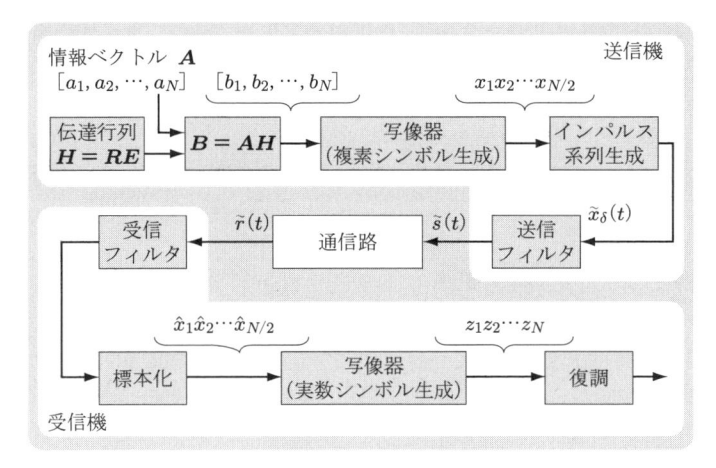

図 6.14 一般化直交変調の伝送モデル

$$R = \begin{bmatrix} 1 & 0 & 0 & 0 & 0 & \cdots & 0 \\ 0 & \cos\theta_{24} & 0 & \sin\theta_{24} & 0 & \cdots & 0 \\ 0 & 0 & 1 & 0 & 0 & \cdots & 0 \\ 0 & -\sin\theta_{24} & 0 & \cos\theta_{24} & 0 & \cdots & 0 \\ 0 & 0 & 0 & 0 & 1 & \cdots & 0 \\ & & & \vdots & & & \\ 0 & 0 & 0 & 0 & 0 & \cdots & 1 \end{bmatrix} \tag{6.36}$$

N 次元空間において任意の回転を表現するには最大で $_NC_2$ 回の連続した回転が必要となる[†3]. 例えば, $R_1, R_2, \cdots$ と順に回転し, 最後に $\cdots, R_{L-1}, R_L$ と回転する場合の連続回転は次式で表される.

$$R = R_L R_{L-1} \cdots R_2 R_1 \tag{6.37}$$

次に, 回転行列から伝達行列を決定し, 情報ベクトル $A = [a_1, a_2, \cdots, a_N]$ を用いて 実数の行ベクトル $B = [b_1, b_2, \cdots, b_N]$ を生成する.

$$B = AH, \tag{6.38}$$

ここで, M 値シンボル a_n は正規直交行ベクトル h_n に対応しており, a_n と h_n が変調信号を決定する. 続いて, $Re\{x\}$, $Im\{x\}$ がそれぞれ複素数 x の実数部と虚数部を表すものとして,

$$B = [Re\{x_1\},\ Re\{x_2\},\ \cdots,\ Re\{x_{N/2}\},\ Im\{x_1\},\ Im\{x_2\},\ \cdots,\ Im\{x_{N/2}\}]$$

[†3] N 次元空間においては 2 つの次元を用いて回転平面を決定する. このため, N 次元空間に存在する回転平面の種類は $_NC_2$ 個となる.

となるように，写像器を用いて N 個の実数シンボル $b_1, b_2, \cdots, b_N$ を $N/2$ 個の複素数シンボル

$$x_1, x_2, \cdots, x_{N/2}$$

に変換する．これらの複素数シンボルを用いて変調信号の1ブロック分に相当するインパルス系列 $x_\delta(t)$ を生成する．

$$x_\delta(t) = \sum_{n=1}^{N/2} x_n \delta(t - n\tau), \tag{6.39}$$

ここで，τ はシンボル間隔であり，ブロック長を T とすれば $\tau = 2T/N$ となる．$x_\delta(t)$ をルートナイキストフィルタ特性をもつ送信フィルタに入力し，送信機出力 $s(t)$ の複素包絡線 $\tilde{s}(t)$ として次式を得る．

$$\tilde{s}(t) = \sum_{n=1}^{N/2} x_n h_{TX}(t - n\tau) \tag{6.40}$$

ここで，$h_{TX}(t)$ は送信フィルタの等価低域インパルス応答である．

通信路において，変調信号 $\tilde{s}(t)$ はガウスあるいは非ガウス雑音 $\tilde{n}(t)$ の妨害を受ける．受信機では受信波 $\tilde{r}(t)$ から複素数の標本化系列 $\hat{x}_1 \hat{x}_2 \cdots \hat{x}_{N/2}$ を得て，実数系列 $z_1 z_2 \cdots z_N$ に写像した後に復調を行う．ガウス通信路では $\boldsymbol{R}$ の逆行列を用いた逆回転による復調が最適となる．しかし，非ガウス通信路における最適受信では，それぞれの $\boldsymbol{h}_n$ に対する整合フィルタが必要となる．

一般化直交変調の適用例として，4 シンボルからなる直交 CDMA を生成する．直交 CDMA の回転行列 $\boldsymbol{R}$ は直交符号からなる行列である．

$$\boldsymbol{R} = \frac{1}{2} \begin{bmatrix} 1 & 1 & 1 & 1 \\ -1 & 1 & -1 & 1 \\ -1 & -1 & 1 & 1 \\ 1 & -1 & 1 & -1 \end{bmatrix} \tag{6.41}$$

式 (6.41) を連続した回転 $\boldsymbol{R}$ で表現する[25]．

$$\boldsymbol{R} = [\theta_{24} = \pi/4; \theta_{13} = \pi/4; \theta_{34} = \pi/4; \theta_{12} = \pi/4] \tag{6.42}$$

式 (6.42) は以下の4つの連続回転を意味する．
- 第1次元と第2次元で規定される平面を $\pi/4$ 回転する．
- 第3次元と第4次元で規定される平面を $\pi/4$ 回転する．
- 第1次元と第3次元で規定される平面を $\pi/4$ 回転する．
- 第2次元と第4次元で規定される平面を $\pi/4$ 回転する．

この回転は4次元空間での回転であり図示できないため，3次元に写像して図 6.15 に示す．なお，図 6.15 において $\xi_1, \xi_2, \xi_3, \xi_4$ は各次元の座標軸を示す．

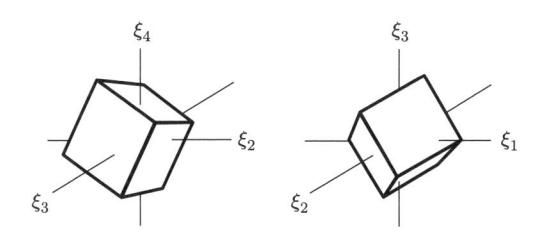

図 6.15 直交 CDMA

さて，一般化直交変調を用いれば新たな変調方式を定義できる．新たな変調方式の例として，パラメータを変化させることにより QPSK から OFDM に移行する変調方式を生成する．OFDM 信号を生成する回転行列 $\boldsymbol{R}$ は逆離散フーリエ変換である．8次元の4点逆離散フーリエ変換は次の回転行列で表される．

$$\boldsymbol{R} = \frac{1}{2}\begin{bmatrix} 1 & 1 & 1 & 1 & 0 & 0 & 0 & 0 \\ 1 & 0 & -1 & 0 & 0 & 1 & 0 & -1 \\ 1 & -1 & 1 & -1 & 0 & 0 & 0 & 0 \\ 1 & 0 & -1 & 0 & 0 & -1 & 0 & 1 \\ 0 & 0 & 0 & 0 & 1 & 1 & 1 & 1 \\ 0 & 1 & 0 & -1 & 1 & 0 & -1 & 0 \\ 0 & 0 & 0 & 0 & 1 & -1 & 1 & -1 \\ 0 & 1 & 0 & -1 & -1 & 0 & 1 & 0 \end{bmatrix} \quad (6.43)$$

この行列を連続した回転で表し，各回転角にパラメータ λ を乗じれば次式となる．

$$\boldsymbol{R} = \left[\theta_{68} = \frac{\lambda\pi}{2}; \theta_{48} = -\frac{\lambda\pi}{2}\right] \cdot \left[\theta_{46} = \frac{\lambda\pi}{4}; \theta_{28} = \frac{\lambda\pi}{4}; \theta_{57} = -\frac{\lambda\pi}{4}; \theta_{68} = -\frac{\lambda\pi}{2};\right.$$
$$\theta_{58} = -\frac{3\lambda\pi}{4}; \theta_{67} = -\frac{3\lambda\pi}{4}; \theta_{78} = -\frac{3\lambda\pi}{2}; \theta_{56} = -\lambda\pi; \theta_{13} = -\frac{\lambda\pi}{4}; \theta_{24} = -\frac{\lambda\pi}{2};$$
$$\left.\theta_{14} = -\frac{3\lambda\pi}{4}; \theta_{23} = -\frac{3\lambda\pi}{4}; \theta_{34} = -\frac{3\lambda\pi}{2}; \theta_{12} = -\lambda\pi\right], \quad (6.44)$$

ここで，$\lambda = 0$ が回転前の QPSK を表し，$\lambda = 1$ が回転後の OFDM を表す．これらの変調方式の特徴について検討するため，連続波 (CW) 干渉と，インパルス状の干渉の両方が存在する場合に，パラメータ λ を用いて，QPSK から OFDM まで変調方式を連続的に変化させた場合の，ビット誤り率 (bit error rate：BER) と**ピーク対平均電力比** (peak to average power ratio：**PAPR**) を図 6.16 に示す．CW 干渉は周波数軸で最下位の標本値に，インパルス状の干渉は時間軸の 1 番目の標本値に存在するものと仮定している．また，これらの干渉の電力の総和を干渉電力として信号対干渉電力比 (signal to interference power ratio：SI 比) を定義している．図 6.16 において，ビット誤り率はパラメータ λ に依存しており，$\lambda = 0.8$ 付近で局所的な最適値となっている．また，λ の増加とともに急激にピーク対平均電力比が大きくなることがわかる．

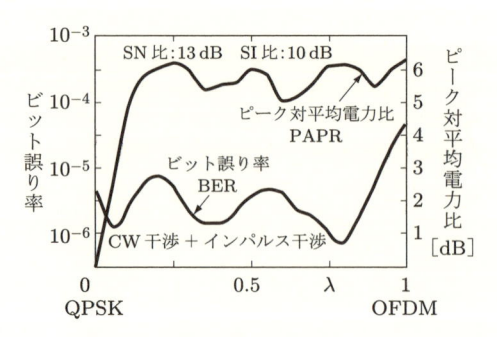

図 6.16　一般化直交変調のビット誤り率とピーク対平均電力比

■ 演習問題 ■

6-1 フィルタのインパルス応答を $h(t)$, その周波数特性を $H(f)$ とする．シンボル間隔が τ の場合に符号間干渉が発生しない条件は，$h(t)s_\tau(t) = \delta(t)$ である[13]．ここで，$s_\tau(t)$ は周期 τ の無限インパルス系列である．

$$s_\tau(t) = \sum_{k=-\infty}^{\infty} \delta(t - k\tau)$$

符号間干渉が発生しないフィルタの周波数特性 $H(f)$ の条件を求めよ．

6-2 0.001 秒ごとに $x_\delta(t)$ を標本化し，250 点の標本点 $x_n(n = 0, 1, \cdots, 249)$ を求め，離散フーリエ変換を用いて X_n を得たとする．X_n の最大周波数ならびに周波数間隔を求めよ．

6-3 2 点 DFT の回転行列を求めよ．

付　録

付録 A　シンボル誤り率とビット誤り率

　2 値変調では 1 シンボルが 1 ビットに対応しており，**シンボル誤り率**と**ビット誤り率**は等しい．多値変調では 1 シンボルで複数ビットを表すため，シンボル誤り率とビット誤り率が異なる．図 A.1 (a) は，振幅レベルが $(-7, -5, \cdots, +5, +7)$ の 8 値をとるシンボルに，3 ビットの符号を写像する **8 値振幅シフトキーイング (8ASK)** の例である．ここでは，3 ビットの符号と 8 個のシンボルの写像に，隣接する符号が 1 ビットのみ異なる**グレイ符号**を用いている．図 A.1 (a) の例において送信符号がすべて "000" であると仮定すれば，送信機は符号 "000" に対して電圧値 $+7$ のシンボルを送信シンボルとして出力する．送信信号を図に破線で示す．通信路において，送信信号に雑音が加算され，受信機では図に実線で示す受信信号が得られたものとする．いま，符号 "000" のシンボルが符号 "X"($=$ "001", "010", $\cdots$, "111") のシンボルに誤る場合の誤りビット数を B_X とすれば，図の受信信号の 1 番目のシンボルには誤りがなく，2 番目のシンボルの誤りビット数 B_{101} は 2 となる．3 番目のシンボル，および，4 番目のシンボルについては $B_{010} = 1$, $B_{001} = 1$ である．このような場合のビット誤り率 P_b は次式で表される．

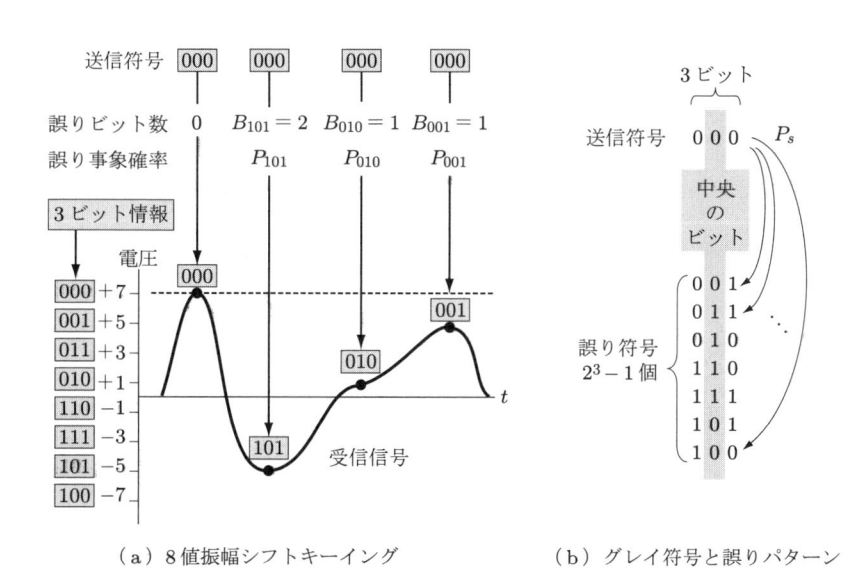

（a）8 値振幅シフトキーイング　　　　（b）グレイ符号と誤りパターン

図 A.1　ビット誤りの事象の例

$$P_b = \sum_{\substack{X \\ (X \neq 000)}} B_X P_X$$

ここで，P_X は符号 "000" のシンボルが符号 "X" のシンボルに誤る確率を表す．符号 "000" 以外のシンボルを送信する場合のビット誤り率も同様に求めることができる．

いま，図 A.1 (b) において符号 "000" のシンボルが他の符号のシンボルに誤る確率 $P_{001}, P_{011}, \cdots, P_{110}$ がすべて等しく P_s であると仮定する．図 A.1 (b) の中央のビットについて考えれば，誤り符号の中央のビット $7(= 2^3 - 1)$ 個のうち $4(= 2^{3-1})$ 個が 1 である．この場合には，ビット誤り率 P_b はシンボル誤り率 P_s を用いて次式で表される．

$$P_b = \frac{4}{7} P_s$$

同様に，k ビットからなる多値シンボルの場合に他のシンボルに誤る確率が等しいとすれば，ビット誤り率 P_b とシンボル誤り率 P_s の関係は次式となる．

$$P_b = \frac{2^{k-1}}{2^k - 1} P_s \approx \frac{1}{2} P_s$$

付録 B　帯域幅を拡大する変調方式

誤り訂正のための符号化を用いない場合でも，変調方式の帯域幅を拡大することにより誤り率を改善することが可能である．このような変調方式として**パルス位置変調** (pulse position modulation：**PPM**) がある．図 B.1 に PPM における情報と符号の写像，ならびに，フレーム構成を示す．図 B.1 (a) において，k ビット情報は $M (= 2^k)$ 個の変調信号に写像される．多値数 M の PPM では，時間幅 T の 1 フレームを M 個の時間幅 τ のスロットに分割し，$i (= 1, 2, \cdots, M)$ 番目のスロットに 1 つのパルスを

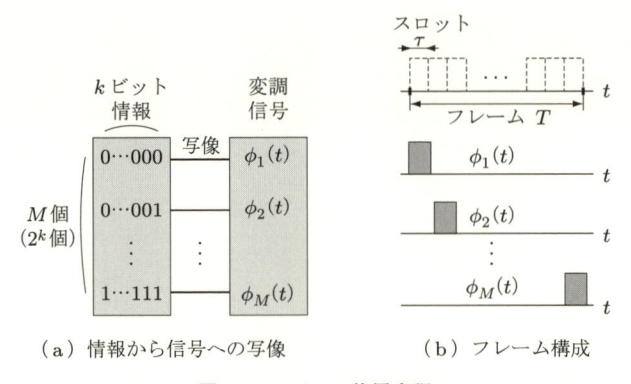

（a）情報から信号への写像　　　（b）フレーム構成

図 **B.1**　パルス位置変調

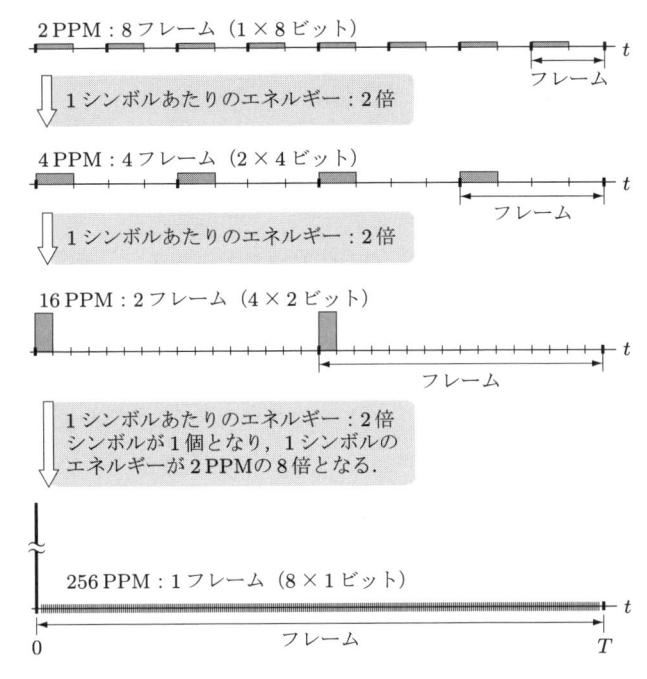

図 **B.2** 時間幅 T における信号エネルギーと情報ビット数を一定とした PPM

配置して，図 B.1 (b) に示す変調信号 $\phi_i(t)$ を定義する．送信機において，M 個の変調信号の中から k ビット情報に対応する変調信号 $\phi_i(t)$ が選択され，送信信号となる．

図 B.2 に，時間幅 T における信号エネルギーと情報ビット数を一定とした PPM のフレーム構成の比較を示す．時間幅 T に 2 PPM を 8 個配置すれば，その間に 8 ビットの情報を伝送することができる．同様に，時間幅 T において 8 ビットの情報を伝送するのに必要な多値 PPM のシンボル数は，4 PPM では 4 個，16 PPM では 2 個，また，256 PPM なら 1 個である．このように，多値数が増加するとともにシンボル数が減少する．ここで，時間幅 T におけるシンボルエネルギーの和が一定であれば，PPM の 1 シンボルあたりのエネルギーが大きくなり，符号化と同様に誤り率が良くなる．しかしながら，さらに多値数を増加させた場合には，スロット幅が小さくなって伝送に必要な帯域幅が拡大し，受信機に混入する雑音電力が増加する．また，誤る候補のスロット数が指数的に増大することから，誤り率の改善には限界がある．なお，スロット幅が小さくなるに従ってシンボル同期の捕捉と維持が困難となる．

付録 C　SN 比，CN 比とエネルギーコントラスト比

一般に，信号の電圧を $s(t)$，抵抗を R とすれば，電流は $s(t)/R$ で表され，信号の**瞬時電力** $p_{OS}(t)$ は電圧と電流の積により次式で与えられる．

$$p_{OS}(t) = s(t) \cdot \frac{s(t)}{R} = \frac{s^2(t)}{R}$$

信号の**電力** P_{OS} は瞬時電力 $p_{OS}(t)$ の時間的な平均値であり，

$$P_{OS} = \frac{1}{T} \int_{\{T\}} \frac{s^2(t)}{R} dt$$

となる．ここで，積分範囲は観測時間 T であり，積分値を T で割り平均値を求めている．**ある時間幅 T にわたる瞬時電力の積分値がエネルギーであり，これを T で割り，単位時間あたりのエネルギーとしたものが電力となる．**

電力と瞬時電力との違いを明確にする必要がある場合には，電力を**平均電力**と表記する．ほとんどの通信系では信号対雑音電力比 (SN 比) で誤り率が決定される．信号電力 P_{OS} と同様に，雑音の電圧 $n(t)$ を用いて雑音の電力 P_{ON} を定義すれば，

$$P_{ON} = \frac{1}{T} \int_{\{T\}} \frac{n^2(t)}{R} dt$$

となる．したがって，SN 比は次式で与えられる．

$$\frac{S}{N} = \frac{P_{OS}}{P_{ON}} = \frac{\int_{\{T\}} s^2(t)\,dt}{\int_{\{T\}} n^2(t)\,dt}$$

この式より，抵抗値 R が変化しても SN 比は変化しないことがわかる．このため，一般性を失わずに 1 Ω の抵抗を仮定することができる．

図 C.1 (a) に定数 A の直流信号に対する電力，瞬時電力とエネルギーを示す．信号が周波数 f の正弦波

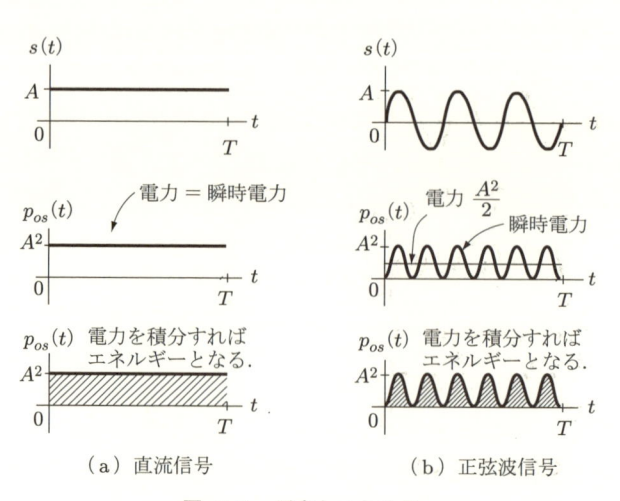

(a) 直流信号　　　　　(b) 正弦波信号

図 C.1 電力とエネルギー

付録 C　SN 比，CN 比とエネルギーコントラスト比

$$s(t) = A \sin 2\pi f t$$

の場合には信号電力 P_{OS} が次式で表される．

$$P_{OS} = \frac{1}{T}\int_{\{T\}} A\sin^2 2\pi f t\, dt = \frac{1}{T}\int_{\{T\}} A^2 \frac{1-\cos 4\pi f t}{2}dt = \frac{A^2}{2}$$

ここで，1 Ω の抵抗を仮定している．なお，T が $1/f$ の整数倍であれば $\cos 4\pi f t$ の積分値は 0 となる．また，T が $1/f$ の整数倍でない場合でも f が大きい場合には積分値は十分に小さな値となる．なお，余弦波の電力も正弦波の電力と等しい．

搬送波対雑音電力比 (CN 比) は，図 C.1 (b) における正弦波の電力 $A^2/2$ と雑音電力 P_{ON} の比で定義され，振幅に情報を載せない変調方式である位相シフトキーイング (PSK) や周波数シフトキーイング (FSK) においてよく用いられる．

1 ビットあたりの信号エネルギーを E_b，雑音の周波数軸での電力分布を表す電力スペクトル密度を $N_0/2$ とすれば，SN 比を最大化するフィルタ設計を行えば，フィルタ出力信号の SN 比 が $2(E_b/N_0)$ となることを示すことができる[†1]．ここで，E_b/N_0 をエネルギーコントラスト比，ビットエネルギー対雑音密度比，または，ビットエネルギー対雑音電力スペクトル密度比という．

図 C.2 にエネルギーコントラスト比と SN 比の関係を示す．変調信号が定数 $\pm A$ のような 2 値で表される場合には

$$\frac{S}{N} = 2\frac{E_b}{N_0}$$

となる．1 シンボルが m ビットの情報を担い $M(=2^m)$ 値シンボルを用いる場合には

$$\frac{S}{N} = m\left(2\frac{E_b}{N_0}\right)$$

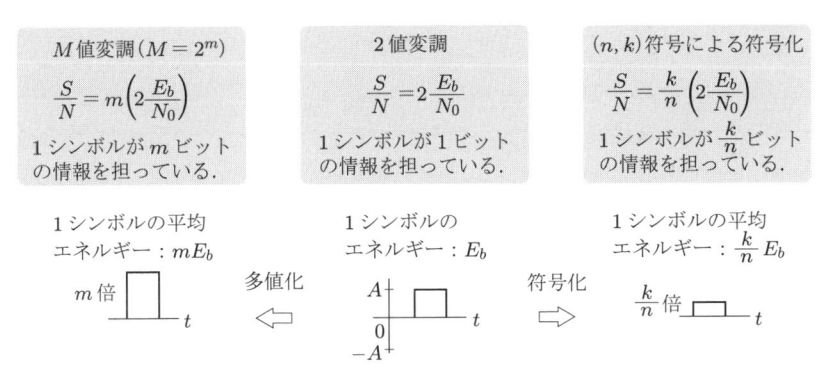

図 C.2　エネルギーコントラスト比と SN 比の関係

[†1] 整合フィルタについては，4.2 節 整合フィルタで解説する．

を満足する．また，(n,k) 符号による符号化を行う場合には，1 シンボルが k/n ビットの情報を担っており，

$$\frac{S}{N} = \frac{k}{n}\left(2\frac{E_b}{N_0}\right)$$

の関係が成立する．

演習問題略解

第2章

2-1 ボールの半径を r とし，ボールの中心が半径 R の等速円運動をするものとする．また，矢はランダムな時刻に放たれ，左右方向の誤差はなく，狙った高さの位置に正確に当たるものと仮定する．点 B を原点とした上下方向の z 軸において，座標 z_0 に矢を当てるとすれば，ボールの中心 z が $z_0 - r \leq z \leq z_0 + r$ を満足する場合に矢がボールに当たる．矢がボールに当たる確率 P は次式で表される．

$$P = \int_{z_0-r}^{z_0+r} f(z) dz$$

ここで，z の確率密度関数 $f(z)$ は正弦波分布である．矢がボールに当たる確率 P は，$z_0 = \pm(R-r)$ の場合，すなわち，点 A より r 下方，または，点 C より r 上方を射る場合に最大となる．

2-2
$$f(x) = \frac{1}{6} \sum_{i=1}^{6} \delta(x - i)$$

2-3 確率密度関数 $f(x)$ をもつランダム変数 x の2次モーメント $\overline{x^2}$，ならびに，平均 $\overline{x}$ は次式となる．

$$\overline{x^2} = \int_{-\infty}^{\infty} x^2 f(x)\, dx = \int_0^1 x^2 dx = \frac{1}{3}$$

$$\overline{x} = \int_{-\infty}^{\infty} x f(x)\, dx = \int_0^1 x\, dx = \frac{1}{2}$$

式 (2.17) より，x の分散 σ^2 は次式で与えられる．

$$\sigma^2 = \overline{x^2} - \overline{x}^2 = \frac{1}{12}$$

2-4 解答略．

2-5 特性関数の級数展開に例題 2.2 に示すモーメントを代入し，

$$\exp[x] = \sum_{n=0}^{\infty} \frac{x^n}{n!}$$

の関係を用いて無限級数を指数関数に変換して次式を得る．

$$\phi(\xi) = \sum_{\substack{n=0 \\ (n:\text{偶数})}}^{\infty} \frac{(-j)^n \xi^n}{n!} 1 \cdot 3 \cdots (n-1) \sigma^n$$

$$= \sum_{m=0}^{\infty} \frac{(-j)^{2m} \xi^{2m}}{(2m)!} 1 \cdot 3 \cdots (2m-1) \sigma^{2m}$$

$$= \sum_{m=0}^{\infty} \frac{(-\sigma^2 \xi^2)^m}{m! 2^m} = \exp\left[-\frac{\sigma^2 \xi^2}{2}\right]$$

2-6 ランダム変数を $x = A\sin\theta$ とし，θ が $(-\pi, \pi)$ で定義される一様分布に従うとすれば，正弦波分布の特性関数 $\phi(\xi)$ は次式で与えられる．

$$\phi(\xi) = \overline{\exp[-j\xi x]} = \frac{1}{2\pi} \int_{-\pi}^{\pi} \exp[-j\xi A \sin\theta] \, d\theta$$

ここで，ベッセル関数の定義式

$$J_0(z) = \frac{1}{2\pi} \int_{\alpha}^{2\pi+\alpha} \exp[-jz\sin\theta] \, d\theta$$

を用いれば，x の特性関数は

$$\phi(\xi) = J_0(\xi A)$$

となる．さらに，ベッセル関数の級数展開に $\nu = 0$ を代入して用いれば，次式が得られる．

$$\phi(\xi) = \sum_{m=0}^{\infty} \frac{(-1)^m (\xi A/2)^{2m}}{(m!)^2}$$

正弦波分布は正負対称で奇数次モーメントが 0 となることから，式 (2.20) に $n = 2m$ を代入して上式と等しいとおけば，

$$\overline{x^{2m}} = \frac{(2m)!}{(m!)^2} \left(\frac{A}{2}\right)^{2m}$$

が得られる．

2-7 $y = f_D \cos\alpha$ とおけば，y の確率密度関数 $f_Y(y)$ は，例題 2.5 の $f_Y(y)$ と同様に，次式で表すことができる．

$$f_Y(y) = \begin{cases} \dfrac{1}{\pi\sqrt{f_D^2 - y^2}}, & |y| \leq f_D \\ 0, & |y| > f_D \end{cases}$$

さらに，$f = y + f_0$ の変数変換を行って，周波数 f の確率密度関数 $f_F(f)$ を得る．

$$f_F(f) = \begin{cases} \dfrac{1}{\pi\sqrt{f_D^2 - (f - f_0)^2}}, & f_0 - f_D \leq f < f_0 + f_D \\ 0, & \text{その他} \end{cases}$$

2-8 一様分布の確率分布関数 $F_X(x)$ は例題 2.6 の式②

$$F_X(x) = x, \quad 0 \leq x \leq 1$$

で与えられている．また，指数分布の確率分布関数 $F_Y(y)$ は

$$F_Y(y) = \int_{-\infty}^{y} f_Y(v) \, dv = 1 - \exp[-\lambda y]$$

で与えられる．これらの式を式 (2.26) に代入すれば

$$1 - \exp[-\lambda y] = x, \quad 0 \leq x < 1$$

となり，この式を y について解けば変数変換として次式が得られる．

$$y = g(x) = -\frac{\log_e(1-x)}{\lambda}, \quad 0 \leq x < 1$$

2-9 一様分布のランダム変数 x の確率分布関数を $F_X(x)$，ガウス分布のランダム変数 y の確率分布関数を $F_Y(y)$ とすれば，式 (2.26)

$$F_X(x) = F_Y(y)$$

より，これらは等しく次式が成立する．

$$x = \frac{1}{\sqrt{2\pi}\sigma} \int_{-\infty}^{y} \exp\left[-\frac{z^2}{2\sigma^2}\right] dz$$

この式を y について解くことができないため，変数変換を関数として表すことはできない．

2-10 例題 2.4 を参考にして次式の確率密度関数 $f_Y(y)$ を得る．

$$f_Y(y) = \frac{1}{\sqrt{2\pi}\sigma} \exp\left[-\frac{y^2}{2\sigma^2}\right] \{u(y+A) - u(y-A)\}$$
$$+ \delta(y+A) \int_{-\infty}^{-A} \frac{1}{\sqrt{2\pi}\sigma} \exp\left[-\frac{y^2}{2\sigma^2}\right] dy + \delta(y-A) \int_{A}^{\infty} \frac{1}{\sqrt{2\pi}\sigma} \exp\left[-\frac{y^2}{2\sigma^2}\right] dy$$

図は省略する．

第 3 章

3-1 $-D/2 \le t < D/2$ で定義される高さ 1 の方形波 $g(t)$ のフーリエ変換 $G(f)$ は例題 3.4 より次式で与えられる．

$$G(f) = D\frac{\sin \pi fD}{\pi fD}$$

次に，$g(t)$ を周波数が正の方向に $D/4$ 移動すれば $s(t)$ となる．

$$s(t) = g\left(t - \frac{D}{4}\right)$$

ここで，図 3.8 の時間遅延の性質を用いて次式を得る．

$$S(f) = D\frac{\sin \pi fD}{\pi fD} \exp\left[-j2\pi f\frac{D}{4}\right] = D\frac{\sin \pi fD}{\pi fD} \exp\left[-j\frac{\pi}{2}fD\right]$$

3-2

$$g(t) = u\left(t + \frac{D}{2}\right) - u\left(t - \frac{D}{2}\right)$$

の両辺を微分してフーリエ変換を適用する．左辺には，図 3.8 の微分の性質を用いる．右辺には，単位ステップ関数を微分してインパルス関数とした後に，時間遅延の性質を用いる．

$$j2\pi fG(f) = \exp\left[j2\pi f\frac{D}{2}\right] - \exp\left[-j2\pi f\frac{D}{2}\right]$$

この式を $G(f)$ について解けば次式が得られる．

$$G(f) = \frac{\sin \pi fD}{\pi f}$$

3-3 解答略

3-4 $h(t)$ は次式で表せる．

$$h(t) = \int_{-\infty}^{\infty} H(f) \exp[j2\pi ft]\, df = \int_{-\infty}^{\infty} G(2f) \exp[j2\pi ft]\, df$$

ここで，$2f = v$ とおいて次式を得る．
$$h(t) = \frac{1}{2}\int_{-\infty}^{\infty} G(v)\exp\left[j2\pi v\frac{t}{2}\right]dv$$
したがって，$h(t) = \frac{1}{2}g(t/2)$ が成立する．時間軸において，$h(t)$ の時間幅は $g(t)$ の 2 倍であるが，係数 $1/2$ のため瞬時電力が $1/4$ 倍となり，全体として $h(t)$ のエネルギーは $g(t)$ のエネルギーの $1/2$ 倍となる．

3-5 $h(t)$ をフーリエ変換して次式を得る．
$$H(f) = c_1\exp[-j2\pi f\tau_1] + c_2\exp[-j2\pi f\tau_2]$$
$H(f)$ の絶対値 $|H(f)|$ は次式となる．
$$|H(f)| = |c_1\cos 2\pi f\tau_1 - jc_1\sin 2\pi f\tau_1 + c_2\cos 2\pi f\tau_2 - jc_2\sin 2\pi f\tau_2|$$
$$= \sqrt{c_1^2 + c_2^2 + 2c_1c_2\cos 2\pi f(\tau_1 - \tau_2)}$$
図は省略する．

3-6 例題 3.6 と同様に，t の場合分けを用いて畳込み積分を行い次式を得る．
$$y(t) = \begin{cases} \dfrac{t^2}{2D}, & 0 \leq t < D \\ \dfrac{D}{2} + \dfrac{(t-D)^2}{2D}, & D \leq t < 2D \\ D - \dfrac{(t-2D)^2}{D}, & 2D \leq t < 3D \\ 0, & \text{その他} \end{cases}$$

3-7 エネルギースペクトル密度 $W(f)$ は方形波 $x(t)$ の周波数スペクトル密度 $X(f)$ の 2 乗で与えられる．
$$W(f) = |X(f)|^2 = \left(D\frac{\sin \pi fD}{\pi fD}\right)^2$$
なお，例題 3.7 に自己相関関数のフーリエ変換による解法を示す．

3-8 集合平均を用いる場合，自己相関関数は式 (3.36) を用いて次式で表される．
$$R(\tau) = \sum_{x_1=-1}^{1}\sum_{x_2=-1}^{1} x_1 x_2 P(x_1, x_2|\tau)$$
$\tau > T$ では，x_1 と x_2 が統計的に独立となることから，$R(\tau) = 0$ である．$0 \leq \tau \leq T$ においては，2 つの連続したパルスに着目し，先行パルスの振幅を $A(=\pm 1)$，後続パルスの振幅を $B(=\pm 1)$ とする．まず，$x_1 = 1$, $x_2 = 1$ となるのは，$A = 1$, $B = 1$ の場合と，$A = 1$, $B = -1$ の場合があり，$P(1,1|\tau)$ は次式となる．
$$P(1,1|\tau) = \frac{1}{4} + \frac{1}{4}\cdot\frac{T-\tau}{T}$$
同様にして，
$$P(-1,-1|\tau) = P(1,1|\tau), \quad P(1,-1|\tau) = P(-1,1|\tau) = \frac{1}{4}\cdot\frac{\tau}{T}$$

であることから次式を得る.
$$R(\tau) = \begin{cases} 1 - \dfrac{|\tau|}{T}, & 0 \leq |\tau| \leq T \\ 0, & その他 \end{cases}$$
ここで，$\tau < 0$ の領域については自己相関関数が偶関数であることを利用している．

第 4 章

4-1 v_1 と v_2 の符号が逆になる場合に誤り率が最悪値となる．このため，SN 比の劣化は次式のとおり 3 dB となる．
$$10 \log_{10} \frac{0.8^2}{(0.8 - 0.4)^2} \approx 3$$

4-2 符号間干渉の量を x とすれば，その確率密度関数 $f(x)$ は次式で表される．
$$f(x) = \frac{1}{2}\delta(x - 0.4) + \frac{1}{2}\delta(x + 0.4)$$
したがって，特性関数 $\phi(\xi)$ として次式を得る．
$$\phi(\xi) = \int_{-\infty}^{\infty} \exp[-j\xi x] f(x)\, dx = \cos 0.4\xi$$

4-3 式 (4.28) において，$t_0 = T$ を代入し次式を得る．
$$h(t) = \begin{cases} \exp[-\lambda(T - t)], & 0 \leq t \leq T \\ 0, & その他 \end{cases}$$
$H(f)$ は $h(t)$ をフーリエ変換して得られ次式となる．
$$H(f) = \frac{\exp[-\lambda T]}{\lambda - j2\pi f}(\exp[(\lambda - j2\pi f)T] - 1)$$

4-4 式 (4.28) において，$t_0 = T$ を代入し次式を得る．
$$h(t) = \begin{cases} T - t, & 0 \leq t \leq T \\ 0, & その他 \end{cases}$$
整合フィルタ出力 $y(t)$ は $s(t)$ と $h(t)$ の畳込み積分より次式となる．
$$y(t) = \begin{cases} \dfrac{1}{6} t^2 (3T - t), & 0 \leq t < T \\ \dfrac{1}{6}(2T - t)^2 (t + T), & T \leq t \leq 2T \\ 0, & その他 \end{cases}$$

4-5 事後確率は次のように求めることができる．
$$P_{X|Y}(0|0) = \frac{12}{13}, \quad P_{X|Y}(0|1) = \frac{3}{7}, \quad P_{X|Y}(0|2) = \frac{3}{17}$$
$$P_{X|Y}(1|0) = \frac{1}{13}, \quad P_{X|Y}(1|1) = \frac{4}{7}, \quad P_{X|Y}(1|2) = \frac{14}{17}$$
最大事後確率受信機は事後確率の大きい方を判定結果とするため，$y = 0$ を受信すれば $x = 0$，$y = 1$ を受信すれば $x = 1$，$y = 2$ を受信すれば $x = 1$ と判定する．

4-6 まず，すべての x_1, x_2, x_3 に対して雑音の影響を無視し符号間干渉の影響のみを考慮した受信信号を y_1, y_2, y_3, y_4 を求める．次に，それぞれの y_1, y_2, y_3, y_4 について自乗誤差

$$(y_1 - r_1)^2 + (y_2 - r_2)^2 + (y_3 - r_3)^2 + (y_4 - r_4)^2$$

を求め，最小となる (y_1, y_2, y_3, y_4) に対応する (x_1, x_2, x_3) が送信されたと判定する．

第5章

5-1 MPSK を整合フィルタで受信する場合には，CN 比 γ と E_b/N_0 の間に

$$\gamma = \frac{E_b}{N_0} \log_2 M$$

の関係が成立することから，例題 5.2 を参考にして次式を得る．

$$P_s < \mathrm{erfc}\left(\sin\frac{\pi}{M}\sqrt{\frac{E_b}{N_0}\log_2 M}\right)$$

5-2
$$P_b = \frac{3}{4}\mathrm{erfc}\left(\sqrt{\frac{1}{5}\gamma}\right) + \frac{1}{2}\mathrm{erfc}\left(\sqrt{\frac{9}{5}\gamma}\right) - \frac{1}{4}\mathrm{erfc}\left(\sqrt{5\gamma}\right)$$

5-3 帯域信号としての 64QAM の信号電力は $21C^2$ となる．SN 比を $\gamma = 21C^2/\sigma^2$ とすれば，式 (5.20) よりシンボル誤り率は次式となる．

$$P_s > \frac{1}{2}\mathrm{erfc}\left(\sqrt{\frac{\gamma}{42}}\right)$$

5-4 ε の位相オフセットは，信号電力を $\cos^2\varepsilon$ 倍に劣化させるため，誤り率 P_s は次式となる．

$$P_s = \frac{1}{2}\mathrm{erfc}\left(\sqrt{\gamma}\cos\varepsilon\right)$$

5-5 送信信号を含まない $M-1$ 個の包絡線検波器の出力が送信信号を含む包絡線検波器の出力より大きくなる場合に誤りが発生する．式 (5.27) および図 5.7 (b) の上界より次式を得る．

$$P_s < \frac{M-1}{2}\exp\left[-\frac{\gamma}{2}\right]$$

5-6 例題 5.4 の考察と同様に，CN 比が高い場合には，同じ誤り率を達成する同期 BPSK の CN 比と DPSK の CN 比の差は小さくなり，誤り率の図における両者の差は小さくなる．

5-7 合成フィルタの周波数特性が方形である場合，そのインパルス応答は図 4.2 (a) に示すナイキストパルスとなる．図 4.2 (b) は 4 つのパルスを記載しているが，正負無限大の時刻にわたりすべてのパルスを記載し，さらに，すべてのパルスを正負反転したパルスを加えれば，時間軸で $(0, T)$ の範囲の図がアイパターンとなる．

5-8 MSK 信号を直交表現した場合の同相軸ならびに直交軸における 1 シンボル波形 $s(t)$ は次式で表せる．

$$s(t) = \sin\frac{\pi(t+T)}{2T}$$

$s(t)$ を生成する送信フィルタのインパルス応答 $h_{TX}(t)$ は $s(t)$ に等しい．$h_{TX}(t)$ をフーリエ変換して送信フィルタの周波数特性 $H(f)$ を得る．

$$H(f) = \int_{-\infty}^{\infty} v(t) \exp[-j2\pi ft]\,dt = \cos 2\pi fT \left(\frac{1}{2\pi f + \pi/2T} - \frac{1}{2\pi f - \pi/2T} \right)$$

式 (5.89) より，MSK 信号の電力スペクトル密度 $W(f)$ は，次式で表される．

$$W(f) = \frac{16T}{\pi^2} \left(\frac{\cos 2\pi fT}{16f^2T^2 - 1} \right)^2$$

第 6 章

6-1 $h(t)$, $s_\tau(t)$ のフーリエ変換を，それぞれ，$H(f)$, $S_\tau(f)$ とすれば，$h(t)s_\tau(t) = \delta(t)$ のフーリエ変換は次式となる．

$$H(f) \circledast S_\tau(f) = 1$$

ここで，$\circledast$ は畳込み積分を表す．さて，式 (6.4) は，

$$X_\delta(f) = X(f) \circledast S_\tau(f)$$

を表している．$X(f)$ を $H(f)$ であると考えれば, 符号間干渉が発生しない条件は，$X_\delta(f) = 1$ であることがわかる．これは，図 6.1 (d) において折り返し雑音を考慮した上で $X_\delta(f)$ を 1 とすることを意味する．もちろん，$B = 1/\tau$ の場合，式 (4.1) の余弦ロールオフフィルタの周波数特性もこの条件を満足する．

6-2 例題 6.1 において，$\tau = 0.001$ [秒] であり，観測時間 T は $250\tau = 0.25$ [秒] であることから，最大周波数は $1/2\tau = 500$ [Hz]，周波数間隔は $1/T = 4$ [Hz] となる．

6-3 式 (6.20) より

$$X_0 = \frac{1}{2}(x_0 + x_1), \quad X_1 = \frac{1}{2}(x_0 - x_1)$$

を得る．したがって，$\boldsymbol{X} = (X_0, X_1)$, $\boldsymbol{x} = (x_0, x_1)$ とすれば，式 (6.38)

$$\boldsymbol{B} = \boldsymbol{AH}$$

において，$\boldsymbol{B} = \boldsymbol{X}$, $\boldsymbol{A} = \boldsymbol{x}$, $\boldsymbol{H} = \boldsymbol{R}$ を代入すれば

$$\boldsymbol{X} = \boldsymbol{xR}$$

となることから，$\boldsymbol{R}$ は次式で表される．

$$\boldsymbol{R} = \frac{1}{2} \begin{bmatrix} 1 & 1 \\ 1 & -1 \end{bmatrix}$$

参考文献

[1] S. スタイン，J. J. ジョーンズ著，関英男監訳：現代の通信回線理論，森北出版，1974.
[2] 滑川敏彦，奥井重彦：通信方式，森北出版，1990.
[3] J.G.Proakis：*Digital Communications*, Fourth Edition, McGraw-Hill, New York, 2001.
[4] J.M.Wozencraft and I.M.Jacobs: *Principles of Communication Engineering*, John Wiley & Sons, New York, 1965.
[5] D.Middleton: *Introduction to Statistical Communication Theory*, Peninsula Publishing, Los Altos, 1987.
[6] A.Papoulis: *Probability, Random Variables, and Stochastic Processes*, McGraw-hill Kogakusha, 1965.
[7] M.G.Kendall: *The Advanced Theory of Statistics*, Vol.1, Charles Griffin, London, 1947.
[8] 森口繁一，宇田川銈久，一松信：数学公式Ⅲ，岩波全書，岩波書店，1975.
[9] W.Magnus, F.Oberhettinger, R.P.Soni: *Formulas and Theorems for the Special Functions of Mathematical Physics*, Springer-Verlag, New York, 1966.
[10] Y.W. リー著，宮川洋，今井秀樹訳：不規則信号論，上，東京大学出版会，1973.
[11] R.W.Lucky, J.Salz, E.J.Weldon,Jr. 著，星爪幸男訳：データ通信の原理，ラテイス，1973.
[12] デイベンポート，ルート著，瀧保夫，宮川洋訳：不規則信号と雑音の理論，好学社，1968.
[13] S.Benedetto, E.Biglieri, V.Castellani: *Digital Transmission Theory*, Prentice-Hall, New Jersey, 1987.
[14] 電子情報通信学会編：電子情報通信用語辞典，コロナ社，1999.
[15] 電子情報通信学会編：電子情報通信ハンドブック，オーム社，1998.
[16] V.K.Bhargava, D.Haccoun, R.Matyas and P.Nuspl: *Digital Communications by Satellite*, John Wiley & Sons, New York, 1981.
[17] 高畑文夫：ディジタル無線通信入門，培風館，2002.
[18] 藤野忠：ディジタル移動通信，昭晃堂，2000.
[19] W.C.Lindsey and Marvin K. Simon: *Telecommunication Systems Engineering*, Prentice-Hall, New Jersey, 1973.
[20] 高畑文夫：信号表現の基礎，電子情報通信学会，1998.
[21] 杉山久佳：ディジタル信号処理，森北出版，2005.
[22] J.Tellado: *Multicarrier Modulation with Low PAR*, Kluwer Academic Publishers: Norwell, 2000.
[23] A.R.S.Bahai, B.R.Saltzberg: *Multi-Carrier Digital Communications*, Kluwer Academic Publishers: New York, 1999.
[24] M.K.Simon, J.K.Omura, R.A.Scholtz, B.K.Levitt: *Spread Spectrum Communications*, Volume I, Computer Science Press: Rockville, 1985.
[25] I.Oka, M.Fossorier : A General Orthogonal Modulation Model for Software Radios, *IEEE Transaction on Communications*, Vol.54, No.1, pp.7-12, January 2006.

索　引

英数字

1 次変調　176
2 次変調　176
2 相 PSK　134
ACK　23
ARQ　22
ASK　17, 132, 183
BER　19
BFSK　139
BPSK　134
CDMA　174
CN 比　135, 187
CPSK　153
DFT　169
DPSK　150
FEC　21
FFT　169
FSK　17, 139
IDFT　169
LSB　165
MFSK　141
MSK　140
NACK　23
OFDM　170
OQPSK　140
PAPR　181
PPM　184
PSK　17, 134
QAM　141
QPSK　135
SN 比　19, 134, 186
SSB　165
USB　165
VCO　147

あ 行

アイパターン　159
誤り制御方式　21
位　相　4
位相シフトキーイング　17, 134

一様フェージング　20
一様分布　34
一般化直交変調　177
インパルス応答　71
インパルス関数　32
上側波帯　165
エネルギー　76, 186
エネルギーコントラスト比　106, 187
エネルギースペクトル密度　76
エルゴード過程　29, 78
オフセット QPSK　140
折り返し雑音　164

か 行

回転角　178
回転行列　178
回転平面　178
ガウス分布　34
拡散符号　174
確率素分　31
確率分布関数　31
確率密度関数　30
帰還通信路　22
擬似直交符号　174
擬似ランダム系列　176
基本 ARQ　23
基本周波数　59
基本波　59
逆フーリエ変換　67
逆離散フーリエ変換　169
強定常　79
共分散　48
グレイ符号　183
結合確率　46
結合モーメント　48
光　速　5
拘束長　23
高速フーリエ変換　169
硬判定　118
誤差関数　130

誤差補関数　130
コスタスループ　147

さ 行

サイクリックプリフィックス　172
最小自乗距離受信機　113
最小シフトキーイング　140
再生搬送波　126
最大事後確率受信機　113
最大内積受信機　114
最尤受信機　113
差動同期位相シフトキーイング　150
差動同期検波　153
差動符号化　146
サブキャリア　170
時間平均　29
自己相関関数　76
指数分布　34
下側波帯　165
自動再送要求　21
シフトレジスタ　22
弱定常　79
周　期　5
周期定常過程　79
周期定常波形　79
周期波形　5, 58
集合平均　29, 36
周波数　4
周波数シフトキーイング　17, 139
周波数スペクトル　61
周波数スペクトル密度　67
周波数選択性フェージング　20
周波数非選択性フェージング　21
周辺化　46
受信フィルタ　94, 103
シュワルツの不等式　104
瞬時電力　185

条件付確率　46
情報源　15
情報源符号化　15
情報信号　16, 101, 123
処理利得　177
信号対雑音電力比　19, 134, 186
信号バースト　146
振幅シフトキーイング　17, 132, 183
シンボル誤り率　19, 183
正規直交波形　111
正弦波　4
整合フィルタ　103
線スペクトル　61
相関器　111
相関係数　48
相互相関関数　79
送信フィルタ　103
相対頻度　12, 30
組織符号　22

た 行

帯域信号　87, 124
帯域制限　95
多元接続　25
多次元空間　164, 177
多重化　25
多重波フェージング　21
多重分離　25
畳込み積分　53, 72
畳込み符号　22
単位ステップ関数　32
単側波帯　165
遅延検波　153
遅延波　21
チップ幅　174
チップレート　174
中央極限定理　55
中心周波数　124
中心モーメント　38
直接波　21
直交 FSK　140
直交位相シフトキーイング　135
直交位相変調　135
直交検波　126
直交軸　126

直交周波数分割多重　170
直交振幅変調　141
直交符号　174
通信路　17
通信路符号化　16
通信路符号化定理　26
ディジタル位相変調　17, 134
ディジタル周波数変調　17, 139
ディジタル振幅変調　17, 132
定常　34
電圧制御発振器　147
電力　76, 186
電力スペクトル密度　76, 155
等価低域信号　87, 124
同期 PSK　153
同期検波　126
統計的独立　48
同相軸　126
特性関数　38
ドップラー効果　21

な 行

ナイキストの定理　161
ナイキストパルス　97
ナイキストフィルタ　97
軟判定　118

は 行

ハイブリッド FEC/ARQ　23
白色ガウス雑音　101
波長　5
ハミング距離　119
パルス位置変調　184
搬送波　17, 124
搬送波再生　145
搬送波再生回路　127, 145
搬送波周波数　124
搬送波対雑音電力比　135, 187
ピーク対平均電力比　181
非周期波形　66
非組織符号　22
ビット誤り率　19, 183
ビットエネルギー対雑音電力スペクトル密度比　106, 187
ビットエネルギー対雑音密度比　106, 187

非同期検波　126
標準偏差　38
標本化　94, 161
標本化定理　161
標本化波形　162
標本点　161
フェージング　20
複素包絡線　87, 124
復調　17
副搬送波　170
符号化変調　17
符号化率　23
符号間干渉　95
符号分割多元接続　174
フラットフェージング　21
フーリエ級数　57
フーリエ級数展開　61
フーリエ変換　67
ブロック符号　22
ブロック変調　164
分散　38
平均　37
平均誤り率　97
ベイズ則　46
ベースバンド信号　124
変調　16
変調信号　124
方形関数　125

ま 行

前方向誤り訂正　21
マルチキャリア　170
マルチパスフェージング　21
モーメント　37

や 行

ヤコビアン　49
ユークリッド距離　9, 130
ユニークワード　146
余弦波　4
余弦ロールオフフィルタ　97

ら 行

離散的なランダム変数　28
離散フーリエ変換　167, 169
レイリー分布　34
連続的なランダム変数　29

著者略歴

岡　育生（おか・いくお）

- 1983 年　大阪大学大学院工学研究科博士課程修了
- 1983 年　電気通信大学電気通信学部助手
- 1990 年　電気通信大学電気通信学部助教授
- 1991 年　大阪市立大学工学部助教授
- 2004 年　大阪市立大学大学院工学研究科教授
-           現在に至る
-           工学博士

ディジタル通信の基礎　　　　　　　　　© 岡　育生 2009

2009 年 4 月 10 日　第 1 版第 1 刷発行　　【本書の無断転載を禁ず】
2021 年 3 月 19 日　第 1 版第 5 刷発行

著　者　岡　育生
発行者　森北博巳
発行所　森北出版株式会社
　　　　東京都千代田区富士見 1-4-11（〒 102-0071）
　　　　電話 03-3265-8341 ／ FAX 03-3264-8709
　　　　https://www.morikita.co.jp/
　　　　日本書籍出版協会・自然科学書協会　会員
　　　　JCOPY ＜(一社)出版者著作権管理機構 委託出版物＞

落丁・乱丁本はお取替えいたします　　　印刷／モリモト・製本／協栄製本

Printed in Japan ／ ISBN978-4-627-78591-5

MEMO